全国船舶工业职业教育教学指导委员会推荐教材

U0292729

海洋人文素养

郑仲金　张德伟　主编
李　翼　郑俊义　主审

哈尔滨工程大学出版社
Harbin Engineering University Press

内 容 简 介

从古至今,海洋都以其辽阔、深邃与富饶吸引着人类一次又一次地探索。本书以弘扬海洋文化、强化海洋意识为出发点,从战略的高度充分引导学生认识海洋的价值。同时,从海员篇、素养篇、海洋篇、航海篇、文学篇、艺术篇、哲学篇、文化篇和发展篇九个方面,以百科全书式的视野、宏大的历史观和丰富的知识内涵,展示出海洋文化的博大精深。在内容上体现出科学性、实用性、可读性、教育性和趣味性,旨在提高学生的人文素养,培养学生的人文精神。

本书既可以作为涉海类专业教材,也可以作为海洋科普类图书,供海洋文化研究人员及感兴趣的读者阅读。

图书在版编目(CIP)数据

海洋人文素养/郑仲金,张德伟主编. —哈尔滨:
哈尔滨工程大学出版社,2022.6
ISBN 978 – 7 – 5661 – 3521 – 6

Ⅰ.①海… Ⅱ.①郑… ②张… Ⅲ.①海洋 – 人文素质教育 Ⅳ.①P7 – 05

中国版本图书馆 CIP 数据核字(2022)第 094045 号

选题策划 薛 力
责任编辑 张 曦
封面设计 刘津菲

出版发行 哈尔滨工程大学出版社
社 址 哈尔滨市南岗区南通大街 145 号
邮政编码 150001
发行电话 0451 – 82519328
传 真 0451 – 82519699
经 销 新华书店
印 刷 哈尔滨市石桥印务有限公司
开 本 787 mm × 1 092 mm 1/16
印 张 14.5
字 数 390 千字
版 次 2022 年 6 月第 1 版
印 次 2022 年 6 月第 1 次印刷
定 价 49.00 元
http://www.hrbeupress.com
E-mail:heupress@ hrbeu. edu. cn

前　言

　　"当前,以海洋为载体和纽带的市场、技术、信息、文化等合作日益紧密,中国提出共建21世纪海上丝绸之路倡议,就是希望促进海上互联互通和各领域务实合作,推动蓝色经济发展,推动海洋文化交融,共同增进海洋福祉。"2019年4月,国家主席、中央军委主席习近平在青岛集体会见应邀出席中国人民解放军海军成立70周年多国海军活动的外方代表团团长时表示。

　　在"一带一路"倡议下,我国与参与的国家和地区间以海洋为载体的交流合作日益紧密,涉海对话合作有序发展,丰富了构建海洋命运共同体的内涵。

　　当今世界各国的竞争,外在表现为经济、国防、科技的竞争,内在表现为人才的竞争、人才素质的竞争,谁在人才素质上占优势,谁就能掌握国际竞争的主动权。良好的人文素养同样会促进海员的全面发展,实现海员为祖国的繁荣富强而奋斗的人生价值。

　　当前,新冠肺炎疫情在全球的肆意蔓延,成为世界经济发展的一大阻碍。我国海员肩负着建设"一带一路"、海洋强国和交通强国的历史使命,奋战在保障国际物流供应链畅通、维护世界贸易稳定的第一线,用载运防疫物资、生产生活物资船舶的万里航程书写着"和平合作、开放包容、互学互鉴、互利共赢"的"丝路精神",赋予"丝绸之路"新时代的内涵。

　　奋斗在航海一线的海员们背后有千千万万的亲人、朋友,也有许许多多的同行、同事,大家都希望能够为海员提供帮助。在新冠肺炎疫情全球大流行和世界百年未有之大变局相互叠加影响下,大家齐心协力、共克时艰,由此更凸显出人文素养对海员身心健康的重要性。

　　"求是自强,求实创新"的船政文化精神,非常契合那些以勇敢的航海行动和顽强的精神辛勤耕耘在蔚蓝海洋上的中国海员。海洋人文素养教育能够帮助学生超越专业的约束、开阔视野,培养学生成为科学精神与人文精神平衡发展,物质文化与精神文化均衡共存的高素质海洋和航运事业的接班人。

　　致敬中国海员! 致敬中国海洋工作者! 致敬有志于海洋和航运事业的人们!

编　者

2022年1月

目　录

模块一

海员篇——素养的特色载体

前进,新中国的海员!我们守望巨轮的甲板和机舱,迎着狂风骤雨惊涛,劈波斩浪,把定航向传播世间友谊。

前进,新中国的海员!我们航行在明岛暗礁航路上,哪怕前有海盗挡道,无畏艰险,迎着朝阳驶向幸福的港湾。

前进,新中国的海员!我们是祖国的第二海军力量,航行在蓝色海洋上,捍卫领土,后勤海军驱走海上侵略者。

前进,新中国的海员!我们勇当先锋哪怕寂寞孤独,任劳任怨挺起胸膛,维护尊严,普及航海文化责任在我肩。

前进,新中国的海员!我们肩负祖国人民殷切期望,为了国家繁荣昌盛,物流天下,我们向海洋强国乘风破浪。

海员是海上最美逆行者。面对复杂的世界疫情、艰苦的工作环境、多变的海上天气,他们坚守岗位、从未间断。他们从世界各地把物资、能源等运输到指定地点,保障世界贸易顺畅,保障全球人民生活质量。他们享受着"长风破浪会有时,直挂云帆济沧海"的豪迈与激情,也彰显着"大鹏一日同风起,扶摇直上九万里"的自信与勇敢。

案例导入

老海员的一天

清晨,濡湿的甲板迎来了洒向海面的第一抹阳光,开启了海员们全新的一天。

54岁的老水手长钱季红一如既往地早早起床,他走出舱门,深深吸了一口熟悉的、略带咸味的海上空气,心满意足地迈开脚步,开始了一天的"海上耕耘"。

每天早上从船头到船尾的常规巡视,是他多年养成的工作习惯,正如他所说的:"跑船一生,勤字当头,细字在心。"

今天,他要做两件事:一是把一根12.4米长的锈蚀了的排污管拆下换新;二是配合政委组织海员日欢庆仪式。以前他对这些仪式活动不是太在意,但随着年龄的增长,他的感触也多了,心思更细腻了。

他想到自己快要退休了,干了一辈子总要留下些什么,想着不仅要把自己的一身手艺传下去,还要把海运精神传承下去,于是他常感叹:"航海精神、技能、经验需要薪火相传、后继有人。"

白日里,海上风平浪静的时候,是甲板维修保养的良机。

泵间左侧的一根排污管底部锈蚀严重了,要更换。老钱细心盘点着船舶备件里的家当:新管子有,但是不多,需要省着点用,以前更换下来的老管子割掉破损部分就能当一根新管子使用。新三年旧三年,缝缝补补又三年,老钱就是这样在海上过的日子。只要能保证安全以及满足工况强度需要,多花一些心思对他来说仿佛是一种本能。节省一根新管子,便要多很多道工序,切割、打磨、测试、加装法兰等,但他丝毫不嫌麻烦。他将以前拆下的废弃消防管切割下能够使用的部分,再加上船存钢管备件(长3米左右的一根钢管),拼凑出需要的12.4米的长度。然后每段钢管都需要他焊接法兰盘(机舱车床间操作),再将加工后的钢管搬运至甲板进行现场安装。经测试,管子不渗不漏且整齐美观,效果良好。

老海员们以海为田,以船为地,精耕细作,耕耘出一片广阔新天地。

傍晚时分,海上的光照依旧明亮,因为没有高楼和树荫的遮挡。一望无垠的海面上,船舶巨大的螺旋桨铿锵有力地"犁"开海面,奋力前行,泛起长长的尾迹,浪花仿佛诉说着数不清的故事。

老钱换上了干净的工作服,协助政委布置起海员日庆祝仪式的场地。宽宽的横幅拉了起来,老钱不知从哪里找来两根结实的木棒支撑起横幅的两端,使横幅展开时平顺挺括。不多时,"柳林湾"号的船员们汇聚到驾驶台一侧,也许是同舟共济的时间长了,培养出了默契,队形自然而成。

"今天庆祝世界海员日,庆祝咱们的节日喽!"大家愉快地说着。相机"咔、咔、咔"记录下这个瞬间,其中有你有他有老钱——蓄着胡子的魁梧男子。

夜幕降临,波涛依旧。

开饭前,老钱喜欢给大厨搭把手,拿个水果、切个葱什么的。晚餐后的老钱经常和船上的小兄弟们拉拉家常聊聊天,两名白班水手小苏、小刘已经跟随老钱学艺很长时间了,他们不仅喜欢这位性格直爽、手艺高超的"老头儿",还从他那里学到了很多东西。老钱常和他们说:"多看多问多做,总是能干好的。"

罗曼·罗兰曾说:"世界上只有一种真正的英雄主义,就是认清生活的真相之后,依然热爱生活。"

夜深了,今天没有月,舷外海天融成漆黑一色,海浪冲刷船体"哗哗"作响,房间里、床铺上所有的物品都保持着主机转动带来的固有震动,老钱沉沉入睡。

这位老海员的一天就这样如清泉入溪般涓涓流淌过去了,明天又将周而复始,日出而作、日入而息,耕海牧船。

专题 1　海 员 初 见

1. 船员与海员

2020 年 3 月 27 日,中华人民共和国国务院令第 726 号《国务院关于修改和废止部分行政法规的决定》对《中华人民共和国船员条例》进行了第六次修订。其中:

第四条　本条例所称船员,是指依照本条例的规定取得船员适任证书的人员,包括船长、高级船员、普通船员。

本条例所称船长,是指依照本条例的规定取得船长任职资格,负责管理和指挥船舶的人员。

本条例所称高级船员,是指依照本条例的规定取得相应任职资格的大副、二副、三副、轮机长、大管轮、二管轮、三管轮、通信人员以及其他在船舶上任职的高级技术或者管理人员。

本条例所称普通船员,是指除船长、高级船员外的其他船员。

第十一条　以海员身份出入国境和在国外船舶上从事工作的中国籍船员,应当向国家海事管理机构指定的海事管理机构申请中华人民共和国海员证。

申请中华人民共和国海员证,应当符合下列条件:

(一)是中华人民共和国公民;

(二)持有国际航行船舶船员适任证书或者有确定的船员出境任务;

(三)无法律、行政法规规定禁止出境的情形。

一般说来,船员是指包括船长在内的船上的一切任职人员,英文单词是 crew(本义应该是应用更广泛的集体组员);海员是航行于大海(区别于江、河、湖)上的船舶的工作人员的统称。

有人提出,军舰是不是船舶呢?

1994 年 11 月 16 日生效的《联合国海洋法公约》第 29 条对军舰的定义进行了明确:"'军舰'是指属于一国武装部队、具备辨别军舰国籍的外部标志、由该国政府正式委任并名列相应的现役名册或类似名册的军官指挥和配备有服从正规武装部队纪律的船员的船舶。"

显然,军舰就是指载有武器装备,能在海洋上执行作战任务的海军船舶。另外,从军舰的分类可以看出,习惯上,排水量超过 500 吨的军舰称为"舰",排水量少于 500 吨的军舰则称为"艇"。不过潜艇是个例外,无论潜艇的排水量多少,在水下运行的军舰统称为"艇"。

因此,有观点认为:"海员是在海洋工作平台上工作的人员,涵盖了商船、大型远洋捕鱼船和渔业加工船、科考船、工程船、油井架、政府公务船、救助船、消防船和军舰。海员必须具备完善的航海理论和实践经验的教育背景和素质,能够在各种海洋环境中保障船舶安全并独立操纵的人员。"

2021 年的 6 月 25 日(第十一个"世界海员日"),中华人民共和国交通运输部发布了《2020 年中国船员发展报告》:"截至 2020 年年底,我国共有注册船员 1 716 866 人,同比增长 3.5%,其中女性 258 896 人。海船船员 808 183 人,同比增长 3.0%;内河船舶船员 908 683 人,同比增长 3.9%……受新冠肺炎疫情影响,船员队伍发展数据较以往存在波动。"

2021 年 5 月,交通运输部等 6 部门联合发布了《关于加强高素质船员队伍建设的指导意见》(交海发〔2021〕41 号)。交通运输部新闻发言人孙文剑表示,我国是海洋大国、航运大国,外贸进出口货运量的 90% 以上通过海运完成。船员对于保障水上物流供应链畅通和水上交通安全至关重要。截至目前,我国共有注册船员 176 万余人,其中国际航行船舶船员 61 万余人,沿海航行船舶船员 23 万余人,内河船舶船员 92 万余人。

2. 海员的职务与职能

2020 年 11 月 1 日,《中华人民共和国海船船员适任考试和发证规则》(交通运输部令 2020 年第 11 号)施行。其中:

第七条　船员职务分为:

(一)参加航行和轮机值班的船员:

1. 船长;

2. 甲板部船员:大副、二副、三副、高级值班水手、值班水手,其中大副、二副、三副统称为驾驶员;

3. 轮机部船员:轮机长、大管轮、二管轮、三管轮、电子电气员、高级值班机工、值班机工、电子技工,其中大管轮、二管轮、三管轮统称为轮机员;

4. 无线电操作人员:一级无线电电子员、二级无线电电子员、通用操作员、限用操作员。

(二)不参加航行和轮机值班的船员。

第八条　船长、驾驶员、轮机长、轮机员适任证书分为:

(一)船长、大副、轮机长、大管轮无限航区适任证书分为二个等级:

1. 一等适任证书:适用于 3 000 总吨及以上或者主推进动力装置 3 000 千瓦及以上的船舶;

2. 二等适任证书:适用于 500 总吨及以上至 3 000 总吨或者主推进动力装置 750 千瓦及以上至 3 000 千瓦的船舶。

(二)二副、三副、二管轮、三管轮无限航区适任证书适用于 500 总吨及以上或者主推进动力装置 750 千瓦及以上的船舶。

(三)船长、大副、轮机长、大管轮沿海航区适任证书分为三个等级:

1. 一等适任证书:适用于 3 000 总吨及以上或者主推进动力装置 3 000 千瓦及以上的船舶;

2. 二等适任证书:适用于 500 总吨及以上至 3 000 总吨或者主推进动力装置 750 千瓦及以上至 3 000 千瓦的船舶;

3.三等适任证书:适用于未满500总吨或者主推进动力装置未满750千瓦的船舶。

（四）二副、三副、二管轮、三管轮沿海航区适任证书分为二个等级：

1.一等适任证书:适用于500总吨及以上或者主推进动力装置750千瓦及以上的船舶；

2.二等适任证书:适用于未满500总吨或者主推进动力装置未满750千瓦的船舶。

高级值班水手、高级值班机工适任证书适用于500总吨及以上或者主推进动力装置750千瓦及以上的船舶。

值班水手、值班机工适任证书等级分为：

（一）无限航区适任证书适用于500总吨及以上或者主推进动力装置750千瓦及以上的船舶；

（二）沿海航区适任证书分为二个等级：

1.一等适任证书:适用于500总吨及以上或者主推进动力装置750千瓦及以上的船舶；

2.二等适任证书:适用于未满500总吨或者主推进动力装置未满750千瓦的船舶。

电子电气员和电子技工适任证书适用于主推进动力装置750千瓦及以上的船舶。

在拖轮上任职的船长和甲板部船员所持适任证书等级与该拖轮的主推进动力装置功率的等级相对应。

不参加航行和轮机值班的船员适任证书不分等级。

第九条　船员职能根据分工分为：

（一）航行；

（二）货物操作和积载；

（三）船舶作业和人员管理；

（四）轮机工程；

（五）电气、电子和控制工程；

（六）维护和修理；

（七）无线电通信。

船员职能根据技术要求分为：

（一）管理级；

（二）操作级；

（三）支持级。

远洋货轮一般都在万吨以上,全船定员19～24人,除船长、政委外,一般高级船员8人、普通船员10人、厨师2人。船员组织系统分为甲板部、轮机部、事务部（邮轮、客轮）,每个部门内部都有明确的岗位分工。

甲板部:主要负责船舶航海、船体保养和船舶营运中的货物积载、装卸设备、航行中的货物照管;主管驾驶设备包括导航仪器、信号设备、航海图书资料和通信设备;负责救生、消防、堵漏器材的管理;主管舱、锚、系缆和装卸设备的一般保养;负责货舱系统和舱外淡水、压载水和污水系统的使用与处理。

轮机部:主要负责主机、锅炉、辅机及各类机电设备的管理、使用和维护保养;负责全船电力系统的管理和维护。

事务部（货轮的事务部一般并在甲板部里;邮轮、客轮等为独立部门）:主要负责全船人员的伙食、生活服务和财务工作。

3. 女性海员

有史以来,航海业一直是一个以男性为主导的行业,且这一传统观念由来已久,由"海员"原来的英文单词"seaman"可见一斑。因此,女性海员人数比较少。

2010 年 6 月,国际海事组织(IMO)在菲律宾首都马尼拉召开了 STCW 公约缔约国外交大会,会上统一了海员的英文名称为"seafarer",取代了以前普遍使用的带有性别歧视的称谓"seaman"。

历来巾帼不让须眉,从开启新中国远洋运输事业的"光华"轮到名动一时的"辽阳"轮,处处都有女海员、女船长、女轮机长、女政委的足迹。

(1)新中国第一批女海员

罗烈芳毕业于原广东省潮汕高级商船职业学校,1953 年任职于"江安"号,是新中国第一批女海员。她早期服务于长江航运企业,从事船舶驾驶,于 1956 年荣获"全国交通先进生产工作者"荣誉称号,是交通运输行业杰出的女性代表,先后受到毛泽东、朱德、周恩来等老一辈国家领导人的亲切接见。她还曾代表中国海员出席了在匈牙利召开的世界女工会议。(图 1.1)

(2)新中国第一批远洋女海员

这张有历史纪念意义的老照片(图 1.2),是新中国第一位远洋船船长陈宏泽在"光华"轮首航前于该轮甲板的烟囱前拍摄的。

图 1.1 罗烈芳

照片前排五位穿着白色海员服或工作服的姑娘,从左起是胡淑贤、潘彩娇、何丽珍、谢凤欢和何少英。她们五人和关燕霞都是于 1960 年 7 月,在广东省委的支持下从广东纺织厂正式调来的,作为广州远洋运输公司"光华"轮首航的女服务员。

同时被调来的还有广播电台的梁婉琼和从广东省人民医院临时借调的女医生。这批当时均未满 20 岁的姑娘,个个都把当一名远洋女海员作为最大的荣誉,她们满腔热情,不怕劳苦、认真学习,表现都很好,被公司所认可,后来她们得到了远洋海员证。

1961 年 4 月 28 日,她们身穿白色的女海员服,在激昂的乐曲声中,随着"光华"轮离开广州黄埔港,开始了新中国第一次远洋航程。(图 1.3、图 1.4)

(3)中国第一位远洋船女船长:孔庆芬

1953 年,20 岁的孔庆芬登上了"和平一号"海轮学习驾驶轮船。经过 16 年的航海锻炼,孔庆芬于 1969 年通过船长技术鉴定考试,被正式任命为船长。从此,孔庆芬成为中国航海史上第一位远洋轮女船长。(图 1.5)

孔庆芬在航海生涯中,先后驾驶过 3 000～60 000 吨级不同类型的轮船,共计 28 艘,操纵过汽轮机、内燃机、透平机、左转机等不同类型的主机,航行过渤海、黄海、舟山海域、太平洋日本海域、东京湾等地区水域;曾独立操纵过货轮、客轮、油轮等多种类型的船舶。她从上海驾船到过日本,在甬江、黄浦江、长江和海河上航行更不在话下。航海工作使她千百次地驶离和回到祖国大大小小的海港。

图1.2 "光华"轮上的女海员

图1.3 新中国第一艘远洋船"光华"轮

图 1.4 "光华"轮首航仪式

图 1.5 孔庆芬

（4）中国第一位远洋船女轮机长：王亚夫

王亚夫原籍山西，在福州长大。1949年，王亚夫在上海参加南下工作团，组织上认为她年纪轻，就让她去读书，她便考上了东北航海学院（大连海事大学前身）。1952年，王亚夫转到上海航务学院（1953年与东北航海学院合并为大连海运学院，即大连海事大学前身），她选择就读轮机系，这一选择决定了她今后的人生走向。1957年，她从学院毕业后，开始在轮船上干最为艰苦的轮机工作，一干就是36年，于1993年离休。（图1.6、图1.7）

图1.6　王亚夫年轻时

图1.7　王亚夫担任轮机长时

王亚夫在广州海运管理局所属的船舶上工作了近20年，于1973年担任轮机长，1976年她被调到广州远洋运输公司的"辽阳"轮任轮机长，1981年被调到福建省轮船公司的船舶上任轮机长，直到1993年离休。

王亚夫在任轮机长期间，一直以工作认真、刻苦、要求严格著称，和她一起共事过的人都称赞她能做一般人都做不到的事——奋斗终生，奉献终身。她也因此被评选为福建省福州市马尾区人大常委会副主任及第七届全国政协委员，成为我国航运界知名人士。

（5）中国第一位远洋船女政委：焦湘兰

焦湘兰，新中国首位远洋船女政委。1927年，焦湘兰出生于山东省掖县（即现在的莱州市）一个普通的农民家庭，1961年到中波海运公司，1965年进入广远公司，1976—1981年，在"辽阳"轮担任政委，是新中国首位远洋船女政委，1985年离休。

从1976年到1981年，焦湘兰政委在远洋船上工作了30个月，先后到过英国、法国、德国、荷兰、意大利、比利时、新加坡、日本等十几个国家的几十个港口，真正肩负起了远洋船政委的重任，并成为中国远洋女海员的楷模。（图1.8至图1.10）

（6）内河航运史上首位女船长：王嘉玲

"三峡成库前，重庆到上海2 400千米航线上的上万个航标，3 000多处暗礁险滩，至今我都能一一数出。"王嘉玲曾如是说。

图 1.8　焦湘兰

图 1.9　焦湘兰在船上工作时

图 1.10　焦湘兰和"辽阳"轮的女船员们

回忆起自己的船长路,王嘉玲说,她是 1976 年 12 月正式上船成为水手的,面对艰苦而又充满危险的工作,当年同时上船工作的那一批女水手,两三年后纷纷转行从事别的工作了,只有她一个人坚持了下来,"我当时就立志,一定要从水手做起,成为长江上的女船长"。

1981 年她考上三副,1983 年当上大副,1988 年考上船长,1991 年正式当上船长。凭着过硬的本领,王嘉玲终于圆了自己的船长梦。1991 年,王嘉玲已成为能走通长江上、中、下游全航线的第一位女船长。

1993 年,王嘉玲调上岸任指导船长,1995 年任重庆长江轮船公司总船长。人们都称总船长是"船长中的船长",以前一般都是由经验丰富、资历高的男性老船长担任这一职务,而让一位年轻女性担任这一职务,这在中国内河航运史上还是头一回。(图 1.11)

(7)女轮机长:张兴芝

1960 年,张兴芝以优异的成绩考上了大连海运学院。1965 年,从大连海运学院毕业后,她被分到上海海运局。按规定,新来的大学毕业生要上船锻炼一年,张兴芝选择成为与她所学的船机制造和维修专业相近的轮机工。

图 1.11　王嘉玲

　　1980 年,新造的"长柳"轮出厂前夕,张兴芝被调到该船任大管轮。她把全船轮机工作组织、指挥得井井有条,保证了船舶安全运行,随后她被上海海运局正式任命为"长柳"轮轮机长。

　　1983 年,她被评为上海市"三八红旗手",作为女海员的代表,又被推选为上海市妇联第八届、第九届执行委员。(图 1.12)

图 1.12　张兴芝

专题 2 海员的足迹

海员,在海与陆、城与乡、家乡与远方、繁华与寂寥、闭塞与开放之间游走……因为特殊的工作环境和性质,大部分人对他们知之甚少。而其实,当今世界 90% 以上的贸易是通过海洋运输来完成的,海员的工作与大部分人的生活息息相关。下面英文字母从 A 到 Z,逐一展现了海员的职业特点。

A——Adventure 冒险(每个航海人,都少不了冒险精神)

海运以安全到达为第一原则,但是由于海洋变幻莫测,因此像大航海时代一样的冒险,尤其在极端天气下的航行,也是不可避免的。

B——Bunker 加油(为船舶加油,也为自己加油)

新加坡作为航运中心,是很多商船加油的首选地之一。确保作业顺利完成,防止燃油污染环境,是远洋船员的必修功课。

C——Courage 勇敢(航海人,你的名字叫勇者)

自古以来,航海都是勇敢者的选择。在距离水面几十米的高度,踩着钢丝作业,这对于水手的生理和心理都是极大的考验。

D——Drill 演习(为了生命,不断演习)

船上有很多演习,消防救生、人员落水、货物移动、密闭舱室,等等,这些演习是模拟紧急情况下船员的应急反应。船员面对各种可能发生的突发事件,正确的应对措施是每个人都要掌握的基本技能。

E——Entertainment 娱乐(除了海上冲浪,还有一种娱乐叫网上冲浪)

船员以前的娱乐方式主要是打牌、下棋、看光盘等。现在网络便捷,在船舶到港有了信号后,上网成了最受欢迎的娱乐方式。

F——Faith 忠诚(世界那么大,我爱的依然是中国)

"海上马车夫"穿行于世界各地。热爱祖国是中国海员的基本道德情操,祖国的强盛让我们骄傲。

G——Gym 运动(运动,让我有更多的勇气与大海同行)

在这个封闭狭小的空间里,我们像是时空的囚徒。选择喜欢的方式做简单的运动,然后告诉自己,陆地其实没有那么远。

H——Hardship 艰辛(有一种艰辛,是让家人过得更好)

自古跑船都属于艰苦行业。大风浪的颠簸摇摆,极端冷热让人无处躲藏,远洋长航之后缺菜少水的日子,让这群人看起来与众不同。

I——Interest 乐趣(海钓,是不是一种难得的乐趣?)

最难忘那个"鳗鱼飘飘"的年代。钓鱼是很多船员为数不多的乐趣之一,抛锚也就成了很多人的最爱。

J——Journey 旅行（航海人，我们每一天都在旅行）

万水千山走遍，天涯温柔如刀。世界这么大，我想去看看。

K——Knowledge 知识（大海的胸怀，需要海量的知识来填充）

海的那边还是海，学海无涯苦作舟。

L——Landscape 风景（最美的风景，是我们曾经留下的身影）

那些脚印，串起了生命的轨迹。总会有一天，我们无力远航，而这些港口的美景，就成了记忆里的珍藏。这个世界，我们走过……

M——Maintenance 保养（船舶是我们的另一条生命，保养是自然的事儿）

船上的机器就像是人的器官，而甲板就是皮肤和脸庞。对抗时间，对抗损坏和衰老，就像是我们对抗自己的人生。

N——Nostalgia 乡愁（乡愁是一张窄窄的船票，我在这头，新娘在那头）

站在高高的驾驶台楼顶，找寻手机信号。那一刻，我们离开家乡已经那么远……

O——Ocean 海洋（天涯深处是海洋，海洋尽头是家乡）

古龙说："人就在天涯，天涯怎么会远？"人在船中央，船在海中央。有时候遇到奇异瑰丽的风景，便很欣慰曾经来到这片天涯深处的海洋。

P——Pirate 海盗（大兵营救的菲利普船长，没有保安护航）

在亚丁湾护航的武装保安就像古代的镖师，航海居然有了行走江湖的味道。相比之下，手持霰弹枪的哥伦比亚港口的看船人，就像一个"小镇的青年"。

Q——Quietness 寂静（远离人世间的喧嚣，寂静却不寂寞）

窗外彩霞满天，一杯茶足以消半世寂寞；身后云卷云舒，一卷书亦堪慰平生漂泊。

R——Route 航线（跟随时代进步，做合格的新航海人）

航线设计是航行的第一步，电子海图等高科技设备的应用是必然趋势。

S——Safety 安全（每一次航海远行，期盼每一次平安归来）

人、船、货物和环境的安全对于这群行走在海中央的人来说是永恒的话题。祝你平安！

T——Train 培训（我们一直在前行，培训让我们更好地成长）

各种各样的培训是提高船员应对突发事件能力的必要手段，学无止境，在此尤甚。

U——Underway 在航（人的生命在于运动，船的生命在于航行）

虽然渴望港湾，但船的生命还是在于航行。不能航行的船，就像不能奔跑的马、不能翱翔的鸟，全然没有了生命的活力和尊严。

V——Vacation 休假（我们的工作是航程和旅行，休假同样让人期盼）

大厨在卡萨布兰卡休假，他说要回家好好给老伴做几顿饭。海员不容易，海嫂更不容易。六十岁的老杜是真的退休了，他说，我在海上跑了大半生，这回再也不用出海了。

W——Watch 瞭望（瞭望，日出和日落）

我想看到水天相接的一叶扁舟，就像我想看到日落云霞边缘里扇动的鸟翅上的片羽吉光。

X——X 未知（未知不是无知，想象有多大，梦想就有多大）

在岸边玩耍的孩子，不知道外面的世界有多么精彩；在海上行走的汉子，不知道外面的世界有多么无奈。

Y——Youth 青春（当我老了，我会说，青春无悔）

三千里路云和月，天涯行遍再回首，青春化作美丽忧伤。

Z——Zigzag 曲折（漫漫人生路，在脚下、在海上，有目标，曲折一点又何妨？）

常常觉得航海像极了我们的人生，有风雨、有晴空，有直行、有绕航，有狭窄的水道、有辽阔的大洋，千山万水，蜿蜒曲折，不停地前行。

下面，借中谷海运集团内贸集装箱"中谷广西"轮大副黎朝阳的《十年海员生涯所悟》来跟大家分享一位资深海员的航海经历。

十年海员生涯所悟

坊间总在流传，航海是夕阳产业，没有前途。或许从历史长河来看，航海已经存在了许久，但却一直在更新换代地前进。我想说，只要有人类在，就有航海在，航海与人类共生共灭，并且将亘古长青。

来航海吧

海员，是勇敢者的职业。因为工作环境的特殊，海员在平静的茫茫大洋上感悟人生的真谛；在惊涛骇浪中感受人类的渺小和生命的不堪一击，从而树立起对大自然的敬畏；在充满生命力的日出中感谢上苍的赐予，充满希望地迎接每一天的到来；在夕阳与红霞中感受色彩的丰富，体会渔舟唱晚的柔情与诗意；在深邃的星空中寻找着北半球的北斗七星或者是南半球的十字星；深邃的宛如镶满钻石的夜空，充满对人类起源的无限好奇，充满对先贤的无限尊敬；在世界各地留下自己的足迹，品尝各地地道的美食，领略风土人情，感慨世界的多姿多彩。

当然，结合身边同事的亲身经历，海员也体会着这份特殊职业的无限心酸……因海陆相隔而不能在亲人临终前见一面、送最后一程，心底留下了无限的懊悔与遗憾；在重大疾病或意外伤害面前，无助地面对着死亡的威胁，满足对生的无限渴望；在突发状况下，船长临危不乱，带领全船成员团结一致、齐心协力，应对各种危险事件，直至转危为安后大家油然而生的成就感和自豪感……

从来就没有一种职业是十全十美的，万事万物都有正反两面，航海这个艰苦的职业也概莫能外……读万卷书不如行万里路，对于大多数普通人来说，如果你想既能走出国门看世界，同时又能攒点钱买套房，那么，请选择航海吧！

回首 2008 年 5 月，我从集美大学航海学院毕业，登上停靠广州南沙港的 5600 TEU 标箱的"新青岛"轮至今，不知不觉已经过去了九年，正步入第十个年头（写作时间）。十年里，我从懵懵懂懂的驾驶员实习生，到今天的大型集装箱船大副，驾驶着和美国尼米兹级航母类似大小和排水量的集装箱船穿梭在世界各大洋和港口之间，那种荣誉感和自豪感油然而生！下面，就让我将这些年航海中美的一面展现给你吧！

万国水果宴

随着国人生活水平的提高，水果成了人们日常生活中必不可少的食物之一，价格较贵的进口水果在超市中也有了一席之地。作为国际海员，你可以用最低的价格品尝到各地最新鲜的特色水果，如智利的车厘子、澳洲的阳光鲜橙、马来西亚的波罗蜜、泰国的金枕榴梿和红毛丹、埃及的黄瓤西瓜、土耳其的大石榴……与国内那些价格昂贵得令人望而却步的进口水果相比，这些当地特产是实实在在的物美价廉，简直就是"白菜价"。

美食秀

海员在异国他乡逛街，都会顺道品尝一下当地正宗的美食。我们选择的当然不是高大上的高级餐厅，其实最好的美食就在街边普通的店面里。比如去韩国不一定要吃烤肉，我认为泡菜更值得品尝，可能你只点了两道主菜，饭店的老板却会给你配备6碟泡菜，这才叫作当地特色美食；去意大利、马耳他等国，就不要去吃麦当劳了，选一家比萨店，翻开菜单，最贵的加大的海鲜芝士比萨肯定不会超过10欧元；去德国时，三五同事在酒吧选个靠街的桌子围坐在一起，来一大桶鲜啤，边喝、边看、边聊路边熙熙攘攘的高鼻子、蓝眼睛、金黄头发的路人；去美国了，肯定要吃几个大杯的哈根达斯冰激凌，4美元[①]足矣，尔后和同事约着吃份牛排吧。

如今，船员兄弟的想法已经改变了，较以往，更大的不同是舍得在观光、餐饮上面消费。说实话，来一趟外国不容易，既然来了，那就放开手潇洒体验一把吧！

豪华版的海洋公园

香港的海洋公园在很多人眼中是个高大上的地方，没有去过的人都很向往，想去看看海豚、海狮等各种动物的表演。然而，当你成为海员后，你将会驰骋世界五大洋，领略一个真正的海洋世界。或许曾经的你会为了公园里几头海豚跃出水面而欢呼雀跃，但是，你能想象三五十头甚至一百头海豚相互配合，交替跃出海面，驱赶鱼群的场面吗？在世界的几大传统渔场，譬如日本的北海道沿岸、智利与秘鲁沿岸、阿曼亚丁湾沿岸等，每每航经这些海域，在驾驶台值班瞭望之余，我经常拿着望远镜仔细搜索海面，期待着这些水中精灵的出现。海豚是群居动物，捕食、嬉戏都在一起，出现时场面非常壮观，同时跃出水面的海豚，少的有三五头，多的有十几头，前面的刚落入海里，后面的紧接着跃出水面，宛如一首海豚演奏的交响曲。如果你足够幸运，这些精灵将在距离海船约50米远的海面进行一场恢宏的表演，而你则是唯一的观众！心里涌现出的意外与满足感，完全不亚于你买的彩票中了大奖！

在美国的西海岸、加利福尼亚州的外海，你将有机会看见海上的霸主——鲸鱼。鲸鱼一般是母子一同行动，除非它露出大尾巴拍水，否则你只能通过鲸鱼换气时喷出水面的水柱来寻找，很多时候你看到的也仅仅是鲸鱼那宽阔的后背。当然，运气好的话，你还是可以看见鲸鱼舞动它的大尾巴。如果运气足够好，还可以看见罕见的白色皮肤的鲸鱼。让我印

---

① 美元是美利坚合众国、萨尔瓦多共和国等国的法定货币，1美元≈6.608 5人民币（2022 – 5 – 1汇率）。

象最深的就是在秘鲁外海,用望远镜看见了海里的白色鲸鱼,我欣喜万分,茫茫大海上看见鲸鱼已实属不易,更何况是白色皮肤的鲸鱼。

海狮在国内比较少见,但是在太平洋的东岸,无论是北美洲的美国的洛杉矶、墨西哥的曼萨尼略,还是智利的瓦尔帕莱索,这些可爱的海狮生活在自己的地盘上,完全是一副主人的架势。或者是在海轮的球鼻艏上,或者是在露出的舵叶上,再或者是码头边的栈道上都能看见它们。当你想一探究竟时,领头的海狮王甚至还会用两只前爪支撑起庞大的身躯,摇摆着尾巴来驱赶你,它正在用行动告诉你:"嘿,小子,你进入了我的领地。"

自然风光篇

当大家都在关注 PM2.5 的时候,航行在大海上的你,自然不用为空气的质量担忧。大洋中间,那空气质量自然是顶呱呱,含氧量极高。尤其是波斯湾、亚丁湾或者在太平洋的深处,有那么一段时间,海面平静得像镜子一般,如丝绸般柔顺,没有一丝波浪,你的耳边除了船舶主机的轰鸣外,没有其他杂音。此时,唯一能感受到的是天、人、船三者合一。每每此时,思绪都似被船划开的水波一样扩展到远方,直到你完全看不见水痕为止。说实话,很有种冥想的感觉,如果你是很有主见或者想法的人,完全可以利用此时安静的环境放飞思绪,进行一些深层次的思索,说不定日后的哲学家就是你呢!

海上的航行班,天气晴好时,就是在太阳和星星交替注视中度过,或万里无云,或层云多多,或卷云飘飘。大副班,总是迎接旭日东升,围观夕阳西下红霞满天。旭日东升时,你能够细细观察还在地平线下的太阳的全貌,好似鸭蛋黄一般,随着它跃出地平线,光线和热度的提升让你不能再直视,只能享受阳光普照,并为它的亮度与热度所折服。我一直认为,观看日出与日落是人生的幸事,用 2~3 个小时感受光线、色彩的变化,此时此刻的你,一定会感谢眼睛的精密与神奇的构造,它能看到的美景,是任何高科技都无法完美记录的,无论是广度还是深度——从黎明前的漆黑到世界的逐渐清晰,从落霞晚归渔舟唱晚的诗意到世界逐渐沉寂,一天的开始与结束……

平静的海面并不是海洋的全部,只有经历过惊涛骇浪,你的胆量才能提升。也许,看到海洋的暴躁和无情,你才能清楚地了解真实的它。经历过横摇45°,摇到一个大浪过来,整个船舶随之倾斜,桌上的海图和其他东西"哗啦啦"地飞出,书架上的书整排倒下,驾驶室内的椅子飞来飞去,各种仪器的警报声此起彼伏,更重要的是,外面是黑漆漆的一片,没有星星,没有月亮,只能听见咆哮的风声和偶然看到的又一丝白线接近,没错,又一个巨浪来临了!雷达屏幕上空无一船,茫茫大洋中好像只有孤独的你独自航行……突然,船身一震,十万吨的船竟然如此"轻飘",你的眼前出现一面在前桅灯灯光映照下的"白墙",接着那面"白墙""哗啦啦"地扑打在驾驶台玻璃上,它们如此有力,哪怕是随着大风飞跃了 180 米以后(船头到驾驶台长 180 米)。你的心中总会有一丝丝担忧,直到看见了东方的一丝光亮,慢慢地天亮了,这意味着我们顺利地挺过来了……

人文景观篇

作为国际海员,大家经历过长途跋涉的远洋航行后,最期待的自然是靠港了。有了现代化机械设备的帮助,船舶在港口的作业时间普遍缩短了很多,一般只有十几个小时,有的甚至不到十个小时。而无论时间多紧张,大家最爱的还是上岸"接接"地气,走走看看,领略当地的风土人情。这在岸上的人员看来,就是免费的国际旅行吧。

十年里,五大洲我都去过,西至英国的费利克斯托、德国的汉堡和荷兰的鹿特丹,南至非洲西南端的好望角,经过咆哮西风带,从中国航经印度洋,跨越大西洋去南美洲的巴西、乌拉圭和阿根廷,从加拿大的温哥华经过维多利亚湾,沿着太平洋的东边一路南行,从墨西哥、秘鲁到智利,进波斯湾到达阿曼、巴林、沙特、阿联酋,去"土豪"的天堂迪拜,再沿着阿拉伯海经亚丁湾去以色列、埃及,经过苏伊士运河进入地中海,途经希腊的爱琴海去土耳其,航经欧亚大陆的分界点普鲁斯海峡进入黑海,或者从希腊的西面进入亚得里亚海,看看"欧洲的火药桶"——巴尔干半岛,再去与之相对的亚得里亚海另一边的意大利,看看水上之城——威尼斯。

给我留下最深印象的是意大利的热那亚,一座滨海山城。作为旅游城市,热那亚依山而建,从山顶的15世纪的古堡开始,逐渐向山下"铺开"的是各个时期的建筑,一直到海边,现代化的酒店和文艺复兴时期的建筑、雕塑交相辉映。热那亚的美,是站在山顶眺望碧蓝海面的那份心旷神怡;是在半山腰私人院落隔着篱笆欣赏娇艳欲滴的红玫瑰,深吸着空气中弥漫的花香;是站在海边,仰望从古至今的历史的层次之美;是遥望山顶古堡之上那片淡蓝色的天空和几朵悠然的白云。

海员能当一辈子吗

《论语·为政》中,孔子曰:"吾十有五而志于学,三十而立,四十而不惑,五十而知天命,六十而耳顺,七十而从心所欲,不逾矩。"

今天,我借用孔子的这段话,来回答"海员能当一辈子吗"这个问题。如果你选择了这个职业,开始了航海生涯,我建议你不妨先做着看看。

二十岁出头的青春岁月,你走出国门看世界,领略世界各地的风土人情,同时依靠相对较高的收入解决基本的生存问题,如买房、结婚、生子。在三十岁之前,你一定要尽可能地多走走、多看看,踏出国门环游世界,经受伟大自然的熏陶,于海风、骇浪、星空、旭日、夕阳中陶冶情操,通过遍布世界各地的足迹来体验中西文化的差异,用阅历沉淀人生,就这样一点点地变得富有内涵。

三十岁的时候,或许你还没结婚,或许你的小孩已经蹒跚学步,而此时的你应该是船长或大副或轮机长或大管轮了,人生的奋斗目标和处世原则基本已经定型了,如果你真心喜爱航海生涯,那么,就继续浪迹天涯吧,去进一步丰富与沉淀。如果过去的十年让你觉得厌倦,那就不妨上岸吧,重新开始,在年富力强并且已经有了一定的工作经验和积蓄的时候,相比刚从学校毕业的大学生,我们还是相当有竞争力的,忘记过去相对的高薪,一步一步打拼,慢慢地融入岸上的生活。

四十岁的时候,对于自己正从事的职业和所在的领域应该不再疑惑,此时的你应该是高级船长或者轮机长,抑或在岸上努力打拼了十年,事业小有成就或一事无成,关键是你的收获,你对自己十年前的那个决定满意吗,后悔吗?现在的你动摇了吗?你今天所面对的现状,都是过去十年选择与付出的结果。此时,你依然可以选择,但你也许只能再选择一次,努力缓解精神压力,将选择时所面临的困难进行充分考虑,毕竟年纪摆在这儿。

五十岁的时候,我们应该释怀。命运都是自己一手创造出来的,想想先前三十年的拼搏与努力、选择与转折,今天的你应该对自己的现状能够欣然接受,无论成功与否。如果此时你还是海员,或许,航海应该是你这辈子职业生涯最好的归宿,毕竟在工作中你才能找到存在感和体现自己的价值!

六十岁的时候,应该退休了吧,请你抓住生命的尾巴,在人生夕阳西下的岁月里,做一些能够让自己开心的事情,以自己喜欢的方式。生命,终究只有一次,只要你觉得"此生足矣",那么,你就是人生的赢家!

如果你还存在疑问——海员能当一辈子吗?那么,我的回答是:航海是勇敢者的选择,在你年轻时、三十岁前是个不错的选择,四十岁是中性的选择,五十岁时是无奈的选择,六十岁时,面对仅有一次的生命而言,你怎么开心就怎么选择吧。

专题 3　海员的情怀

一位海员前辈对海洋、对航海、对母校的至诚情怀,令人感动……

钱永昌,1933 年 4 月生于上海,1953 年毕业于大连海运学院(今大连海事大学)航海系。原交通部部长、党组书记。(图 1.13)

图 1.13　钱永昌

无憾无悔的生命之歌——航海生涯往事散记

我一生引以为荣的是:我是大连海运学院的首届毕业生。同时,我还是 1950 年入学的"吴淞商船"的最后一届学生。因此,我也成为新中国名副其实的"承前启后"的一代学生。

时光飞逝,似流水、似流星,倏忽间我已两鬓霜白。回顾人生路程,最使我骄傲、引以为幸的是在中学时代,我就选择了航海作为我终身追求的事业。而更值得庆幸的是,我实现了自己的理想,也实现了成为一名远洋船长的抱负。

因为我有志于航海事业,憧憬航海生涯,因此,每当我回顾一生,虽历经沧桑,但总是拥有无憾无悔的满足感。

青年人向往航海生活,因为在他们的心目中,航海是豪迈的事业,是浪漫的事业,是绚丽多彩的事业,更是勇敢者的事业。

经过二十余年的航海生活,经历了各种磨炼,我才真正感受并领悟到航海的豪迈、浪漫与多彩的真实含义。

初涉航海，深感大海浩瀚

当我初次出海实习时，充满了小资情调的激动：蓝头巾在送别的岸边轻轻飘扬，蔚蓝色的海洋碧波荡漾，旭日从地平线升起……因此，当我得知船舶将于拂晓驶出长江口入海后，就早早起床，兴冲冲地登上驾驶台，以观日出美景。

但船舶刚驶出长江口，迎来的却是大海的浪涌。曙光初显，太阳尚未从地平线升起，我却因初次出海晕船呕吐，难以支撑而下了驾驶台——"太阳尚未升起，我已下了驾驶台"，这是大海在我的航海生涯中给我上的第一堂课。

我意识到，在豪迈、浪漫、精彩的诱惑后面，是航海生活的艰难。美好的理想，远大的抱负，绝不是诗情画意的想象，只有坚定信念、百折不挠、不畏艰险，才能驶达理想的彼岸。

航海，使你的生命每天都充满挑战，而不是处在周而复始的平淡中。

置身茫茫大海，一望无际、海天一线，会使你心旷神怡，心胸备感宽阔，似乎一切烦恼与忧愁都能承纳，平静对待。

置身茫茫大海，深感大海之浩瀚，巨轮如沧海一粟，人则如海水一滴之渺小。

置身茫茫大海，晴空夜晚，仰视苍穹，繁星闪烁，斗转星移，会领悟到万物都有其永恒不变的规律。

置身茫茫大海，日复一日，夜以继日地航行，面对时而温柔、时而狂暴的海洋，能让你遐想联翩，对人生有更多更深的思索。

船舶操纵是技术也是艺术

航海生涯中，必须能随时应对惊涛骇浪、狂风呼啸，常常险象环生……当一名船长坚毅果断、指挥若定地带领船员在风浪中化险为夷后，他将拥有战胜风暴的自信与满足感。

航海生涯中，也不时会遭遇伸手不见五指的浓雾袭击。即使全神贯注、敏锐戒备，但也难免会出现在浓雾弥漫中与其他船舶擦肩而过的险情……当浓雾消散，海面豁然开朗，面对大海，身为船长将感受到常人难以理解的、惊险过后的平静和如释重负的轻松感。

航海生涯中，会遇到穿越暗礁与险滩密布、海流湍急的海峡，错一个指挥口令将酿成大祸的航行。屏住气息，全神贯注，凭借经验对照海图，在不允许有任何闪失的情况下操纵船舶前进，当凭借冷静果断的指挥使船舶安全驶出海峡时，船长会感觉当了一次探险者。

航海生涯中，即使在港内，对船长而言也会有紧张的时刻，那就是船舶操纵。特别是当你在强风急流中借助风流合力，对车、舵、锚、缆下达一个个操纵口令，形成协调运作，将巨轮精确地轻轻"贴"上码头，完成一次高难度的成功靠泊后，船长会获得如乐队指挥在指挥乐队完美演奏精彩乐章的那种精神享受。

旅程漫漫寻觅历史踪迹

"航海"是一本博大的地理百科全书，更是一部浩瀚的历史长卷。航海旅程中，你会目睹异国风情、名山大川，那些历史遗迹会把你带入历史的长河。

当你在印度洋航行时，会"看"到我国 15 世纪伟大航海家郑和的足迹。

当你在英吉利海峡航经法国北部诺曼底时,你能想象第二次世界大战时17.6万盟军先头部队跨过海峡在诺曼底登陆,与法西斯军队展开决战时惊天地、泣鬼神的战斗景象。

当你沿非洲西面的大西洋南下航行时,遥望当年流放拿破仑的圣赫勒拿岛孤影屹立在大洋之中,你会联想起不可一世的英雄在孤岛上度过的余生是何等的无奈。

当你在直布罗陀海峡西班牙沿岸航行时,似乎能听到18世纪初英国与西班牙为争夺海上霸权而进行的海战的隆隆炮声……

不胜枚举的历史遗迹会出现在你的航程中。

当你经历多年的航海生涯后,全世界的地理轮廓、岸形特征、山脉起伏、海洋深浅、暗礁险滩、海峡运河、都市风貌等,都会深深地印在你的心中。这是只有航海者才能拥有的"放眼全球、胸怀世界"。

在漫长的航海生涯中,你能"周游列国",接触与了解世界上不同肤色、不同民族、不同国家的人:日耳曼民族的刻板与严谨,大和民族谦恭的外表下隐藏的精明……

认真琢磨,你能从毗邻地区不同民族的肤色、毛发、语言发音中,觉察到这些民族之间的相似之处和人种的变化痕迹;也能发现各民族不同的音乐声调,在毗邻地区的民族间逐步演变的轨迹;甚至你会发现飞翔在南非好望角海面的海鸥是黑色的,随着纬度的北移,至中非地带渐变成黑白两色,而过了非洲与欧洲分界线的直布罗陀海峡,海鸥就突然成为一身白色的奇妙现象。

你还能参观很多伟大的历史古迹,领略其辉煌的艺术成就:海湾地区两河流域的古巴比伦奇迹;苏伊士运河旁的古埃及金字塔;文艺复兴时期的意大利雕塑与绘画艺术;分隔欧亚两大洲的博斯普鲁斯海峡口伊斯坦布尔宏伟的清真寺;水城威尼斯的婉转悠扬;至今仍矗立在亚历山大港的历史上最古老的灯塔;18世纪后期英国将罪犯流放到澳大利亚的悉尼登陆点的遗址……

当你再回过头去阅读世界历史、世界地理时,就会有更多的感性认识,并会对历史产生一种特殊的亲近感。

岁月流转感悟航海真谛

作为一名中国海员,你能从船队的发展壮大中,从进出口船载商品的变化中,从与各国人民的交往中,切身感受到祖国的日益强盛与经济的快速发展,为我中华民族在世界民族之林中的崛起和国际地位不断提高而备感骄傲。

航海者需要意志坚毅、勇敢坚定、反应敏捷、处事果断、大胆谨慎、沉着镇定、刻苦耐劳、豁达乐观。这些精神品质只有在长年航海生涯的实践中、在风浪的洗礼中才能得到磨炼与塑造。

二十多年海上生活的经历,使我真正领略到航海是豪迈、浪漫、绚丽多彩的勇敢者的事业。

航海事业是富有意义的,航海生活使我的人生更充实。

饮水思源,几十年后回忆往事,更觉情深意长,而让我成长的源泉是我心灵的故乡——我亲爱的母校。

模块二

素养篇——海员的生活底色

常听人说:没文化,真可怕!

读书多的人并不一定有"文化",见识广的人也不一定有"文化"。那"文化"到底是什么呢?

中国当代著名作家梁晓声有一个很靠谱的解释,他说"文化"可以用四句话表达:植根于内心的修养;无需提醒的自觉;以约束为前提的自由;为别人着想的善良。

一个人心平气和、做事妥帖、做人礼貌,这就是修养。古代常以玉比君子,说君子像玉石一样温润,光华内敛,不刺眼、不炫耀,谦和守礼,不咄咄逼人,这就是修养。古人读书最重要的目的是"修身",之后才能"齐家""治国""平天下"。

新冠肺炎疫情席卷全球很久了,对海员们造成了很大影响,许多海员在船上超期工作。曾有人说:"没有海员,世界上一半的人会挨饿,另一半的人会受冻。"

海员啊——你们是疫情中的海上逆行者,你们的每个行动,无不彰显着深厚的素养!

特制的旗帜在驾驶台上迎风飘扬,仿佛在向每一位"向海而生,耕海牧船"的海员致以崇高敬意和由衷感谢!

案例导入

青年海员的担当

"船长,以后引水上下船的消毒工作就交给我吧!我也想为船舶抗疫尽点绵薄之力。"

"政委,靠港期间把我安排在夜班消毒吧!我年轻,身体好。"

"老轨,下次搬伙食时能不能提前叫我?我想多出点力,就当锻炼身体了。"

……

这一句句话都是年轻的海员们面对船舶防疫时发出的肺腑之言。

记不清从哪天起,为了抗击新冠肺炎疫情,船舶进出港和靠港期间,船上的许多工作都需要船员穿上防护服、戴上防护眼镜、一次性手套、口罩等防护用品去完成。在船舶抗疫一线忙碌的人群中,有这么一群人,他们挥洒着年轻人的活力,在船舶防疫中起到重要作用,他们就是船上的95后、00后青年"生力军"。

无论是船头船尾的系解缆,还是库房外的伙食搬运;无论是靠泊期间梯口消毒与监督,还是船舶离港后的全船消毒,处处都有95后、00后青年海员的身影。为保证船舶防疫万无一失,中远海运"玫瑰"轮靠泊期间,除了梯口值班一水外,每班还安排了一名专门消毒的防疫人员,而负责消毒的这3名海员分别是1998年、1999年和2000年出生的,是船上比较年轻的海员。虽然他们很年轻,但无论船舶什么时候靠港、靠泊多久,无论是严冬还是酷暑,他们都不分昼夜地坚守岗位,认真做好消毒工作,守卫着船舶的通道与入口。

成千上万名青年海员奋战在一线,为船舶防疫、为祖国远洋事业默默奉献着。他们大都刚刚走出校门,昨天的他们还是天真无邪受人保护的学生,今天的他们不仅学会了保护自己,而且可以保护他人不受伤害。也许因为工作性质,也许因为疫情形势,他们一下子长大了,勇敢地扛起了肩上的责任。

临近冬日,气温渐降,寒意来袭,但在船舶一线抗击疫情的青年海员却给我们带来了温暖。从让人保护到保护自己,再到保护他人,这不但是观念的转变,也是意识的提高,更是心智的成熟和意志的成长。他们用行动践行使命,证明了年轻一代的果敢担当,彰显了青年海员的风采和希望。

壮哉,中国海员!你们撑起了中国航海事业辉煌的昨天、可靠的今天、灿烂的明天。

专题 1　素 养 深 培

"素养"是指人们后天形成的知识、能力、习惯、思想修养的总称。从广义上讲,素养包括道德品质、外表形象、知识水平与能力等各个方面,与素质同义。

"素质"一词有以下三个含义:第一,人的生理上生来具有的特点;第二,事物本来具有的性质;第三,完成某种活动所必需的基本条件。

在高等教育领域,素质应是第三个含义,即大学生从事社会实践活动所具备的能力。

1. 素养的主要类型(表 2.1)

表 2.1　素养的主要类型

素养类型	认知和处理对象	沟通与认同方式	思维方式	思维特征	价值标准	气质特征
科学素养	客观世界	事实与逻辑——晓之以理	理性	抽象,清清楚楚,并需求证	真	理智
艺术素养	情感世界	情感与形象——动之以情	感性	具象,朦朦胧胧,但凭感觉	美	激情
信仰素养	心灵世界	心灵约定——抚之以心	悟性	感悟,玄机重重,无须证明	善	虔诚
人文素养	人与人、人与社会的关系	分别运用	三性皆有	互动,辩证尊重,难得糊涂	爱	宽容

2. 如何培育素养

莎士比亚说:"人生就是一部作品,谁有生活理想和实现计划,谁就有好的情节和结尾,谁就能写得十分精彩和引人注目。"

爱迪生说:"天才是 99% 的努力加 1% 的灵感。"

虽然每个人都有获得成功的机会,但是结果如何,完全要看个人努力的方向、方法和努力的程度了。

提高素养的关键是把培养品德、学会做人放在首位。

中国古代,人们认为"千古流芳"的最高境界首先是"立德",即先学会做人,在道德上成为完人;其次是做事,建功立业;最后才是做学问。

两千多年前的大教育家孔子就提出要重视品德教育,他将是否有好的品行作为评价一个学生的重要标准。要实现"齐家""治国""平天下",都必须从"修身"做起。

联合国教科文组织提出,面向21世纪教育的四大支柱是:学会做人(learn to be);学会学习(learn to know);学会做事(learn to do);学会共处(learn to together her)。

"学会做人"是建立在其他三种学习基础上的,是教育和学习的根本目的。所谓"学会做人",就是要追求高尚的人格,这是每一位即将成年的人不可忽视的重要目标。

人格是什么?人格主要是指一个人的道德品质及道德行为,它渗透到人的全部言行之中,覆盖于人活动的多个层面。简单说,一个人爱什么、恨什么、追求什么、厌弃什么,怎样律己、怎样待人、怎样工作、怎样生活,胜利时有什么情感,挫折时有什么态度,成功时有什么心境,危难时应有什么原则,等等,处处都彰显人格的影子,露出人格的端倪。

2021年7月10日,求是网上的《人民情怀:我将无我,不负人民》一文完美地诠释了中国共产党人的素养以及素养的培育方向。

人民情怀:我将无我,不负人民

"全体中国共产党员!党中央号召你们,牢记初心使命,坚定理想信念,践行党的宗旨,永远保持同人民群众的血肉联系,始终同人民想在一起、干在一起,风雨同舟、同甘共苦,继续为实现人民对美好生活的向往不懈努力,努力为党和人民争取更大光荣!"习近平总书记在庆祝中国共产党成立100周年大会上对全党发出伟大号召。

中国共产党的百年历史,就是一部践行党的初心使命的历史,就是一部党与人民心连心、同呼吸、共命运的历史。我们党之所以历经百年而风华正茂、饱经磨难而生生不息,根本在于党在任何时候都把人民放在心中最高位置,始终以百姓心为心,与群众有福同享、有难同当,有盐同咸、无盐同淡。

我是谁、为了谁、依靠谁,是一个政党的根本问题。习近平总书记指出:全党必须牢记,为什么人、靠什么人的问题,是检验一个政党、一个政权性质的试金石。党的十八大以来,习近平总书记着眼新的实践,不断回答、阐释这一根本问题,丰富和发展了马克思主义关于人民的思想。

2019年3月22日下午,意大利众议院,习近平总书记同众议长菲科举行会见。菲科问道:"您当选中国国家主席的时候,是一种什么样的心情?"总书记沉静而充满力量地说:"这么大一个国家,责任非常重、工作非常艰巨。我将无我,不负人民。我愿意做到一个'无我'的状态,为中国的发展奉献自己。"

一个人也好,一个政党也好,最难得的是历经沧桑而初心不改、饱经风霜而本色依旧。40多年来,从一个生产大队的党支部书记,历经村、县、地、市、省直至中央等多层级领导岗位,到一个泱泱大国的最高领导人,习近平总书记心里始终装着人民、时刻想着人民、奋斗为了人民,始终做一名"人民的勤务员"。

"我的执政理念,概括起来说就是:为人民服务,担当起该担当的责任。"2014年2月7日,习近平总书记在俄罗斯索契接受俄罗斯电视台专访时这样回答主持人的提问。

天地之大,黎元为先。陕西省延川县梁家河,一个位于黄土高原腹地的小村庄。2015年2月,习近平总书记回到这里看望父老乡亲时深情地说:"我在这里当了大队党支部书记。从那时起就下定决心,今后有条件有机会,要做一些为百姓办好事的工作。"当年,他很期盼的一件事,就是"让乡亲们饱餐一顿肉"。

党的十八大以来，习近平总书记在不同场合的讲话中，在各种指示批示中，"人民"二字强调得最多、分量最重。数年间，为带领全国各族人民摆脱贫困、逐梦小康，习近平总书记翻山岭，冒风雪，顶烈日。

在大凉山村寨，他沿山路看了一户又一户人家；

在秦巴山麓生态移民村的老乡家，他挨个屋子转一转，摸摸炕脚暖不暖；

在太行山深处，他带着贫困户一笔笔算脱贫账；

走进六盘山区破矮的土坯房，他舀起一瓢水尝尝水质；

武陵山区层峦叠翠，一位老人紧握着他的手，一个劲儿地夸赞党的政策好……

"他们的生活存在困难，我感到揪心。他们生活每好一点，我都感到高兴。"总书记关心人民冷暖的真情溢于言表。

始终将人民放在心中最高位置，不仅是习近平总书记念兹在兹的真挚情怀，也是对全党特别是各级领导干部的殷切希望和明确要求。他多次强调，"我们党的各级干部是人民的公仆、人民的勤务员""领导干部手中的权力是人民赋予的，只能用来为人民谋利益"。他这样嘱托中青年干部："共产党的干部要坚持当'老百姓的官'，把自己也当成老百姓，不要做官当老爷。"其言谆谆，其情殷殷。

思想蕴含感情，感情激发思想。习近平总书记对人民的情感、为人民的担当，浸透在习近平新时代中国特色社会主义思想之中。人民性是习近平新时代中国特色社会主义思想的根本属性，人民情怀是这一思想的显著特征，彰显了人民创造历史、人民是真正英雄的唯物史观，以人为本、人民至上的价值取向，立党为公、执政为民的执政理念。这一思想，是为人民代言、为人民立言的科学理论，是人民利益、人民心声的集中表达。

习近平总书记崇高的道德素养，是所有人学习的榜样！

专题 2　人文素养提高

　　人文,望文生义,可以从"人"和"文"两个方面深入理解:"人"是指有生命的,鲜活而独特、真实而朴素的,非"物"、非"神"的,其基本属性包括"人性的,人道的,有精神的,世俗的,幸福的";"文"即文化,是人类千百年积淀下来的精华,不仅仅指知识(经验),还包括"价值规范"和"艺术"等。

　　人文,是一个动态的概念。人文一词,最早出现在《易经》中贲卦的象辞:"观乎天文,以察时变,观乎人文,以化成天下。"宋朝程颐的《伊川易传》释作:"天文,天之理也;人文,人之道也。"

　　人文原来是指人的各种传统属性,后来演化为人的文采,但人的文采不是指人的体貌特征、人的长相,而是指人文雅的举止。这个"文雅的举止"来自哪里呢? 来自人的内在的一种德行修养,主要指五种德行,即仁、义、礼、智、信,而后演变为一种文化,将求真、求善、求美合为一体,称之为"人文文化",成为潜移默化的、长远留存的一种文化形式。《现代汉语词典》将之解释为:"指人类社会的各种文化现象。"

　　人文一词在英文中是"humanism",通常译为人文主义。欧洲文艺复兴时期的人文学者在反对和超越中世纪宗教传统的过程中,把希腊、罗马的古典文化作为一种皈依,用这种办法来影射世俗的人文传统。《大不列颠百科全书》中将"人文"解释为:"人文,是指人的价值具有首要的意义。"在 19 世纪的欧洲出现了人文学科,到了 20 世纪,英美的一些大学开始出现人文社科专业。

　　先贤曾讲过,科学不能给我们人生中的大问题提供答案,这个大问题就是我们应该做什么,应该怎样生活。这是科学所不能予以解决的。人的价值目标不属于科学解决的范围,而是另一个领域,这个领域就是"人文"。

　　人文素养是指一个人"成其为人"和"发展为人才"的内在素质与修养。

　　人文素养是指人们在长期的学习和实践中,将人类优秀的文化成果通过知识传授、环境熏陶,最终内化为人格、气质、修养,成为相对稳定的内在品格。

　　人文素养是指人应具备的基本品质和基本态度,包括按照社会要求正确处理自己与他人、个人与集体、个人与社会、个人与国家、个人与自然的关系。

1. 人文素养的灵魂

　　人文素养的灵魂不是"能力"而是"精神",是贯穿于人们思维与言行中的信仰、理想、价值取向、人文模式、审美情趣等,即人文精神。人文精神是以人为对象,以人为中心,是对人类生存意义和价值的关怀。人文精神追求着人生美好的境界,推崇着感性和情感,着重于想象性和多样化的生活,将一切追求和努力都归结为对人本身的关怀。

　　在西方,"人文精神"通常等同于人文主义、人本主义、人道主义。

　　狭义的"人文精神"是指文艺复兴时期的一种思潮,其核心思想为:关心人、以人为本、重视人的价值,反对神学对人性的压抑;张扬人的理性,反对神学对理性的贬低;主张灵肉和谐,立足于尘世生活的超越性精神追求,反对神学的灵肉对立,用天国生活否定尘世生活。

广义的"人文精神"则指始于古希腊的一种文化传统。

因此,可以把"人文精神"的基本内涵确定为三个层次:

第一,人性,对人的幸福和尊严的追求,是广义的人道主义精神;

第二,理性,对真理的追求,是广义的科学精神;

第三,超越性,对生活意义的追求。

简单地说,就是关心人,尤其是关心人的精神生活;尊重人的价值,尤其是尊重人的精神存在的价值。

现代人文精神具有时代的特征,它是在历史中形成和发展,并由人类优秀文化积淀凝聚而成的一种内在于主体的精神品格,它在宏观方面汇聚于民族精神之中,在微观方面体现在人们的气质和价值取向之中。

人文精神是一种普遍的人类自我关怀,表现为对人的尊严、价值、命运的维护、追求和关切,对人类遗留下来的各种精神文化现象的高度珍视,对一种全面发展的理想人格的肯定和塑造。从某种意义上说,人之所以被称为万物之灵,就在于有自己独特的精神文化。因此,人文精神不仅是精神文明的主要内容,更影响到物质文明建设,它是构成一个民族、一个地区文化个性的核心内容,是衡量一个民族、一个地区的文明程度的重要尺度。

2. 如何提高人文素养

1)广博而深厚的文化底蕴——多读书

对人类文化的各个领域都应有所涉猎,谙熟诸子百家,略通天文地理,形成自己对生命、对生活、对社会的独特理解和感悟。

(1)文学之情

中华民族的优秀传统文化,凝结着智慧结晶,映射着理性光辉,充溢着人文色彩。

"腹有诗书气自华",诗词可以给人以启迪,滋养人的精神世界。

如柳宗元的《江雪》:"千山鸟飞绝,万径人踪灭。孤舟蓑笠翁,独钓寒江雪。"这首诗抒发了他被贬时的复杂心情,寄托了一种傲然独立、清俊高洁的人格理想。把这首诗和学习联系起来,便是在艰苦的条件下,我们要排除各种干扰,如置身极为清静的环境,"独钓寒江雪"般地刻苦学习、深入钻研,去"钓取"所需的知识与能力。

如周敦颐的《爱莲说》描写荷花"出淤泥而不染,濯清涟而不妖,中通外直,不蔓不枝,香远益清,亭亭净植,可远观而不可亵玩焉",并成为千古绝唱。作者通过歌颂莲花坚贞的品格,表达了自己洁身自爱的高洁人格和洒落的胸襟——里面干干净净,外面正大光明,做人当如是。

古往今来,无数优秀美好的文学艺术开启着人的智慧,净化着人的灵魂。

"蒹葭苍苍,白露为霜。所谓伊人,在水一方",这是一段细腻的情感;

"寒波澹澹起,白鸟悠悠下",这是一幅心灵的诗画;

"长歌吟松风,曲尽河星稀",这是一种心境的浪漫。

文学艺术通过对美的创造和追求,以美导善,以美促真,将美的特性与原则,诸如崇高之美、理想之美、善良之美、真实之美等,借助文学艺术同现实社会生活的广泛联系和渗透,影响社会生活的方方面面,由此派生出文学艺术在现实生活中的其他价值与功能,包括它的娱乐性、教育性、政治性、经济性、道德性等。

一个有深广精神世界的人,可以从天地宇宙、从大自然的一草一木之间感受到美好,感受到快乐。因此,他的快乐与幸福,并不一定只来自对金钱、权位、财富的占有。

写下"先天下之忧而忧,后天下之乐而乐"这般豪言壮语的范仲淹,也曾写过《苏幕遮》这样情感细腻的诗词:

碧云天,黄叶地,秋色连波,波上寒烟翠。

山映斜阳天接水,芳菲无情,更在斜阳外。

黯乡魂,追旅思。夜夜除非,好梦留人睡。

明月楼高休独倚,酒入愁肠,化作相思泪。

(2)史学之境

①以史为鉴

品读《史记》《三国志》等,以史资政。

②以史为镜

学习前人的智慧与谋略,如"能攻心则反侧自消,从古知兵非好战;不审势即宽严皆误,后来治蜀要深思",其意思是能采取攻心办法服人的,会使那些疑虑不安、怀有二心的对立面自然消除,自古以来深知用兵之道的人并不喜欢用战争解决问题;不能审时度势的人,其处理政事无论宽或严都要出差错,后代治理蜀地的人应该深思。——此联简称"攻心联",乃清末光绪二十八年(1902年)任四川盐茶道(清代地方管理盐政、茶务的机构或官员)的赵藩所撰,寥寥数语,既高度肯定了诸葛亮善于用兵、理政的才华,又从和与战、宽与严的辩证关系角度总结了诸葛亮治蜀的经验。

③以史为境

情感回归,如"念天地之悠悠,独怆然而涕下"的那种岁月情愫与历史情感。

你看那楚汉相争,项羽兵败乌江之时,那英雄的末路、壮士的悲歌,让人久久不能释怀。故而有人说:"生当作人杰,死亦为鬼雄。至今思项羽,不肯过江东。"也有人说:"为草当作兰,为木当如松。"

你又看那一世英才的诸葛亮,虽然"功盖三分国,名成八阵图",但终是壮志难酬,"出师未捷身先死,长使英雄泪满襟。"

这是怎样的一种历史情感,怎样的一份历史感叹呢?

(3)哲学之思

真理带给我们自由,科学给予我们知识,哲学赋予我们智慧。

哲学有两大领域,一个是对世界的思考,追问世界到底是什么?另一个是对人生的思考,追问人生到底有什么意义?

人怎样生活在这个世界上?以什么态度面对这个世界?这是人生最大、最根本的问题,也是哲学的根本问题。哲学是以提高人生境界为目标的学科,它不以追求知识体系或外部事物的普遍规律为最终目的,而是讲人对世界的态度,讲人怎样生活在这个世界上。

什么是人生？人生就是人类从出生到死亡的一个过程，包括一生之中所有的活动，当然这里还包含所有过程中和活动背后那些思想、知识、情感与认识。所以，人生不仅包括物质条件约束下的客观人生，更包括无限延伸的主观人生。而哲学便是以一种更为系统化、理论化的科学态度，指引着我们的人生，丰富我们的想象，强化我们的知识，分析我们的情感，深化我们的认识，并且在这些意识层面的作用下，潜移默化地反作用于我们客观的人生，使我们的行为更具合理性。而在我们经历的每一件事情中，都存在着哲学的智慧，在人生的每个紧要关口都由哲学光辉所引领。

①人生道路需要哲学来谋划

每个人一生下来就拥有同样的东西——人生。我们的人生是否圆满，取决于人生道路的选择，每个人都是自己命运的建筑师，人生是无数次自我选择的结果。而人生道路的选择又取决于自己的惯性思维。我们通过汲取外界有参考价值的思维方式，经过思考和选择，确定自己的人生价值和方向。在面临人生道路选择的时候应注意，只有经营自己的长处才能使人"增值"；经营自己的短处，会使人"贬值"。在选择努力方向时，还要注意确定最能充分发挥自己品格和长处的目标，锲而不舍地走下去。当然，在人生的沙场上奋力拼搏的时候，必须不断了解世事、不停地审视自己、不断发现自我，只有与自己的内心相接触，经历才能真正成为财富，生命才会真正变得精彩。在这个过于忙碌喧嚣的社会里，我们更需要理性地谋划自己的人生。

②人生态度需要哲学来把握

大千世界，人生百态。如何面对人生？是快乐，还是悲伤？是积极进取，还是消极颓废？是理性把握，还是任由命运摆布？这是人生态度的问题。世间的人或者为外物所累，片面追求物质，追求事业的扩大；或者为情所困，患得患失，不知人活着的终极目标是什么。我们往往以为，拥有自己想要的就会快乐。但实际上，正是这些过多的欲望，使我们离快乐越来越远了。而当我们超越世俗、回归生命本真的时候，就会突然发现，生命需要的其实就是大自然之中常有的东西，它应该是比较容易满足的。但是超越生命本身的那些欲望，诸如名利、身份、地位、权利、财富等"生命的社会堆积物"（周国平语），其实都是社会刺激出来的，是人比人"比"出来的。而这正是人们失去快乐、远离幸福的问题所在。哲学就是要教你如何看准、抓住重要的东西，如何看开、放下不太重要的东西。许多东西需要我们能以看山看水时的心情来对待，"行至水穷处，坐看云起时"，如此你才会拥有一个良好的心态，拥有一个快乐、幸福的人生。

③人生境界需要哲学来提升

也许有人会说，有了积极正确的人生态度，又有了好的人生规划，那一个人一定能过上幸福的生活。其实，幸福与否只有自己知道。有的人锦衣玉食，有时候也会感到度日如年；有的人缺衣少食却又自得其乐。为什么呢？物质的占有总是有限的、外在的，精神的世界却是内在的、无限的。客观的物质生活和社会关系不以人的意志为转移，但我们可以通过感觉和解释来超越它。同样的物质生活，因为有了不同的心境而使人生表现出不同的色彩。对眼前的世界感受得越真切，生活就越充实；理解得越深入，世界就越精彩；赋予生活更宽广的解读，心灵的空间就越广阔。只有这样，人生才会绽放光彩，生活才会变得越来越有品位，人格才会变得越来越健全，灵魂也会变得越来越高贵。子曰："吾十有五而志于学，三十而立，四十而不惑，五十而知天命，六十而耳顺，七十而从心所欲，不逾矩。"可见孔子到了七十岁的时候,基本是达到了"担水劈柴,无非妙道"的"自然而然"的境界,为人处世可以随心所欲却又符合规律。

④人生价值需要哲学来感悟

人生的价值其实就是人生的意义。人生就是一段旅程,我们都是路上的匆匆过客,一段一段的经历、一个一个地来去,构成了绵长悠远的历史长河。生活在当代,我们依然对世界充满期待和困惑。宇宙该向何去? 人类该向何去? 如何利用和保护我们的环境? 如何活在当下? 在有限的时间里人的价值是什么? 每个人的遭遇、内在与外在、个体与群体、个人与国家、人与环境、国家与国家、物质与精神、自然与社会的关系,等等,想要弄清楚这些问题,就需要点亮哲学这盏明灯。

我们都是幸运的当代中国人,站在巨人的肩膀上面对这个世界。前人不仅留下了丰富的物质遗产,同时还有系统的、趋于完善的哲学思想,教我们如何面对人生的种种迷茫。

哲学以它的睿智和深邃丰富着我们的内心世界,壮大着我们的精神力量。在哲学的指引下,我们明确了人生的目标:在我们的有生之年,学会理智地面对这个世界,把我们的全部都奉献给家人、朋友、社会,甚至整个人类。

王国维在《人间词话》中提出"有我之境"和"无我之境"两种境界:"有我之境,以我观物,故物皆着我之色彩。无我之境,以物观物,故不知何者为我,何者为物。""有我"与"无我",可以用来品评诗词境界,也可以作为做人境界的衡量标准。

习近平总书记的"我将无我,不负人民",短短八个字,言简意赅地道出了中国共产党人精神世界的辩证法,提纲挈领地诠释了全心全意为人民服务的根本宗旨,鲜明体现了党性和人民性的高度统一,成为新时代中国共产党人精神谱系的最新表达。

2)敏锐而深邃的时代感悟——多思考

我们不仅要有"信息"上的增量,更要有深刻的洞察力和真实的体验感(包括反思、感悟、启迪等),不断提升自己的思想境界,依靠专业知识、人文底蕴、审美情趣、品德修养来赢得他人的认同。

习近平总书记在纪念五四运动100周年大会上的重要讲话中指出,"止于至善,是中华民族始终不变的人格追求"。"功成不必在我"的精神境界和"功成必定有我"的历史担当,二者都是习近平总书记所强调的,缺一不可。"功成必定有我"则敢于担当,"功成不必在我"则不计名利,二者统一于新时代中国特色社会主义的伟大事业之中,统一于全心全意为人民服务的伟大实践之中。

习近平总书记指出:"我们党作为马克思主义执政党,不但要有强大的真理力量,而且要有强大的人格力量。""共产党人拥有人格力量,才能无愧于自己的称号,才能赢得人民赞誉。"真理力量与人格力量有机统一,真理靠人格力量增其光辉,人格靠真理力量把其航向。如果用杠杆原理来类比真理力量和人格力量的话,前者如重力,后者如力臂。理论和实践都表明,杠杆的力臂越长,撬动真理的力量也就越大,正所谓"人能弘道,非道弘人"。恩格斯也曾经说过,"枪自己是不会动的,需要有勇敢的心和强有力的手去使用它们"。"有我"之担当、"无我"之境界,可谓新时代中国共产党人人格力量的两大支点。

"我将无我,不负人民",出发点在"人民",落脚点也在"人民",这是新时代中国共产党人人格的鲜明价值指向。"思想境界提高了,道德修养加强了,对个人的名誉、地位、利益等问题就会想得透、看得淡,知所趋、知所避、知所守,不为名所累、不为利所困、不为情所惑,就能自觉把精力最大限度地用来为国家和人民勤奋工作,而不去斤斤计较个人得失,不去利用手中的权力牟取私利。"习近平总书记的这段话,可谓是对"我将无我,不负人民"的生动解释。马克思、恩格斯指出:"过去的一切运动都是少数人的,或者为少数人谋利益的运动。无产阶级的运动是绝大多数人的,为绝大多数人谋利益的独立的运动。"中国共产党的兴起,中国共产党领导人民搞新民主主义进而搞社会主义,初心和使命就是为中国人民谋幸福,为中华民族谋复兴。

习近平总书记强调:"衡量党性强弱的根本尺子是公、私二字。""作为党的干部,就是要讲大公无私、公私分明、先公后私、公而忘私,只有一心为公、事事出于公心,才能坦荡做人、谨慎用权,才能光明正大、堂堂正正。""大公无私、公私分明、先公后私、公而忘私","公私分明"就是要不踩红线、不越底线,这是第一重境界;"先公后私"就是要吃苦在前、享受在后,这是第二重境界;"公而忘私"就是要毫不利己、专门利人,这是第三重境界;"大公无私"就是要鞠躬尽瘁、死而后已,这是最高境界。这四重境界,为新时代中国共产党人提升人生境界指明了方向,也为达到"无我"的精神状态提供了切实可行的路线图。

3)健康而多彩的生活情趣——多践行

我们要富有童心,充满对新鲜事物的好奇,开朗乐观、幽默风趣、朝气蓬勃、奋发进取,充满对理想生活的执着与追求。这是永葆青春活力的秘诀,也会熏陶和感染他人,让人们形成自己对生命的理解、对生活的感悟、对人生的信念。

有些事物的美态和神韵我们一眼就能发现,但更多事物的内涵,我们必须反复观察、用心琢磨才能有所发现。

践行是个长期的过程,古人说其是"寂寞之道",任何急功近利者不能得到"大回报",因此践行需要我们有非凡的毅力。

凡去过昆明西山龙门的朋友,可能都看到过这样两副对联,一副是"置身须向极高处,举首还多在上人",你费了九牛二虎之力才爬到一座山顶,高处远望还是山外有山,另一副是"高山仰止疑无路,曲径通幽别有天",当你面对悬崖峭壁无路可走时,只要坚持仔细寻找,就会发现有曲曲折折的羊肠小道可继续前行。当你筋疲力尽不想再走时,只要坚持挪动脚步,就会发现爬上山顶也并没有想象中的困难,走过了险路就可以攀登险峰,登上险峰才会看到"不一样的天空"。

山之妙在峰回路转,水之妙在风起波生。登上顶峰,风光无限,又是一番新天地。

践行任何事情都要坚持多看一眼、多听一句、多想一会儿,遇到挫折不害怕、不倒退,稍有成果不骄傲、不自诩,坚持到底才能迎来最后的胜利。

专题 3　人文素养教育

社会的进步,科学技术的发展,对教育提出了更高的要求。但是在传统的应试教育的影响下,科学教育和人文教育长期分离,存在着"过窄的专业教育,过强的功利主义倾向,过弱的人文素养"。专家指出,高等教育已经进入大众化时代,当今社会的人才竞争是专业知识和人文素养的综合竞争,只有提高综合素质,促进其可持续发展,才能提高人才的竞争力。

1. 人文素养教育的思考

人们的多元化发展一方面需要科学乃至科学教育提供物质财富,另一方面则需要人文教育提供人文素养与精神财富。从一定意义上讲,追求人生的价值乃是生命的意义所在。同时,知识经济所需要的创新型人才不仅要有高水平的思维能力,还必须有创造的激情、动力与无私无畏的奉献精神。因此,科学教育与人文教育的融合,正是满足人们个体发展过程中物质与精神需要的客观要求。

"科学、实用"与"人文、理想"是人类生存和发展不可缺的两个价值向度。二者的根本区别在于:"科学"的重点在如何去做事,"人文"的重点在如何去做人;"科学"提供的是"器","人文"提供的是"道"。只强调其中一方面,就会给人们带来麻烦。科学技术是一把双刃剑,它在给人类带来机遇和发展的同时,也可能带来问题甚至灾难。

无数事实证明,只有依靠人文精神,才能驾驭科学技术,让科学技术为社会进步服务。如果科学技术背离了人类共同遵守的道德规范,就会产生消极影响。

由于自然科学主要依靠逻辑思维,而人文社会科学主要依靠形象思维,因此培养良好的人文素养可使大学生进行两种思维方式的互补训练,形成全面的知识结构,这对于大学生创新思维的培育具有良好的促进作用。

事实证明,超一流的科学家身上蕴聚着超一流的人文素养。如在科学发展史上具有显著影响力的爱因斯坦,他不仅是一位建树卓越的科学家,而且还是一位伟大的哲学家。那些为人类发展做出过卓越贡献的伟大科学家,如居里夫人、爱迪生、李四光、竺可桢、华罗庚、钱学森等,他们对人类的贡献不仅在科学本身,还在于他们伟大的精神力量和可贵品格。因此,大学生培养良好的人文素养,将关系到其所学专业的成就,能够为培养创新性思维和开展创造性活动打下坚实的基础。

那么,如果削弱和取消人文教育,片面强调科学技术等专业教育有哪些危险呢?

第一,受教育者综合素质会下降。

片面强调专业教育,忽视人文教育,会加剧人的心理失衡。有些青年由于人文素质差,常处于矛盾和困惑之中:他们有自我奋斗的愿望,但缺乏人生理想;渴望成功,但自身素质不足;崇尚自我实现,但无起码的社会责任感;追求美、爱美,但又常常美丑不分。有些大学生只懂技术,没有文化品位,因而常常精神压抑、思想苦闷、情绪消沉,甚至理性丧失、灵魂堕落,做出不道德的事情。比如世界上第一个计算机病毒就是美国的一位大学生想显示自己的能力而编写的。

第二,导致人与自然的冲突加剧,科学主义泛滥。

人与自然不是消极的适应关系,如果人们只知道向自然索取,毫无节制地利用自然、改造自然、征服自然,加剧人与自然的冲突,就会遭到自然的报复。例如,在现代社会普遍存在的生态平衡问题、环境污染问题、能源危机问题等,这些问题反映出人与自然关系的"失衡"越来越严重。中国的先哲强调"天人合一",我们需要借鉴古人的观念来改变这种情况。

另外,科学技术必须与人文精神相辅相成,缺乏人文内涵的科学主义是不可取的。如人们在原子能、生物工程、外层空间探测和信息技术等领域取得了辉煌的成就,但新技术的发展却破坏了人际关系;有高效率的机器和电脑,人们的就业更加艰难了;有了电话等通信设备,人们面对面的接触少了。因此克隆技术应该受到人类道德的约束;农业科技的应用不要把我们的蔬菜搞得毫无滋味且有害健康——香菜像芹菜,西红柿红得无滋味……我们不是反对作为第一生产力的科学技术的发展和进步,而是想说明,科学技术的发展不能以牺牲人文精神为代价。不管我们从事什么专业,我们的目标都是一致的,要使科学文化、经济、社会协调发展,让人类社会和自然界和谐共处,不断推进社会文明进步。

基于此,开设人文素养相关课程,其意义就在于帮助大家更好地处理人与自然、人与社会、人与人之间的关系,并能比较好地解决自身的理性、意志和情感等方面的问题,在智力、德行、感情、体能等方面达到和谐状态,使我们在更广阔的领域理解人生的意义,明确人生的目标,同时提升我们的人生境界、道德精神、审美意识,全面提高综合素质,促进身心的和谐发展。

2. 人文素养教育的践行

就"教育"如何帮助提高人文素养,肖川在《教育永恒的支柱:历史和文学》这篇文章中给出了部分答案。

教育是传承文明和接续历史的活动。

教育的目的是扩大而不是控制学生的思想和精神。作为教育的内容,作为承载我们心灵飞升的载体,历史与文学对于拓展我们的精神空间,丰富我们的内心感受,对抗我们精神的平庸和堕落,有着不可替代的作用。

我们学习历史,是增进个体与整个人类的情感联系,是熟悉人类经历的桥梁和纽带。

因为,"人是什么,只有历史才能告诉你"(狄尔泰)。在人类千百年的历史长河中,充满了刀光剑影、生离死别、血腥与暴力、眼泪与欢笑,以及正义战胜邪恶、文明战胜野蛮的艰辛与曲折,一幕幕的喜剧、悲剧、闹剧竞相上演,异彩纷呈,令人目不暇接。历史的这种丰富性本身就有着极其重要的教育价值:世界原本就是丰富多彩的存在,谁又有理由推行霸权与独裁?

历史既不是子虚乌有的过去,也不是凝固的实体性的存在。历史的丰富性与偶然性给了我们感受历史的体温、气息和色彩的畛域,给了我们尽情展开想象翅膀的广袤空间,也给了我们的心灵自由舞蹈的宽阔舞台。在历史的荒原中,有我们可以发现的、能够深刻校正我们观念的最为异己的文化,使我们获得对自身所处状态的一种洞见,同时获得应付陌生事物的信心。就是这样,我们一次又一次地从狭隘走向广阔。

"如果我们放弃历史,那么对历史的每一次超越就都成了幻觉。事实上,只有在这个世界之内,我们才能超越这个世界而生活。世界周围没有道路,历史周围没有道路,而只有一条穿越历史的道路。"(雅斯贝尔斯)要真正把握过去,就要体验到时间异质而充实的内涵,在这个体验过程中唤醒我们深刻而丰富的记忆,从而进入历史。

我们只有通过记忆苏醒的瞬间才能进入历史,只有进入历史才能真正历史地把握过去。面对历史,我们可以哭、可以笑,可以追思也可以戏说,可以歌唱也可以怒骂。历史给了我们宣泄情感、升华体验、深化认识的处所,这又何尝不是我们的祖先留给我们的一笔宝贵的财富。

文学是虚构的艺术,是想象的殿堂。无论什么时代,文学都是对于人类所面临的问题的象征性解答,因此而成为生活的教科书。文学是人类灵魂的守护神:文学之于读者,是精神得以寄托与憩息的殿堂;读者之于文学,应该是走进殿堂寻找自我的一个过程。

有作家问:"小说是什么?"小说是碰触人类伤口之后流出来的血。好的小说能够架起读者精神的桥梁,通过这样的桥梁,我们可以抵达广阔的精神彼岸,奔向崭新的精神天地。好的作家会让不同的人在自己修筑的殿堂里找到恰当的座位,让每个人都心甘情愿地走进去并流连忘返。想一想,古往今来有多少可以构筑这华美殿堂的超凡圣手。手捧他们的作品,读着读着,我们久已忘却的梦想和沉沦的激情也渐渐回归。想起安徒生,想起美人鱼,我们就不可避免地想起了爱与美,那些隐藏于日常生活中的智慧像金子一样闪闪发光,使我们平凡的生命焕发出非凡的光彩。

然而,我们还有一种很令人沮丧的阅读习惯:人们会在不同的时代背景下,要求文学作品具有更多的社会意义,或者哲学意义,或者其他什么意义。这种功利性极强的阅读习惯由来已久,文学的艺术价值丧失了其独立存在的意义。

我们在经典文学中能找到的可能是自己的形骸,也可能是一种思想、一点灵光、一把可以拾起的记忆……莱昂内尔·特里林说:"文学是教会我们人类多样性的范围与这种多样性之价值的唯一武器。"相信人生的许多感悟,就在捧卷细读之时——感谢在一个阳光明媚的午后,茶烟轻扬,书香浮动,风尘仆仆的心灵终于可以回家了。抑或在那幽静的夜晚,我们守在小窗前,望着那灿烂的星空,憧憬着美妙的人生,吟咏着自己宽广而又温柔的心灵……久而久之,我们的身心都与那广阔的星空、美妙的境界融为一体,实现人生的超越。

我们倡导人文教育,目的并不仅仅在于让学生熟识作品名称、文人姓氏,而在于引导学生迈进价值观念、学术思想的角斗场,竞才智之技,将学生引领到广袤的时空之中,感受博大、丰富与深邃。唯有如此,人文精神方有望养成,教育的真正价值才能实现。

让学生从历史中、从伟大人物的传记中、从文学作品中去感悟生命的伟大,去感悟人性的美好,去感悟人类的创造之美、奋斗之美,去激发和推动他们追求比生活本身更高远的东西,这就是历史和文学的教育意义。正如有识之士所指出的:"历史、文学、人物传记,并不能更直接地参与世界的改造,但却能唤起人们内心深处渴望改造世界的冲动和欲望,能唤起人之所以为人的自豪感受,能唤起一个人坚信自己内在的力量是无坚不摧的信念。"

教师运用历史与文学作品中的大量事例来进行有关好与坏、对与错、正义与邪恶、文明与野蛮、真理与谬误的辨识。领悟,从而启迪智慧、陶冶情操、生成信念。中国现代诗人、学者闻一多先生曾说:"一般人爱说唐诗,我却要讲'诗唐'。诗唐者,诗的唐朝也,懂得了诗的唐朝,才能欣赏唐朝的诗。"历史与文学,在这里成为相互解读的依凭。还是孔德说得好:"认识了人,就是认识了历史。"而"对过去视而不见的人,对未来也将是盲目的",德国前总统魏茨泽克如是说。

随着历史的变迁,作为教育核心要素的课程,总会有所增加或者减少,但历史和文学两大支柱课程将一如既往地支撑教育大厦巍然耸立。

3. 涉海类专业的人文素养教育

涉海类专业的学生和其他专业的大学生一样思想活跃、观念新颖、思维敏捷、个性鲜明,具有独特的时代精神。改革开放与社会主义市场经济之下良好发展的社会环境,给学生们提供了广阔的成长空间,但其人文素养在某些方面的普遍缺失,却是不争的事实。许多人都看重近在咫尺的现实,但这不是通常意义上的务实,而是对眼前利益的争逐与享受。现实社会中有许多事物太过于物质化,享乐、颓废、浮躁,许多人失去了对真实内心与高尚精神的感悟与发现。

随着世界经济一体化和全球化程度的日益加深,对涉海类专业人才的要求越来越高,而高素质的涉海类专业人才应具备以下特质:

①较高的国际交往能力;

②良好的心理素质;

③爱岗敬业,吃苦耐劳;

④较强的安全意识和环保意识;

⑤较强的创新意识和能力;

⑥一定的经营管理能力。

涉海类专业人才素养的培养仅靠专业知识、技术教育和技能训练是无法完成的,因此人文学科可以通过自己独特的教育方式,在培养学生综合素质方面发挥重要的作用。

人文学科涉及哲学、历史、文学、艺术、政治、经济、法律、社会和组织管理等领域,它是以人的社会存在为研究对象,以揭示人的本质和人类社会发展规律为目的的科学。

人文社会科学是相对于自然科学而言的人类知识体系,具有极强的科学性。它通过经济的、政治的、法律的角度对人类社会的组织结构、功能作用、稳定机制、变迁动因等进行分析,获得关于人类社会发展和运行的系统知识与理论,使人类更有效地管理社会生活。同时,它通过关注人的精神、文化、价值、观念等问题,为人们建构正确的价值体系,从而形成一种对社会发展具有矫正、平衡、弥补功能的人文精神力量,有助于保证经济的增长和科技的进步,符合人类的要求和造福于人类,而不至于异化为人类的对立物去支配、奴役人类自身。

国内外专业学者的大量研究表明:人文素养的培养对人类整体素质的提高有着重要的作用,是自然科学教育所无法替代和弥补的。《国际海上人命安全公约》和《1978 年海员培训、发证和值班标准国际公约》及其修正案等国际公约,以及《中华人民共和国海洋环境保护法》和《中华人民共和国船员条例》等国家法律的实施,愈发迫切要求培养学生"具有一定的人文社会科学知识,较高的人文修养,较强的理论思维能力、创新能力和应变能力,强烈的民族自豪感和社会责任感,吃苦耐劳,爱岗敬业,高尚的精神追求和道德情操"。

（1）加强学生人文素养培养是涉海教育改革的要求

现代涉海类专业人才的培养目标已从专业技术型向技术、经营、管理的复合型人才转变，不仅要求学生学习理论知识、打好基础，更注重学生知识、能力、素养的全面教育。同样，在产业结构和社会分工急剧变化的知识经济时代，人们已经难得一生只在一个部门从事一种职业、担当一种角色、只干一种工作。所以，涉海类学生除了要调整自己的知识结构，拓宽知识面，提高相应的素养，还要培养自己独立获取知识的能力、创造能力、正确处理人际关系的能力等，学会以积极的心态面对各种复杂的变化。而这许多能力的形成，都需要通过人文素养的培养才能获得。

（2）加强学生人文素养培养是适应未来国际海运市场的需要

随着海运市场的国际化，各界对涉海类专业类专业人才的实践能力、创新能力、管理能力、交际能力等方面提出了越来越高的要求，具有较强的综合素养已经成为涉海类专业人才适应海洋发展的重要体现。而根据相关调查，中国船员的最大弱点不是在技术能力方面，而是在敬业精神、服从意识和对外交流等方面。研究人员对船舶事故性质进行一系列的分析表明，40%的事故是由驾驶员情绪低落、责任心不强导致的。

很难想象，一个不热爱本职工作、责任心不强的人，如何能保证航行安全？情绪低落、心情烦躁、紧张不安的人怎能维持正常工作、提高工作效率？如今船舶配员的国际化，要求不同国家、不同民族和不同文化背景的人要和谐地生活在一起，这些都要求船员要拥有较高的文化素养、良好的心理素质、较强的职业道德，这也对涉海类专业人才教育提出了更高的要求——为适应海运市场的需求，必须加强学生的人文素养培养。

（3）航海的职业特点对学生的人文素养要求更高

航海是一项特殊的职业，具有迥异于陆上职业的时空环境和社会心理环境特点。从事航海职业的人不但要有专业的科技素养，还要有优秀的人文素养，要能达到高智商和高情商的和谐统一。

首先，航海具有涉外性。船员四海为家，足迹遍布世界各地，作为一名中国船员，代表着祖国的形象，理应懂得中外历史、地理、民族、哲学、绘画等知识，能充分展示国家优秀的文化传统和良好的礼仪修养，否则会影响国际交流，有损国家的形象。

其次，航海具有时空特殊广袤性。从时间上看，海员长期离开陆地、家园和亲人，航海周期漫长；从空间上看，虽然海船行驶的范围广阔，但船员的活动空间仅限在船上，视野中只有天空、海面和钢铁船体，极其单调；从工作条件上看，航海具有艰苦性、单调性、枯燥性、机械性乃至危险性，要长时间连续忍受强烈的颠簸、振动和轰鸣噪声；从人际关系上看，海船是一个相对独立的小群体社会，生活单调乏味。

因此，海员长年累月处在十分严峻的环境中工作和生活，非常容易身心失调。诸如：情感空虚无所寄托、心理抑郁无法缓解、身心能量无处释放、业余时间无法利用等。

诚然，我们可以为海员安排一些常见的文化娱乐活动，但是某些浅层次的休闲活动不能满足船员的精神生活和情感需求。要真正解决这个问题，唯有在校园内加强对学生的人文素养培养，那么在学生步入职场之后，在工作之余便会自发地进行自我充实。只有高雅的文学艺术才能填补海员的精神世界，提高他们的品位，丰富他们的情感。

（4）涉海类专业的生源特点决定着要加强人文素养的培养

涉海类职业的特殊性使其对海员的职业技术和人文素养的要求都很高。然而,我国涉海类专业的学生多来自偏远农村地区,由于教育水平的差距,他们接受的人文素养教育较少,水平较低,还有相当的空白。然而他们对文学艺术的学习愿望非常强烈,渴望在大学里接受文学艺术的熏陶,提高人生品位,升华思想境界,将自己培养成全面发展的涉海类专业人才。为此,我们应该给予他们的不仅仅是实用性技术教育,还有更全面的人文素养教育。涉海类专业的学生不应该仅仅是谋生型的"工具人""职业人""技术人",而应该成为科学精神与人文精神、理性的物质文化与感性的精神文化均衡发展的高素养人才。要达到这个目标,涉海类专业就必须大力加强学生的人文素养教育。人文知识的传授、熏陶有助于强化学生的内心体验,能帮助学生超越专业的约束,开阔视野,培养学生的基本伦理道德素养并促进其个性的发展。

（5）人文素养教育是人才竞争的需要

当今世界各国的竞争,外在表现为经济、国防、科技的竞争,内在表现为人才的竞争、人才素养的竞争,良好的人文素养能促进海员全面发展个人的专业能力。业务素养是人全面发展的条件,而人文素养才是人全面发展的重要标志。

"高雅的人文修养可使海员自觉关怀他人、关怀社会、关怀人类、关怀自然的意义和价值,逐步具备健全美好的人格,使其自身综合能力得到全面提高。"如果说学生的专业能力是叶,那么人文素养就是根,只有根深,才能叶茂,缺乏人文素养的海员充其量只能完成某一项具体的操作性工作,但他们不具备高远的理想、宽阔的胸怀,既没有智者的机智,也没有君子的儒雅,当然,人生的意义或价值也必然在他们的视野之外了。

（6）良好的人文素养会健全海员的人格

人文素养作为基础性素养,对于促进学生综合素养的提高有很强的渗透力,不仅表现在能提高学生的专业素养、心理素养、思想道德素养上,还表现在能树立正确的价值观、培育民族精神、增强非智力因素等几个方面。

我国海员历来就有"忠于祖国,热爱海洋"的爱国情怀,有"千里之行,始于足下"的求实精神,有"海纳百川,有容乃大"的宽厚涵养,这些都已成为中国海员灵魂深处的精神支柱。"未学做事,先学做人",人文素养的培育对于涉海类学生改善思维方式、冲破功利主义、形成健全的人格意义重大。

海洋篇——海员的奋斗舞台

海洋，是历史的记录者。无论是古埃及人驾驶帆桨船沿地中海东航至黎巴嫩，葡萄牙人向西做环球航行，还是"维多利亚时代"的"日不落帝国"，海洋都平静地记录着人类历史上发生的一切事件，不断印证着"面海而生，背海而衰"的真理。海洋不仅是一个人的征程，更是一个国家通往远方的重要路径。

海洋，是文学的试金石。经典的文学作品经得起时间的检验、历史的冲刷，就像海洋经得起地壳的变动、外来的侵袭。文学就像海洋，感情凝重深沉而富于变化，格调雄浑奔放而激动人心。在未来航海的路上，一本书就像"一艘船越过世界的尽头，驶向未知的大海。船头上悬挂着一面虽然饱经风雨侵蚀却依旧艳丽无比的旗帜。旗帜上舞动着云龙一般的四个闪闪发光的字——超越极限"。

海洋，是艺术的倾听者。波浪有时起伏、奔放不羁，有时轻抚、波澜不惊。海洋像音乐，有时高亢磅礴，有时低婉轻吟；像雕塑，有时肃穆庄严，有时亲切优雅；像绘画，有时浓墨重彩，有时轻描淡写；像舞蹈，有时刚劲有力，有时柔软舒展。

海洋，是哲学的摇篮。无论是黑格尔的"大海给了我们茫茫无定、浩浩无际和渺渺无限的观念"，还是普希金深情的呼唤"你的蓝色的浪头翻滚起伏，你的骄傲的美闪烁壮观"。思想的火花在海洋中碰撞，让我们向往海洋、依恋海洋、追逐海洋。而海员是海的灵魂，因为有他们的存在，海洋变得与众不同，变得更加有生命力。我们的海员正是因为热爱海洋，并用航行涤荡自己的心灵，所以他们能够义无反顾地与海洋相伴，心甘情愿地以海洋为家。

海洋，是文化的发源地。海洋像一个不知疲倦的行者，徒步于历史的长河中，走过古埃及文明、古希腊文明、古罗马文明，领略玛雅文化、印度文化、阿拉伯文化，还有历史悠远、博大精深的中国文化；海洋像一位满脸皱纹的老者，坐在孤独的礁石上，讲述亚特兰蒂斯的传说、海龙王和波塞冬的神话、海盗和海妖的故事；海洋像一个无所不知的导游，时刻伴在我们的左右，讲解各地的风土人情和民俗文化。

海洋，给我们带来感性的快乐和理性的力量，让我们面对茫茫海洋、漫漫航程时，能够直面风浪、挑战孤独，同时沉淀心中的浮躁。

案例导入

海洋科考,我们责无旁贷!

——"向阳红01"号科考船首航第二航段动员讲话

女士们、先生们,大家下午好!

我们经过5天的马尔代夫停港休整,于当地时间10:00再次扬帆远航,重返印度洋,开始新一航段的海上调查作业。

在港期间,我们安排了燃油补给、食品补给,首次在局科技司领导及两位副所长的带领下拜会了中华人民共和国驻马尔代夫大使馆,并组织"向阳红01"号科考船的全体人员参观了大使馆。同时,我们在中华人民共和国驻马尔代夫大使馆的大力帮助和协助下,于马尔代夫唯一的深水码头停靠3小时,成功举办了马尔代夫公众开放日活动。我们安排大使馆馆员及家属参观了"向阳红01"号科考船,取得了非常好的社会效应,也充分展示出我们伟大祖国新一代科学考察船及考察队伍的实力。我们工作的顺利开展得益于在座各位的辛勤付出和共同努力,在此,我作为本航次船长对大家衷心地道一声谢谢!谢谢我的兄弟姐妹们!

海上调查作业是非常艰苦和枯燥的,经常面临着各种困难,但只要我们团结一心、共同努力,所有的困难都会迎刃而解。第一航段我们经历了台风的阻挠,却没有因此影响"向阳红01"号科考船的正常航行。虽然台风外围的恶劣海况,让一些年轻的船员、队员向大海交了不少"公粮",但在这些艰难的时刻更体现出我们的战友情深。大家互相帮助、互相照顾、互相鼓励、互相关心,我们的帅哥靓妹边吐边工作的感人事迹经常在茶余饭后被人们传颂,这些极大地激发了大家探索海洋、认识海洋、征服海洋的雄心壮志。

"向阳红01"号科考船在经过海盗出没的海域时,同样体现了我们团队的协作精神,大家互相帮助、互相礼让的精神在船上演习中得到体现。计划周密、分工合理,每一位上过"向阳红01"号科考船的人都会终生难忘。在人员撤离次序上,我们强调,熟悉环境的船员必须让科考人员先走;男同志必须让女同志先走;职务高的必须让职务低的人先走;年轻人必须让老同志先走……这不仅训练了大家的应变反应,同时也训练了大家的应变素质和礼让意识。

回顾前一个航段,我们共同战斗、协作拼搏不用一一细说,两个白龙浮标成功布放,八十多个站位顺利完成……太平洋台风与冷空气、印度洋的气旋天气、复杂航区航线、低纬度的高温高湿环境等对我们的海上科考都是严峻的考验。

我们远离家乡和亲人已经快四十天了,大家忍受的思乡之苦远胜过海上作业的艰苦。我们远离亲人,孩子发烧、老人住院、爱人生病、兄弟姐妹身体不适,一切的一切我们都鞭长莫及,催人泪下的故事举不胜举,大家的奉献精神可歌可颂。

作为船长,我在夜深人静之时,常常为大家的付出而敬佩与感动,同时还会对大家感到歉疚。我们都是为了工作,出于对海洋事业的热爱,出于对共和国的热爱,我们别无选择,肩负中华民族伟大复兴的重任,我们责无旁贷。祖国正是有一大批像你们一样甘于奉献、勤奋工作的人才会繁荣与昌盛,这是值得我们每一个中国人骄傲与自豪的。

按照目前的计划,我们会在 12 月 12 日左右到达西哈努克港,圣诞节前后到达香港,元旦前后到达青岛。我们会在王宗灵副所长的带领下,在全体出海人员的共同努力下顺利完成本航次的所有任务,回到我们可爱的家乡。期待着与亲人、朋友、领导、同事的相会之日早日到来……

借此机会,感谢关心"向阳红01"号科考船的所有人,你们是"向阳红01"号科考船的坚强后盾,我们绝不会辜负大家的厚望!

张志平
"向阳红01"号科考船高级船长
2016 年 11 月 28 日匆于印度洋

专题1　海洋文明的启迪

1. 海洋概览

地球表面被各大陆地分隔为彼此相通的广大水域称为海洋,海洋是地球上最广阔的水体的总称。海洋的中心部分称作洋,边缘部分称作海,彼此相连为统一的水体。

地球上的陆地和海洋总面积约5.1亿平方千米,其中海洋面积约3.61亿平方千米,约占全球总面积的71%(陆地面积约1.49亿平方千米,约占全球总面积的29%)。因为地球的海洋面积远远大于陆地面积,故有人将地球称为"大水球"。海洋的水量约占地球总水量的97%。

洋,是海洋的中心部分,是海洋的主体。大洋的总面积约占海洋面积的89%。世界共有5个大洋,即太平洋(是世界上面积最大的大洋)、大西洋、印度洋、北冰洋(是世界上最小的大洋)、南冰洋(也叫"南极海",是世界上唯一完全环绕地球而没有被大陆分割的大洋;国际水文组织2000年确定其为独立的大洋,使之成为世界第五个被确定的大洋)。5个大洋,简称"五洋",亦泛指海洋。毛泽东在《水调歌头·重上井冈山》中言道:"可上九天揽月,可下五洋捉鳖。"

大洋的水深一般在3 000米以上,最深处可达1万多米。大洋离陆地遥远,不受陆地的影响,因此它的水温和盐度的变化不大。大洋的水色蔚蓝,透明度较高,水中的杂质很少。每个大洋都有自己独特的潮汐和洋流系统。

海,在洋的边缘,是大洋的附属部分。海的面积约占海洋面积的11%。海可以分为边缘海、内陆海和地中海。边缘海位于海洋的边缘,是大陆和大洋之间的重要海域,这类海与大洋联系紧密,一般由一群海岛把它与大洋分开。中国的东海、南海就是太平洋的边缘海。内陆海是位于大陆内部的海,如欧洲的波罗的海等。地中海是几个大陆之间的海,水深一般比内陆海深些。世界主要的大海约有50个,太平洋最多,大西洋次之,印度洋和北冰洋数量差不多,南冰洋最少。

海的水深比较浅,平均深度从几米到2～3千米。海临近大陆,受陆地、河流、气候和季节等因素的影响,海水的温度、盐度、颜色和透明度,都有明显的不同。

科学家研究证明:大约在50亿年前,从太阳星云中分离出一些大大小小的星云团块,它们一边绕太阳旋转一边自转,在运动过程中互相碰撞,有些团块彼此结合,由小变大,逐渐成为原始的地球。星云团块相互碰撞时,在引力的作用下急剧收缩,加之内部放射性元素蜕变,原始地球不断加热增温,当内部温度足够高时,地内的物质包括铁、镍等开始熔解。在重力作用下,重者下沉并向地心集中,形成地核;轻者上浮,形成地壳和地幔。在高温下,内部的水分汽化与其他气体一起冲出来飞入空中,但是由于地心的引力,它们不会跑掉,只在地表之上成为气水合一的圈层。

位于地表的地壳在冷却凝结过程中,不断受到地球内部剧烈运动的冲击和挤压,因而变得褶皱不平,有时还会被挤破而发生地震或使火山爆发,喷出岩浆与热气。一开始,这种情况频繁发生,后来渐渐变少,地球便慢慢稳定下来。这种轻重物质分化产生的大动荡、大改组的过程,大概在45亿年前便完成了。

地壳经过冷却定形之后,地球就像个久放而风干了的苹果,表面皱纹密布,凹凸不平,高山、平原、河床、海盆等各种地形一应俱全了。

在很长的一段时期内,天空中的水汽与大气共存,空中浓云密布,天昏地暗。随着地壳逐渐冷却,大气的温度也慢慢地降低,水汽以尘埃与火山灰为凝结核,变成水滴,越积越多。由于冷热不均,空气对流剧烈,形成雷电狂风、暴雨浊流,雨越下越大,一直下了几百年。滔滔的洪水通过千川万壑,汇集成巨大的水体,这就是原始的海洋。

原始海洋的海水不是咸的,而是酸性的,同时还缺氧。水分不断蒸发,反复形成云,尔后致雨,重新落回地面,把陆地和海底岩石中的盐分溶解,不断地汇集到海水中。经过亿万年的积累与融合,才变成了大体均匀的咸水。同时,由于最初的大气中没有氧气,也没有臭氧层,紫外线可以直达地面,而依靠海水的保护,生物首先在海洋里诞生。大约在38亿年前,海洋里产生了有机物,先是低等的单细胞生物,然后在6亿年前的古生代,有了海藻类,它们在阳光下进行光合作用,产生了氧气,又逐渐形成了臭氧层。此时,生物开始登上陆地。

随着时间的推移,海洋的水量和盐分逐渐增加,加上地质运动导致的沧桑巨变,原始海洋逐渐演变成今天的海洋。

海洋是生命的摇篮;

海洋是资源的宝库;

海洋是风雨的故乡;

海洋是交通的命脉……

在胆小者眼里,海洋是狂放不羁、不可驾驭的猛兽;

在勇敢者眼里,海洋是挑战自我、不断向前的试金石;

在文学家眼中,海洋是深沉的、倾听的老者;

在艺术家眼中,海洋是活泼的、顽皮的孩童……

在人们的眼中,海洋有着不同的形象,带给人们不同的体验。

2. 人类对于海洋的认识

中世纪之前,人类对于海洋的认识是模糊的,只是简单地靠海吃海与近海航行。到了近代,由于资本主义生产关系的出现,西欧人企图从东方寻找黄金以积累资本,寻求市场以扩大生产,于是开启了大航海时代。这是人类海洋观念的第一次质的飞跃。

大航海时代让欧洲人发现了新大陆,开辟了新航路,进行了环球航行,扩大世界市场与商品流通的范围,促进了商业的革命性变化,加速了资本主义的发展,开始了近代的殖民掠夺。西欧资本主义通过海洋这个宽阔的跳板扩展到了全世界,从而使西欧在近代的政治、经济、文化领域独领风骚。

人类海洋观念的第一次飞跃,虽然是本质性的飞跃,但是对于海洋的认识与实践还局限于海洋的表面,着重于海洋上的交通运输。

随着科学技术的发展,人们对海洋的认识逐步深化,海洋不仅是世界交通的要道,而且其丰富的资源与广阔的海域,为人类进一步走向海洋创造了条件。当人们感到陆地资源与活动场所日趋不足之时,又产生了寻找新的资源与活动场所的主观愿望。客观条件与主观愿望的结合,促使了人类海洋观念的第二次飞跃。

第二次世界大战后,很多国家掀起了海洋开发热潮,引起了世界海洋权益的争夺。

1982年12月10日,在牙买加召开的第三次联合国海洋法大会通过了《联合国海洋法公约》,标志着海洋观念的第二次飞跃。

3.人类的海洋文明

海洋文明,是领先于人类社会发展的一种社会文化。文明,按《辞海》的解释是:"指社会进步,有文化的状态。与'野蛮'相对。"广义的文化则是指"人类在社会实践过程中所获得的物质、精神的生产能力和创造的物质、精神财富的总和"。

具体地讲,海船、航海、有关海洋的神话、风俗和海洋科学等都属于海洋文化。海洋文化与海洋文明有着很大的区别。海洋文明的两个基本特征,一是必须要领先于人类社会的发展,二是这种领先必须主要得益于海洋文化,而不是其他文化。也就是说,海洋文明是指在人类历史上诸多方面领先于人类社会发展的文化。

但是,靠近海洋不等于就有海洋文明。古埃及靠近海洋,但其文明主要得益于尼罗河。古巴比伦也靠近海洋,但其主要得益于幼发拉底河和底格里斯河。中国有漫长的海岸线,虽然也拥有丰富的海洋文化,但也算不上海洋文明,主要得益于黄河,即中国拥有的是大河文明。日本与海洋的关系密切,却也不能算是海洋文明。

在世界文明史上,真正算得上是拥有海洋文明的国家就是古希腊,而大河文明的代表就是中国。其他国家,如葡萄牙、西班牙、荷兰、英国、法国、德国、俄罗斯、日本、美国等,从严格意义上讲都不具备海洋文明,而充其量算是海洋大国,即使它们都拥有辉煌的海洋文化。海洋文明产生的刚性条件:一是,社会必须是开放性的;二是,必须是文明古国;三是,各种文明可以相互转换;四是,扩张是温和的、人性化的,不是殖民主义的扩张和帝国主义的占领;五是,在政治、经济、文化、思想、艺术等方面有系统的文化成果、与海洋有关的神话传说,以及海洋远航的手段等。

(1)古希腊海洋文明

古希腊地处地中海东部,地理范围以希腊半岛为中心,包括爱琴海诸岛、小亚细亚西部沿海的爱奥尼亚群岛,以及意大利南部和西西里岛等。它的自然地理环境是多山环海,地势崎岖不平,仅有若干个小块平原,但又多为山川所阻隔。土地不适合种植粮食作物,而适合种植葡萄和橄榄。海岸曲折、岛屿密布,海产资源比较丰富。

古希腊的气候属于地中海气候,温和宜人。特殊的地理条件对古希腊的经济、政治、文化产生了决定性的影响。山川所阻隔的小块平原造就了典型的"小国寡民的城邦",也决定了古希腊人只能通过商业贸易才能维持其生存和发展,而这种贸易只能靠海洋实现,这又决定了古希腊人以工商、航海业为主的特点。

古希腊商业航海贸易遵循"平等交换"的原则,而商业贸易的发展需要自由的经商环境,这又促使古希腊人"平等观念"的形成和民主制度的建立。古希腊"小国寡民的城邦"意识,让其人口一旦增加而无法负荷时,就自然而然地到海外去拓展生存的空间,开展频繁的航海贸易活动。

航海使古希腊人铸就了勇于开拓、善于探索的民族精神,同时创造了辉煌灿烂的海洋文化,使古希腊成为西方文明的旗帜和摇篮。而这一切都与古希腊的自然地理和生存环境有着密切的关系。

古希腊的海洋文明,实际上是一种综合了古代东西方文明诸因素之后而发展起来的新型海洋文明,它对以后地中海地区乃至整个世界的历史发展都产生了深远的影响。具体表现在政治、经济、文化、思想、神话传说等方面。

①政治方面

古希腊是西方的城邦体制与东方君主专制的结合体。在航海扩张的过程中,古希腊保留了西方的城邦体制积极的方面,也吸收了东方君主专制积极的因素,古希腊人在东方建立的自治城市就是其中的代表。这些因贸易扩张而得来的新建的自治城市,把古希腊的民主意识和商品经济引入东方,对当时的东方世界产生了积极而重大的影响。"自治城市"是古希腊与其他国家殖民主义扩张的本质区别。

②经济方面

通过航海远征而形成的欧亚非泛古希腊化世界,对古埃及、西亚与中亚各国以及古印度的商业贸易,产生了非常积极的影响。加之各国货币的流通,形成了一种融合东西方特色的新型经济体系。因此,在古希腊化时代的经济体系中,古希腊的确是世界的经济中心。同时,古希腊也是当时进行海洋扩张的头号海洋大国。

③文化方面

古希腊的远航促使东西方文化开始冲撞和交融,让富于理性和逻辑的古希腊哲学与古代埃及的数学、天文学等知识相结合,使古希腊化时代的自然科学发生了突破性的飞跃式发展,伟大的数学家欧几里得和阿基米德都生于这个时代。东西方的艺术形式和艺术风格也相互影响,古希腊雕像的艺术风格甚至通过印度传到了古代中国,这些都对人类社会文化的发展有着跨时代的影响。

④思想方面

远航开阔了人们的视野和胸怀,让古希腊人走出了祖祖辈辈繁衍生息的狭小城邦。古希腊人开始以一种全新的、平和的目光看待世界,充满人文主义精神的亚里士多德哲学在这个时期诞生了。亚里士多德哲学对世界有了全新的认识和考量,也使人类看到了哲学的光芒。

⑤神话传说

宗教神话对古希腊人的思想、文化、艺术的发展产生了深远的影响。

古希腊的宗教教义没有造成对文化的垄断和束缚,因为古希腊的宗教和神话本身就排斥权威、毫无禁忌,这一点开启了思想自由之先河,使得古希腊人可以无所顾忌地大胆探索,驰骋想象。这就使古希腊文化,尤其是哲学思想,呈现出异彩纷呈的多元文化特点。

古希腊人主张"人神同形",消除了人们对自然世界的畏惧感,这样有助于理性思维的发展和科学的诞生。古希腊丰富多彩、极为生动的神话传说也为古希腊乃至整个西方文学、艺术的发展提供了丰富的素材。

古希腊人航海的成功,诱惑了西班牙人到海外去扩张领土。起初,西班牙在与葡萄牙争夺非洲的斗争中处于劣势。西班牙取得了一些群岛,而沿非洲大陆通往东方的海路却被葡萄牙人所垄断,同时由陆地通往东方的道路也被封锁,因此西班牙感到了巨大的压力。

为了扩张领土,同葡萄牙争夺东方殖民地,西班牙人决定另辟一条通往东方的道路。当时,西方人已开始认同地球是一个球体的概念,认为由大西洋一直向西航行,可以到达马可·波罗去过的印度(包括中国、日本等)。为此,西班牙女王伊莎贝拉与哥伦布签订了《圣大菲条约》,由哥伦布率领一只"探险队"去发现并占领汪洋大海中的无数岛屿和未发现的大陆。

对财富的贪欲是西班牙人和哥伦布海外冒险的一个重要动因。由于马可·波罗在其游记中描述了中国的富有,并在当时的欧洲广为流传,激起了欧洲人的无限遐想。哥伦布的首次远航探险,一开始只发现了美洲东部印度群岛的两个大岛,即现在的古巴、海地及若干小岛,后来哥伦布又开辟了从欧洲横渡大西洋到美洲并安全返回的新航路,从而把美洲大陆和欧洲大陆紧密地联系起来。

至此,葡萄牙人在中世纪的地理大发现,从量变到质变,从渐进到飞跃,让被发现的美洲在地理发展史上具有重大的跨时代意义。

葡萄牙人此前发现的非洲西海岸与非洲南端不是新大陆,因此非洲西海岸及其岛屿的发现,只是地理发现,而不是地理大发现。

哥伦布首次远航的成功,大大激发了西欧的狂热,各国竞相远航探险,在全球掀起了远航、探险、发现、殖民地扩张的新高潮。客观地说,哥伦布是一个伟大的探险者,对人类做出了不可磨灭的贡献,但他也是一个地地道道的"刽子手",他无情的杀戮使美洲原住民的鲜血洒满了美洲大地,这是人类历史上最血腥的征服。哥伦布带去了欧洲文明,也毁灭了美洲印第安的玛雅文明。

从哥伦布1492年首次航渡到美洲,到1504年他第四次远航探险结束之时,大西洋两岸的航路迅速扩展,新大陆的轮廓逐渐呈现于世人眼前。虽然之后对美洲的殖民扩展已不能归之于或主要归之于哥伦布一人,但如果最初没有哥伦布的首次远航,也就没有其他人的后继远航和对美洲的探索,有可能使新大陆(美洲)的发现时间推迟。哥伦布应该是向欧洲殖民主义者与探险家们吹响了第一声号角的人,促使他们掀起一个又一个走向海洋、征服全球的新浪潮,开启了人类最早的全球化。

古希腊开创的海洋文明和海洋文化,鼓舞着葡萄牙、西班牙、意大利、德国、英国、法国以及荷兰等国的扩张主义者和疯狂的探险家,很快他们的足迹就踏遍了整个新大陆和全球各大洲。其中,追随哥伦布足迹的麦哲伦船队于1522年9月完成了环绕地球航行一周的伟大壮举,证明了"地球是圆的",美洲是另一个大陆。欧洲诸国在此后,开始了人类历史上最大规模的殖民主义扩张与占领。

(2)郑和的远航

人类在新石器时代晚期,就已经有了航海活动。公元前4世纪古希腊航海家皮忒阿斯就驾驶着舟船从马赛出发,由海上到达易北河口(易北河是中欧主要航运水道之一,它流向西北,发源于捷克和波兰边境的苏台德山南麓,穿过德国,注入北海),成为西方最早的海上远航。公元前499—前449年在古波斯与古希腊的海战中,古希腊就曾以上百英尺①长的战舰参战,使对方望而生畏,不战自败。

中国远在秦朝时就有出海考察的传说,流传最广的是徐福"东海求仙"的故事。汉朝曾

---

① 英尺,量词,英制计算长度的单位,1英尺≈0.304 8米。

远航至印度等国家,把当时的罗马帝国与中国联系起来。唐朝为扩大海外贸易,开辟了海上"丝绸之路",船舶远航到亚丁湾附近。局限于当时的科学技术条件,航海最初是靠山形、水势及地物为导航标志,尔后以日月星辰为航行标志的则属天文航海技术。指南针是中国古代四大发明之一,宋朝将其应用到航海上,解决了海上航行的定向问题,开创了仪器导航的先河。

宋朝以前的航海一般是凭天象、天体识别方向,夜以星星指路,日倚太阳辨向,直到北宋时期,航海技术有了重大的突破,开始利用指南针航行。其后,指南针在南宋时期又发展成罗盘,随着其精确度的不断提高,应用变得越来越广泛,这促进了海上交通的发展,也促进了中外海上贸易和文化的发展。

中国人发明的指南针广泛应用于航海,是世界人类文明史上的重要突破,对世界文明的发展做出了极其重要的贡献。现代船上使用的"磁罗经",便是12世纪船用磁罗经传入欧洲后,在19世纪末经过英国科学家开尔文改进的海军磁罗经,均采用中国指南针的原理进行改进。

公元前280—前278年,埃及在亚历山大港建造了约135米高的灯塔(塔身120米,塔基15米);1732年,英国在泰晤士河设置了灯塔;1767年,美洲特拉华有了浮标灯塔。航海技术的发展,大大促进了海洋文明的发展。

1405—1433年,中国明朝航海家、外交家郑和(图3.1),率领庞大舰队七下西洋,出使36个国家和地区,最远航行到非洲东岸的索马里和肯尼亚一带。如今也有学者提出郑和曾到过美洲,欧洲探险家的航海图就是郑和时期绘制的,也就是说发现新大陆的不一定是哥伦布,极有可能是中国的郑和。不管怎样,中国郑和的远洋航行都是世界航海史上的伟大创举,拉开了人类远洋航行的序幕。

中国明朝初期,应该是中国历史上难得的短暂的真正意义上的海洋时代。郑和下西洋耗时之久、规模之大、航程之远、抵达国家和地区之多、舰队技术装备之先进、积累的航海知识之丰富、舰队的战斗力之强,是当时世界上任何一个国家都无可比拟的,是真正意义上的"无敌舰队"。

郑和的远航比欧洲航海家哥伦布发现美洲早了87年,比达·伽马的远洋航行早了将近一个世纪。1487年,葡萄牙人迪亚士航行至非洲最南端,将之命名为好望角。1497年,达·伽马率船队从里斯本出发,绕过好望角,于1498年到达印度。此后,葡萄牙人还到达了中国、日本。1492年,航海家哥伦布才发现了美洲大陆。1499—1502年,意大利航海家阿美利哥两次登上美洲大陆进行考察,证实美洲是欧洲"新发现"的陆地。其实,郑和舰队的航海历程远比欧洲船队精彩、丰富得多。

美国学者路易斯·利瓦塞斯这样评价:"郑和舰队在世界历史上是一支举世无双的舰队。第一次世界大战之前没有可以与之相匹敌的舰队。"

英国科技史权威李约瑟博士则写道:"世界上第一个远洋舰队由郑和率领,27 800名汉人分乘208艘舰船,驶向大洋。郑和远洋的最大舰船有6层桅杆、4层甲板、12张大帆,可以装载1 000多人,航行于世界各地,令世界各国人民惊叹不已。郑和七下西洋的意义还在于把中国和东南亚及非洲各国的政治经济交往推向新高度,为东南亚地区的繁荣稳定做出了不可磨灭的贡献。"

图 3.1　明朝航海家、外交家郑和塑像

实际上,郑和的远航的意义不仅是贸易交往,更重要的是政治、文化和东方价值观的交流。用现在的话来说,展现的是一种软实力,即文化软实力。区别于军事的征服和殖民扩张,文化软实力是一种不自觉的温和的文明的征服和扩张。郑和在当年的远航中并没有征服与占领,现在看来是符合孔子的一贯思想,也是符合当今历史潮流的。当今世界,国与国的较量实质上是不同文化的较量,也就是软实力的较量,而不是其他的较量。军事征服只能积累怨恨和民族仇恨。

如今,东南亚和非洲的许多国家都在举行纪念郑和的活动,许多学者也都在研究"郑和现象",他们认为当今世界不好解释的现实问题,也许能在郑和的航行中找到答案。六百多年前郑和传播的文化软实力,是一笔宝贵的世界遗产。马来西亚首度发行以郑和事迹为题材的纪念邮票,以此纪念郑和下西洋六百周年。新加坡旅游局还举办了"郑和文化村"活动。

(3)对海洋文明的思考

如果说 15 世纪初是东方航海事业大发展时期的话,那么 15 世纪末则是西方航海事业大发展的时期,到了 16 世纪初则是航海技术迅速发展的时期。1569 年,地理学家墨卡托发明的投影成为现代海图绘制的基础。在这一时期,中国的航海事业真正地落后于西方。随后的鸦片战争让苦难的中国人进入了任列强蹂躏的黑暗时期。

进入 20 世纪后,世界航海技术取得了重大成就,奥米加导航系统、卫星导航系统、自动雷达标绘仪等的应用,使海洋文明与现代文明接轨。

所以,海洋文明不是海洋文化的另一种提法,海洋文明是政治、经济、文化、思想、艺术、科学、技术、人文精神、社会环境等的集合体,是人类进步的标志。

古代的中国尽管有辉煌的农业经济和相对发达的国际贸易,有独一无二的造船术和航海术,有资本主义萌芽,但都没有海洋文明,只有海洋文化。

西方殖民主义的全球征服战争,得到的也只是海洋文化,称不上海洋文明。

古希腊的文化传播和郑和七下西洋才算是真正的海洋文明。

欧洲的海洋文化,本质就是征服、扩张、占领,表面上是贸易,实际是在掠夺财富,同时输出西方的文化和价值观,带去他们的技术及某些文明成果。除古希腊较文明的海洋开拓外,其他大都带有殖民主义和帝国主义的特征。也就是说,欧洲海洋文化,即征服和扩张的文化,恰恰与古希腊、郑和航海所传播的海洋文明意识相反。

这里不能不提欧洲一位著名的政治和军事强人,他就是俄罗斯帝国的沙皇彼得大帝,他是欧洲扩张主义的代表人物。八百多年前的莫斯科大公国,经过几代沙皇的征服和扩张,成了横跨欧亚的俄罗斯帝国。

沙皇的扩张目标就是海洋,他们始终以占领出海口和走向海洋为最终目的。彼得大帝把首都从莫斯科迁到波罗的海边,在一片烂泥滩上建起规模宏大的新首都圣彼得堡,因此有了进入大西洋和北冰洋的出海口;接着他南下扩张到里海、黑海,自由进出地中海;而后继续向东扩张,占领贝加尔湖东部和黑龙江流域,便有了进入太平洋的出海口。俄罗斯帝国在短短几百年的时间里,扩张成为世界上国土面积最大的国家。当然,这种肆无忌惮的扩张不能算海洋文明,最多只能算海洋扩张文化和军事征服文化。

《全球通史》中把中国的宋朝称为商业的黄金时代,其经济超过世界经济总量的50%,超过如今美国的全球占比,并出现了早期的资本主义生产关系。南宋王朝绝不是积贫积弱,其灭亡是政治制度的腐败和军事制度的落后所致。南宋的灭亡摧毁了当时世界上最为强大的经济体,摧毁了早期资本主义生产关系。

虽然古代中国也有过开拓海洋的辉煌历史,但我们的文明史却不太受海洋文明的影响。南宋时期,由于耕种面积的减少与陆地丝绸之路被阻断,社会经济转向以商业经济尤其是以远洋贸易为主的商业经济模式,商人在这一时期得到了最大的自由,并最终促进了商业经济的大繁荣。南宋的临安(现在的杭州)人口突破了百万,是当时世界上最大的城市。而那时的欧洲还处在中世纪的黑暗之下。

海洋文化一般包含着社会制度、思想、精神和艺术等方面。海洋文化之所以不能称为海洋文明,是因为海洋文明必须领先于人类社会的发展。海洋文明可以得益于海洋文化,但海洋文化绝对代替不了海洋文明。只要海洋扩张带有"野蛮性",就不具备拥有海洋文明的资格。

重述一下海洋文明和大河文明各自的特点:一是,海洋文明有其开放性,而大河文明则是相对封闭的;二是,海洋文明的代表是古希腊,大河文明的代表是古代中国,她们都是文明古国,而其他国家都不具备这一条件;三是,古文明就在于有"文明"二字,征服和扩张最多只能产生海洋文化;四是,在一定情况下,两种文明可以相互转化。

大河文明主要发生在大江、大河附近,例如四大文明古国,都是在大河流域创造的文明。大河文明即农耕农业文明,由于人口增加、收入稳定,人们可以付出更多的人力和物力去发展文化,但缺点是很容易故步自封。四大文明古国中的三个(古埃及、古印度、古巴比伦)都曾被外来文化毁灭或整合,只有中华文明延续了下来。

草原文明由于生存环境的艰苦,人们逐水草而居,过着漂泊的生活。与海洋文明相比,草原文明也是人类宝贵的财富,草原文明和海洋文明的主要区别在于,前者是地域性的,后者是全球性的。

由于所处地域狭小,具备海洋文明和海洋文化特征的国家,均有很强的向海洋扩张的精神和危机意识,正是这种精神和危机意识造就了海洋文明与海洋文化。

当然,海洋文明也影响着现代社会文明,如今的"全球化"就是海洋文明的一种表现形式。全球化是人类共同进步的灯塔,是人类走向和谐社会、实现共同富裕的最理想的目标。

专题2 中国与海洋

中国是海陆兼备的大国,陆地面积约960万平方千米,内海和边海的水域面积约470万平方千米。

1. 中国人眼中的海

有过悲伤,有过荣光,有一种海,似变幻的生活;
翻滚着蔚蓝色波浪,闪耀着娇美容光,有一种海,为愿望之所在;
该遗忘的遗忘,该畅想的畅想,有一种海,永属年轻的心;
浸着先辈的汗,有着中文的姓氏,还有一种海,一寸都不能丢。

(1)有一种海,你我耳熟能详
白日依山尽,黄河入海流。

——王之涣《登鹳雀楼》

百川东到海,何时复西归?少壮不努力,老大徒伤悲。

——汉乐府《长歌行》

东临碣石,以观沧海。水何澹澹,山岛竦峙。

——曹操《观沧海》

长风破浪会有时,直挂云帆济沧海。

——李白《行路难·其一》

春江潮水连海平,海上明月共潮生。

——张若虚《春江花月夜》

海上生明月,天涯共此时。

——张九龄《望月怀远》

君不见黄河之水天上来,奔流到海不复回。

——李白《将进酒》

(2)有一种海,似变幻的生活
有过咒骂,有过悲伤
有过赞美,有过荣光
大海——变幻的生活
生活——汹涌的海洋
哪儿是儿时挖掘的穴
哪里有初恋并肩的踪影
呵,大海
就算你的波涛

能把记忆涤平

还有些贝壳

撒在山坡上

如夏夜的星

也许漩涡眨着危险的眼

也许暴风张开贪婪的口

呵,生活

固然你已断送

无数纯洁的梦

也还有些勇敢的人

如暴风雨中

疾飞的海燕

(3)有一种海,永属年轻的心

走呵

让我们看海去

为了实现那个蓝色的梦想

也为了让年轻的心

变得更加坦荡和宽广

在海边

哼一支心底的歌

有浪花轻轻伴唱

属于我们的

永远是欢乐

不是忧伤

面对波涛滚滚的大海

该遗忘的遗忘

该畅想的畅想

海岸边伫立的不是太阳——

是我们

我们心里盛满的不是死水——

是波浪

(4)有一种海,一寸都不能丢

他们从海南岛启航,劈波斩浪,苦涩的沙吹痛脸庞。

他们以司南、罗盘和磁针锁定南下的航向,那是当时世界最先进的 GPS。

2000 多年前,他们初见南海,在《异物志》中写下:"涨海崎头,水浅而多磁石。"东沙、西沙、中沙、南沙,都是他们熟识的渔场。他们为南海诸岛起了许多生动形象的名字,如"黄山马"(太平岛)、"秤钩"(景宏岛)等。

当全世界还未抵达这片疆域时,他们早已对这个海域的大小岛礁甚至暗礁了如指掌。

南沙群岛留下他们挖过的水井、盖过的土地庙。北子岛上有刻着汉字的墓碑,墓碑正面向北,那是家的方向……

这是中国的海!浸着先辈的汗。

这是中国的海域!有着中文的姓氏。

2. 中国与海洋文明

人类文明主要由大河文明和海洋文明共同构成。大河文明与海洋文明是相互影响、相互融合、相互促进的。古代人类用陆上的工具制造出了舟船,舟船的水上活动又推动了大河文明的发展。独木舟出现在新石器时代,是人类文明发展到一定阶段的必然产物,它不仅体现了人类生产力的发展程度,展示了整个社会科学技术的发展水平,而且为人类海洋文明的发展开辟了一个崭新的纪元。

人类自存在的那一天起,就对未知的世界充满探求与渴望。

人类对水的依赖是如此地强烈,只要有水流过,人类就会逐水漂航。古埃及的尼罗河文明,两河流域文明及古代中国的黄河、长江流域文明,莫不缘此而生。同样,在海洋之上,只要有海岛(在人们的视野内)出现,人们就会乘舟船逐岛而去,从而建立起陆海之间的文明交往。古代中国的文化,就是这样被一步步传播到世界各地的。

显然,人类与海洋的互动构成的人类海洋文明史,在中西方历史中都占据一定的地位。

海洋文明是一种多元的文明,从历史发展的趋势来看,世界上所有先进的文明几乎都是以一种文明为主的混合型文明,只是各个类型文明所占的比重不同而已。以中国为代表的东方文明以前虽然侧重于大河文明,但也不缺乏海洋文明的影子。

中国是一个国土广袤的大陆国家,黄河与长江哺育了中华民族,并使中国文明著称于世。中国自古就是一个拥有漫长海岸线和辽阔海域的国家,《尚书·立政》记载华夏先民"方行天下,至于海表"。

早在旧石器时代,中国沿海就有人类活动。距今约18 000年的山顶洞人已经使用海蚶壳作装饰品了。新石器时代的福建、浙江、广东、广西沿海以及台湾岛、海南岛等地的远古先民就懂得制作与使用有段石锛,食用海洋贝类,并留下了贝丘文化遗址。

萧山跨湖桥出土的距今8 000多年的独木舟,以及余姚河姆渡文化遗址出土的木桨、陶舟、鲸鱼、鲨鱼骨等,说明当时的人已能制造独木舟和船桨,可以下海航行和从事海洋捕捞。

"厥贡盐绨""淮夷玭珠暨鱼",盐和珍珠在《尚书·禹贡》中已列为贡品。殷商甲骨文中已出现晦(海)、涛、鱼、龟等字,殷墟出土了来自太平洋、印度洋的龟甲、贝壳。《诗经》中说:"相土烈烈,海外有截。"

商末箕子耻于臣周,率弟子五千人入海逃亡朝鲜。齐国邹衍提出了海洋浮漂陆地"大九州"之说。齐国管仲提出"官山海"富国之策以及维护生态平衡的理论。

越国设有专管造船的官署,能较大规模地建造戈船、楼船等战船。公元前485年,齐国与吴国发生黄海大战。

公元前505年,吴国与越国在海战时大捕石首鱼,开发利用浙江沿海渔场。北方沿海已有居民经朝鲜半岛渡海至日本列岛。秦汉时,秦始皇派徐福入海求仙药远航日本。

西汉时的海上丝绸之路,让中国丝绸享誉古希腊。南海珊瑚在西汉已成为贡品,汉朝已大量开采合浦珠。东汉王充的"涛之起也,随月盛衰"和晋代的葛洪以《浑天论》解释潮汐成因等都对海洋潮汐的形成提出了独到的见解。东汉马援在琼州海峡竖起潮信碑,在南征交趾时还曾留军南洋一带。

三国时东吴曾组织船队远航到台湾岛、海南岛和东南亚等地。吴人还向日本输入铸铜和丝织技术。公元226年,东吴孙权派朱应、康泰遍航南洋,出访东南亚各国。东晋末年孙恩、卢循领导的起义军活跃于黄海……

显然,伟大的中国同地中海各国一样,都是人类海洋文明的重要发祥地,内涵丰富的海洋文明,是人类文明史的重要组成部分。中华民族不仅早在7 000年前就创造了辉煌的航海历史,而且在这7 000年漫长的航海征程中,把最早的人类文明、古代文化和科学技术带到了美洲和世界各地。——这是各国专家学者对世界各地先后出土的大量的历代文物以及古代文献资料研究的结果,并在有关中国海洋文化的国际学术研讨会中达成共识。

纪录片《走向海洋》对中国的海洋文明做了很好的诠释。

建安十二年,即公元207年秋,曹操北征乌桓,大胜。

班师途中,登碣石,居高临海,视野寥廓,即兴赋诗一首。

观沧海

曹操(东汉)

东临碣石,以观沧海。

水何澹澹,山岛竦峙。

树木丛生,百草丰茂。

秋风萧瑟,洪波涌起。

日月之行,若出其中;

星汉灿烂,若出其里。

幸甚至哉,歌以咏志。

数千年,潮起潮落。海洋和中华到底有怎样的渊源呢?

(1)文明的走向

"我有点儿金,有点儿银,有几条海船在海里,有一个漂亮的老婆,我还能再要什么呢?"这是一首西班牙民歌,在西方人的概念里,幸福来自大海,来自贸易和征服。

而表达同样希望的中国人,用的却是"三十亩①地一头牛,老婆、孩子热炕头"。幸福就在脚下,就在心血和汗水的耕耘中。

那么,东、西方的文明差异究竟是如何形成的呢?

人类素来都是以生存为第一需要。

被群山怀抱的黄河流域和长江流域,积淀着最肥沃的土壤,它们不仅养育了先民,也塑造了中华民族最基本的品格。

黄土地的物理特性,使定居农业成为华夏先民的自然选择。土地和耕作经验一代又一代地传承着,正是在创造生活的过程中,家族和血脉被赋予了神圣的情感。

经过两三千年的颠沛流离,到炎帝和黄帝时期,中华民族由漂泊无根的渔猎时代,进入了安居乐业的农耕时代,这是人类历史上一个伟大的创举。

---

① 亩,中国市制土地面积单位,市亩的通称,1市亩≈666.7平方米。

但中华文明真的是一帆风顺、波澜不惊吗?

喜马拉雅山挡住了印度洋温暖的季风,中华民族真的就此与海洋彻底隔绝了吗?

公元 1899 年 10 月的一天,清末的北京,人心惶惶。远处的海边,似乎已经隐隐传来八国联军的枪炮声。

国子监内,一灯如豆。在忽明忽暗的灯火下,这所皇家大学的最高长官王懿荣,正全神贯注地端详着一味名叫"龙骨"的中药材。

也许,王懿荣并不清楚,他的发现将石破天惊,但作为京城最权威的金石学家,他一定很清楚,这些模糊的刻符对岌岌可危的中华文明意味着什么!

"为什么三千多年前的声声问卜,会突然涌现于 19 世纪最后一个深秋?"

"乙亥卜,行贞。王其寻舟于河,亡灾。"

这片甲骨记载的是商王河中泛舟,平安无事的状况。从卜辞中,我们可以清楚地看到,三千年前的"舟"和今天的木板船非常相似。

占卜是商王朝最核心的机密,通过垄断与祖先和上天沟通的权力,商王将政权牢牢地掌控在自己的手中。而占卜使用的材料有来自黄土高原的牛骨,但更多的是产自南方深海的龟甲。这是不是暗示着在商王朝创立之初,海洋的气息要远远大于内陆呢?

殷商给华夏大地带来的还有水稻种植、灌溉、漆器、竹器,以及长舟的制造技术等。在可辨识的一千个甲骨文字中,与舟船有关的就有三十多个。

毫无疑问,这些都是海洋对华夏民族的慷慨馈赠。

但此时,商王朝已经远离海洋的涛声,满足于平原上袅袅四起的炊烟了。

这是历史的规律,世界上每一种古老文明所走过的,都是相似的路径,因为土地给人类带来安宁和富足。任何人种、任何民族,面对波澜壮阔的大江大河和肥沃的冲积平原,最终做出的选择只能是坚守!

对大海充满敬畏,是早期人类共同的心理基调。

当商王朝在中原地区歌舞升平的时候,东部和南部沿海夷人的航海活动,已经从河姆渡的木桨、独木舟,发展成木板船和风帆了。

经过成千上万年的海上颠簸,夷人掌握了海风和洋流的一般规律。

菲律宾、北婆罗洲、夏威夷、新西兰、厄瓜多尔……世界各地陆续有 13 个国家和地区发现了源自中国的有段石锛。考古界据此推断:上古先民从中国的东南沿海出发,逐岛漂航,一直到达了拉丁美洲西岸。

当夷人的风帆渐行渐远的时候,中国腹地殷商建立的政权却岌岌可危。

公元前 1046 年正月,周武王统率兵车三百乘,甲士四万五千人,浩浩荡荡东进伐商。在经历了"血流漂杵"的牧野之战后,周人成为中国的主宰。

那么,一个给商王朝放牛牧马的蕞尔小邦,究竟是依靠什么入主中原的呢?

"文武之政,布在方策。"

"昔者文王之治岐也,耕者九一,仕者世禄。"

在当时,正如一个国家力量的强弱是依人口的多少而界定一样,国家的经济实力也完全依赖于主要的产业——农业。

周文王颁布告示,给每一个新移民提供百亩耕地,这对所有渴望改善生活状况的人而言,无疑是一个极具诱惑力的号召。正是依靠一系列以农为本的政策,周朝完成了中国历史上第一次规模宏大的西部大开发。

到武王伐商时,周的力量与殷商相比,尽管还有一定的差距,但屯田的农民拿起武器就是冲锋陷阵的战士。当"保家"和"卫国"紧密联系在一起的时候,周取代商,已经是历史的必然。

虽然,在陆风的熏陶下,发轫于海洋的殷商早已脱胎换骨,但周灭商依旧标志着植根于大陆的、凝重而浑厚的农耕文化,战胜了如漂萍般散漫的海洋文化。

"普天之下,莫非王土。"

为了巩固统治基础,周天子把土地和臣民分封给王胄子弟和有功的将士管理,即便是商代亡国之君纣王的儿子武庚,也得到了一块不大不小的领土。

但曾经沧海难为水,殷人并不甘心寄人篱下的生活。

"一年救乱,二年克殷,三年践奄"。

"奄"正是商朝的旧都,剪灭奄国是对殷商势力的重大打击。

经过三年的征伐,周公不仅诛杀了纣王的儿子武庚,而且几乎将整个东夷、淮夷民族都彻底赶出了原有的居住地。此后,中国的古籍中再也看不到殷人的痕迹。

海天茫茫,那些失去家园的殷人子民究竟逃到哪里去了呢?历史,给我们留下了一个千古谜团。

借着剿灭殷人叛乱的余威,周人挥师东进,继续征战,终于迫使东夷和淮夷屈服,将王朝的疆界扩展到太平洋边缘。

到公元前11世纪初,当中华文明在黄土地的滋养下灼灼其华的时候,那些曾经辉煌一时的古文明却相继陨落。

由于游牧民族和海洋民族的双重紧逼,埃及王朝彻底陷入土崩瓦解的境地。而在此前,两河流域的古巴比伦文明多次遭受践踏,地中海的克里特文明也已销声匿迹,取而代之的是光荣的古希腊。

周朝,是中国历史上一个承前启后的制高点。

此后,不论朝代如何循环更替,天下如何分分合合,农业始终是中华民族不可动摇的立国之本。

(2)梦断琅琊台

万里长城的修建,划定了秦王朝的北方边际,但对临海的"燕、齐、越"旧地,秦始皇却始终充满忧虑。

这里原本是桀骜不驯的夷族的故土,时不时会发出反叛的喊声。所以,从并吞天下后的第三年开始,秦始皇就一次又一次地东巡。

公元前219年,为达到"宇县之中,承顺圣意",秦始皇将三万户居民,从中原腹地迁徙到山东琅琊。

公元前210年,秦始皇开始第四次东巡,这是他行程最远的一次。"上会稽,祭大禹,望于南海,而立石刻颂秦德。"

在会稽,秦始皇稍做停留,然后"从江乘渡,并海上,北至琅琊"。在黄土地上戎马一生的秦始皇似乎兴犹未尽,在一次梦中与海神大战之后,他从琅琊再度北上。

邹衍,是战国时期阴阳家的主要代表,也是方士徐福的先师。热衷于开疆拓土的秦始皇即使不接受邹衍的观点,但海外可能存在的陆地,一定对他有莫大的吸引力。

秦始皇一次次来到海边,是不是另有所图呢?

五十而知天命,但雄心勃勃的始皇帝并没有想到,这将是他的最后一次巡游。车队刚刚走到河北沙丘(今河北省邢台市广宗县大平台村南面),秦始皇便暴病而亡。

历史没有假如,历史也不存在遗憾。

从炎黄开始中华民族的初铸,到秦始皇中央集权的一统,漫漫绵长的几千年,虽然海洋曾给我们数不尽的青睐,但中国的先民从来只是把海洋当作底色。

高耸的青藏高原和浩瀚的太平洋一起,铸就了中华文明坚不可摧的屏障,矢志不移地拱卫着黄土地的安宁。在这个巨大的摇篮里,中华儿女数千年从容不迫地生长繁衍。

日出而作,日入而息。凿井而饮,耕田而食。帝力于我何有哉!

驮着中华始皇帝的灵车缓缓西去,目的地是遥远的黄土高原。

伴随着秦始皇的驾崩,海边的四块碣石,似乎成了钉在先民内心的界碑。曾经"横扫六合"的秦国军队,再也没有向界碑外迈出一步。

但令人惊奇的是,秦始皇兵马俑的目光竟然全部面向东方,面向烟波浩渺的大海,这是不是喻示着那个千古一帝无法释怀的心结呢?

车队渐行渐远,海风越来越弱,宽阔的秦直道上留下了一条长长的、散发着海腥味的车辙印……

3. 中国对海洋的展望

2001年5月,联合国缔约国文件指出,"21世纪是海洋世纪"。换句话说,海洋发展是21世纪人类社会发展的主题。那么,为什么海洋问题被作为新世纪的时代特征提出来呢?

(1)海洋是人类生存发展的第二空间

人类过去一般是以陆地为本位去认识海洋、接受海洋"赐福"的。海洋对人类生存发展的积极意义,仅在于它是沟通各大洲文明的大通道,使濒海的各民族成为邻居。这样的理解现在看来显然是片面的、狭隘的。

许多现代海洋科学家和人文社会学家看到,在有人类活动的海域,人类的经济活动与海洋自然生态系统相结合,形成了海洋生态经济系统,海洋本身也成为人类生存发展的空间。海洋空间包括海域水体、海底、上空和周延的海岸带,是一个立体的概念。

第二次世界大战以后,世界人口的快速增长,导致陆地生态环境恶化、资源紧缺,引发海洋资源大发现,驱动着人类向海洋空间拓展。

1994年,《联合国海洋法公约》的生效,改变了领海之外即公海的传统格局,全世界30%以上的海洋(约1.094亿平方千米)被划为沿岸国家的管辖海域,沿岸国家在"毗连区""专属经济区""大陆架""用于国际航行的海峡""群岛水域"等分别享有不同层次的主权、专有权、管辖权和管理权,这五种类型的海域,既不同于内海水、领海,也有别于公海。

(2)海洋是经济发展的重要支点

海洋有丰富的生物、矿产等资源,是支持人类持续发展的宝贵财富。海洋给人类提供食物的能力约等于全球农产品产量的一千倍;海水淡化是可持续开发淡水资源的重要手段;海洋石油和天然气预测储量有1.4万亿吨。占地球表面积49%的国际海底区域,蕴藏丰富的多金属结核、富钴铁锰结壳、热液硫化物等陆地战略性替代矿产。在水深大于300米的大陆边缘的海底与永久冻土带沉积物中,有天然气水合物气藏,预测资源量相当于全球已知的煤、石油和天然气总储量的两倍多。

新兴海洋产业的形成,将使海洋经济成为 21 世纪世界经济发展的新支柱。

(3)海洋是人类生活的重要依托

世界经济、社会、文化最发达的区域大都集中在离海岸线 60 千米以内的沿海,人口约占全球人口总数的一半以上。世界贸易总值 70% 以上来自海运,全世界旅游收入的三分之一依赖海洋。目前,全世界每天约有 3 600 人移居沿海地区。

(4)海洋是战略争夺的"内太空"

能源安全、经济安全与高新技术在军事上的运用,赋予了海洋安全、海洋战略地位新的内容。传统的控制海洋通道就能控制世界的战略思想虽未过时,但争夺的重点逐渐转向立体海洋,特别是尚未认识的"内太空"——水深大于 500 米的深海区。

(5)海洋是人类科学和技术创新的重要舞台

如今,全球变暖、气候变化,以及生命起源、人类起源等重大科学问题的解决还有赖于海洋科学研究的进展。"海洋大科学"研究的巨大经济利益和可利用性已引起人们的重视。"未来文明的出路在于海洋",开发利用和保护海洋,势必成为 21 世纪人类社会发展的主要方向。

海洋世纪的出现,是世界历史演变的结果。

一些国家依靠在海洋科技中的领先地位实施其海洋产业发展战略,不仅抢占海洋空间和资源,而且将发展海洋高科技当作海洋开发的重中之重。2004 年,美国出台了 21 世纪的新海洋政策《21 世纪海洋蓝图》,公布了《美国海洋行动计划》;2004 年,日本发布了第一部《日本海洋白皮书》,提出对海洋实施全面管理;2002 年,加拿大发布了《加拿大海洋战略》;韩国也出台了《韩国 21 世纪海洋》的国家战略。

发展海洋产业正成为世界高科技竞争的焦点之一。世界海洋经济的迅猛增长,使得海上工业活动日益频繁,特别是海上石油开发高潮迭起。海洋开发活动在为人类带来巨大的能源和财富的同时,也对海洋环境造成了很大的影响,产生了很多问题,包括深海资源开发对周围环境的影响,海洋运输石油管道、运油船舶对海域的污染等。

中华民族是一条巨龙,巨龙势必入海——海衰国弱,海兴国强。

郑和说过:"欲国家富强,不可置海洋于不顾。财富取之海洋,危险亦来自海上。"

孙中山曾叹道:"伤心问东亚海权。""惟今后之太平洋问题,则实关我中华民族之生存,中华国家之命运也……"

中国是海洋大国,经略海洋,时不我待——树立海权观念;增强海洋意识;制定海洋战略;发展海洋经济;繁荣海洋文化;关注海洋利益。

2007 年 8 月 2 日,一场政治风暴在北冰洋冰面下静悄悄地爆发。

俄罗斯国家杜马副主席、北极探险家奇林加罗夫乘潜水艇深入 4 261 米的海底,在北极点插上了一面高 1 米,能保存一百年的钛合金国旗。

对此,加拿大前总理哈珀迅速做出反应:"我们亟须采取行动,维护我们在北极地区的主权,保护领土的完整。"美国、丹麦、挪威等临近北冰洋的国家,也纷纷采取行动。北极地区权益之争愈演愈烈。

这是一条热议了上百年的黄金通道。20世纪,有的国家曾为此展开过激烈的争夺。从某种意义上说,谁控制了北冰洋,谁就控制了世界经济的新走廊。

冰川尚未消融,群雄已未雨绸缪。

站在历史和未来的交汇点上,中国该如何确立自己的海洋战略? 又该如何梳理中华民族的海洋意识呢? ……

进入"海洋世纪"的第三个十年,国际形势错综复杂,海洋问题越来越多,也愈演愈烈,并逐渐呈现从"量变"到"质变"的发展趋势。中国的海洋事业前无古人、包罗万象,既包含历史,也面临现实;既立足基础,也面向发展;不但着眼未来,更注重理念。

党的十九大报告指出,"时代是思想之母,实践是理论之源"。21世纪本来就是一个海洋的世纪、海洋的时代。所以,海洋思想便成为时代思想。

①海洋策略思想

此内涵的核心在"策略"。"策略"的机理在刺激、激将、激励和鼓励,它主要对应在海洋资源的开发和利用的态势上我们将采取的方式和方法,以达到发展海洋的目的。它的作用是一种引导,站在时代的前沿引导人们和社会朝着发展海洋的方向挺进。由此,要区分海洋政策与海洋法律的不同:海洋政策更多的是一种激励和鼓励,需要的是一种只要是你做了对海洋开发和利用有益的事你就能得到政府的政策和资金支持的状态。

②海洋战略思想

此内涵的核心在"战略"。"战略"历来与"战争"有关,而"战争"又能与争议、争端、争斗和争夺联系起来。战略是一种长远和持久的思考与布局。我们要在世界海洋问题上拥有话语权,就必须发展军事、军备,要做好军事斗争的准备。

③海洋经略思想

此内涵的核心在"经略"。"经略"是指对"海洋"不仅要有主权意识,而且要开拓与发展不曾被人注意的地方。其实,对人类而言,海洋还是陌生的,有很多"处女地"。但如今对海洋的开发却呈现出一种"热的很热,冷的很冷"的两极状态。因此,"经略海洋"首先在于要尽快和尽早地发现那些被其他人忽略的海洋资源。

④海洋方略思想

此内涵的核心在"方略"。"方略"强调在具体做法上要注重其整体性、系统性和连续性,它不仅具有集"谋略性""战略性"和"策略性"为一体的特征,而且具有融"海洋哲学""海洋科学""海洋技术""海洋艺术"和"海洋智慧"为一体的特性。它的基础既是一种整体的和综合的思维方式,也是一种细致的和技术的思维方式,还是一种历史和现实相结合的思维方式。它一般体现在经过周密思考后的"海洋布局"上。

⑤海洋谋略思想

此内涵的核心在"谋略"。"谋略"注重的是一种对"思维"和"智力"的强调、提高和完善,它特别注重以"思维的角度"取胜,对应的是一种"实力的角度"。同时,它还要求"谋全局","不谋全局者,不足谋一域""不谋万世者,不足谋一时"。要注意处理好大局与小局、长远与眼前的关系,从而寻求最优的理念和可持续的发展。

模块四

航海篇——海员的勇敢事业

大海是人类的起源,航海是人类寻根的路。

人类从大海中走出来,我们身上留有大海的印记。

我们从陆地驶向大海,不是出海,而是回家!

社会的纷繁复杂,与大海的波澜壮阔相比,显得微不足道。

我们的心浮气躁,与大海退潮后深深的平静和无边的寂寥相比,显得那么突兀。

航海是人类的海洋活动,创造了灿烂的文明。

先辈们谱写了辉煌的航海历史,诠释了永恒的航海精神。

回望他们的背影,追寻他们的足迹,倾听他们的事迹,激励我们的人生,开启我们的事业。

航海不仅仅是勇敢者的搏击、冒险家的跨越、梦想家的谋划,也是我们每一个人寻找自我、释放自我、超越自我的过程。

航海,是勇敢者的事业;

航海,是冒险家的乐园;

航海,是梦想家的天堂;

航海,是普通人的向往。

案例导入

海上救援

"爸爸,老师说 3 月 17 日是国际航海日,我今天想听一个大海的故事。"一天晚上,"海洋石油 606"船二副焦俊超哄孩子睡觉时,孩子说。

"好呀！爸爸就在海上上班,给你讲一个爸爸的船去年在海上救人的故事怎么样？"

"好啊！爸爸真厉害！"

"那是去年 10 月,当时海上风浪特别大……"

焦俊超一边讲一边回忆着……

"今年南海的台风可真不少,刚刚送走了'沙德尔',现在又来了'莫拉菲',风力还越来越强了。"焦俊超看着刚刚收到的电子气象图不禁皱起了眉头。

2020 年 10 月 28 日,受当年第 18 号强台风"莫拉菲"影响,在三亚海域作业的船舶都已进入锚地提前做好防台风准备。

"'海洋石油 606',三亚海事局搜救中心呼叫。"

"这里是'海洋石油 606',请问有何指示？"正在驾驶台值班的焦俊超听到通信设备中传来的声音,立即回应。

"'海洋石油 606',现在有艘渔船在北纬 18°13′、东经 109°24′,即三亚港东瑁洲和西瑁洲之间水域遇险倾覆,人员落水,请你们立即协助救援。"

收到指令后,"海洋石油 606"船立刻行动起来。大家做好应急救援准备,奔赴渔船遇险海域。

此时,三亚附近海域乌云密布,狂风怒号,阵风达到 9 级,狂风卷起的涌浪足有四米高,拍打在"海洋石油 606"船的船舷上,发出"砰、砰"的声音。第一次遇见这种场景的三副一时有些手足无措,一个涌浪拍来他差点摔倒。

"别慌,集中注意力。你去协助二副测量定位海图,确定遇险点的距离和方位。其他人加强瞭望,一旦发现落水者立即汇报。"工作经验丰富的船长叶南春迅速根据现场情况做出部署,并依据风浪及流水确定搜救范围及搜救路线,操纵船舶按"Z"字形搜索。

"船长,右舷前方 2 海里①附近有可疑船舶,可能是遇险船舶。"一名瞭望水手发现情况,立刻大声向叶南春汇报。叶南春指挥船舶向目标靠近。

只见远处渔船倾覆,一名遇险渔民趴在尚未沉没的船上不停呼救。

"海洋石油 606"船甲板救援人员迅速就位。

"大副,我现在慢慢靠近,你注意观察,找准时机抛救生圈,注意提醒人员站位。"

---

① 海里,国际度量单位,1 海里 ≈ 1 852 米。

"收到！船长,现在海面涌浪变大了,估计不好靠近。"

大副站在甲板左舷边缘,左手拿着对讲机,臂弯挎着救生圈,右手扶着舷墙,眼睛紧盯海面,时刻向船长汇报现场情况。

"放心,有我在。"听到对讲机里船长铿锵有力的回答,大副志忑的心也坚定起来。

"兄弟,别害怕！我们一定会把你救上来!"

越发汹涌的海浪,让遇险渔民感到不安,水手长用本地话大声安慰着。危急关头,船长叶南春凭借高超的操控技艺和丰富的经验,调整船舶方位,利用风流压差,一米一米慢慢靠近遇险渔船。

甲板救援人员抓准时机,抛出救生圈。"抓住救生圈! 不要害怕,我们都在!"在大副一遍遍的鼓励下,遇险渔民鼓起勇气,跳起来抓住救生圈。

救助人员成功将遇险渔民拖拽至救助区,并利用救助软梯将其安全救上甲板。寒冷的海水把遇险渔民冻得面色发白,一旁的水手立即拿来准备好的干净衣服给被救人员换上。

惊魂未定的渔民热泪盈眶,紧紧握住船员的手激动地说:"谢谢你们,你们来得太及时了! 我本来都绝望了,你们就是我的救命恩人!"面对渔民的感谢,腼腆的大副只说了句:"这是我们应该做的。"

随着台风离去,海面风浪逐渐平静。被救人员被顺利送到岸上,移交给海事机关。阴沉的天空也随之透出了些许阳光。

专题 1 航海活动的启迪

人类认识、利用、开发海洋的基础和前提是航海。从古至今，人类在海洋中的一切活动都离不开航海，人们驾驶船在海上航行、停泊和作业。因此，航海是人类海洋活动的典型代表。

航海，创造了人类灿烂的海洋文明；航海，造就了人类真正意义上的世界史；航海，成就了现代世界性大国的崛起；航海，是人类通过海洋对不同文明的传播过程；航海，是不同国家、不同民族之间的交往过程。

航海，是勇士的乐园，是理想主义者的天堂。古往今来的勇士通过航海，实现了自己的人生价值，完成了从理想到现实的航渡，这些为人敬仰的航海英雄，他们的航海生涯充满迷人的神奇色彩，蕴含诸多不为人知的前提条件。我们既要着眼于他们的丰功伟业，又要重视他们内在的人文素养。

在漫长的人类历史中，海洋既是屏障，又是通道，人类曾经因为大海的阻隔而各自独立，又因为大海的联通而相互依赖，或者相互征服。

公元前 2500 年，古埃及人驾驶帆桨船沿着地中海东航至黎巴嫩。

公元前 4 世纪，古希腊人毕菲在海上探险时发现了不列颠群岛。

14 世纪前后，中国发明的罗盘（指南针）分别由阿拉伯人和埃及人传入欧洲，从此欧洲国家的航海活动有了飞跃式的发展。

公元 1405 年，江苏太仓刘家港，二百多艘巨型木帆船桅杆林立，随着礼炮鸣响，这支无论吨位还是数量都堪称当时世界第一的远洋船队，载着近三万名船员，开始了下西洋的航程。它们在福建长乐太平港集结后伺风开洋，扬帆远航，这就是让后世震惊的郑和船队。

"郑和七下西洋"在整个人类航海史上竖起一座永垂史册的丰碑。

82 年后，葡萄牙人迪亚士于 1487 年 8 月启航，并于 1488 年 2 月 3 日到达非洲最南端的好望角。

87 年后，意大利人哥伦布（西班牙资助）于 1492 年 8 月 3 日启航，并于 1492 年 10 月 12 日首次在北美登陆。

92 年后，葡萄牙人达·伽马于 1497 年 7 月 8 日启航，并于 1498 年 5 月 20 日到达印度卡利卡特。

114 年后，葡萄牙人麦哲伦（西班牙资助）于 1519 年 8 月 10 日启航，并于 1521 年 4 月 27 日在菲律宾被砍死，1522 年 9 月 6 日"维多利亚"号完成环球航行。

15～17 世纪，世界迎来了大航海时代（又称地理大发现时代、探索时代），这是广泛跨洋活动与地理学上的重大突破。15 世纪中叶，人类已知的陆地面积只占陆地总面积的 2/5，已知航海区域只有陆地总面积的 1/10。17 世纪末，人类已知的陆地和海域都已达到陆地和海洋总面积的 9/10。

1. 葡萄牙和西班牙的海洋时代

绝大多数历史学家认为:1500 年前后是人类历史的一个重要分水岭,从那个时候开始,人类的历史才称得上真正意义上的世界史。在此之前,人类生活在相互隔绝而又各自独立的几块陆地上。没有哪一块大陆上的人能确切地知道,地球究竟是方的还是圆的,而几乎每一块陆地上的人都认为自己生活在世界的中心。

1500 年前后,中国正处在明朝统治之下。郑和的船队七下西洋,但不是为了开拓贸易,而是为了宣扬皇帝的德威。郑和死后,中国人的身影就在海洋上消失了。

阿拉伯和印度的商人与欧、亚、非大陆继续着商业往来,但他们的活动范围基本局限在印度洋沿岸。

当时欧洲人笔下的世界是:已知的三块大陆——欧洲、亚洲和非洲,分别由三个信奉基督教的国王统治,其他地方都是混沌未开。

但就在 1400 年以后的两百年,欧洲绘图人笔下的几大块陆地宛如正在成长的胚胎,逐渐由模糊的团状,演变成我们今天所熟悉的清晰可见的模样。

正是从那个时候起,割裂的世界开始连接在一起,经由地理大发现而引发的国家竞争,拉开了不同文明相互联系、相互注视,同时也相互对抗和争斗的历史大幕。

不可思议的是,开启人类这一历史大幕的,并不是当时欧洲的经济和文化中心,而是偏居在欧洲大陆西南角上两个面积不大的国家——葡萄牙和西班牙。之后,他们相继成为称雄全球的霸主,势力范围遍及欧洲、亚洲、非洲和美洲。

那么,究竟是什么力量推动小小的伊比利亚半岛征服海洋,进而主宰世界长达一个多世纪呢?

征服是从被征服开始的。从公元前 11 世纪到公元 11 世纪的两千多年中,伊比利亚半岛上战火连绵不断。这块土地曾先后被罗马人、日耳曼人和摩尔人征服。正如一个个奋不顾身的斗牛士,生活在这块土地上的人们一刻也没有停止同入侵者的抗争。直到今天,我们依然可以清晰地感受到那种仿佛根植于基因中的追求刺激、喜欢冒险的豪情。

历经漫长的两千多年,眼泪、创痛和牺牲终于换来了宝贵的自由。

1143 年,一个独立的君主制国家——葡萄牙,在光复领土的战争中应运而生,并且得到了罗马教皇的承认,这是欧洲大陆上出现的第一个统一的民族国家。

葡萄牙历史学家 J. H. 萨拉依瓦:

"12 和 13 世纪葡萄牙的特点是,它不是一个封建割据的国家,而是人民的王国。葡萄牙的国王不仅受到贵族,也就是他的臣属的支持,而且得到百姓的拥戴。"

强大的王权使葡萄牙人有了强烈的民族归属感,但实现国家的强盛却有很长一段路程。葡萄牙只有不到十万平方千米的发展空间,资源十分匮乏,东面近邻的绵绵战火,又不断侵扰着这块贫瘠的土地,独立之后的葡萄牙王国在经历了两个世纪之后,也依然是危机四伏,风雨飘摇。

这个率先建立的民族国家究竟能够持续多久? 强大的君主制将会给它带来什么? 葡萄牙民族的未来在哪里? 一直靠近海捕捞谋生的人们,不得不把目光投向被称作"死亡绿海"的大西洋。

在葡萄牙太加斯河边屹立着的纪念碑,是 1960 年葡萄牙政府为纪念"航海家恩里克"

逝世五百周年而建的,碑的正面写着:"献给恩里克和发现海上之路的英雄。"正是"海上之路"使葡萄牙摆脱了贫穷和落后的境遇,正是在恩里克的带领下,葡萄牙启动了征服大海的行程。

恩里克出生在 1394 年,是葡萄牙国王若昂一世的第三个儿子。

当时的欧洲正从蒙昧的中世纪走出,发轫于意大利的文艺复兴如星星之火逐步燎原,科学和人文的思想一点一点地照亮了欧洲的天空。

就在恩里克王子 12 岁的时候,一本尘封了一千多年的古籍,引发了一场地理知识和观念的革命,这就是古希腊天文学家托勒密的著作——《地理学指南》。

原葡萄牙航海纪念委员会主席若尔金·麦哲伦:

"这本书和希腊其他学者的许多作品一样,在当时一度被世人遗忘。其间,在亚洲这本书并没有被遗忘,而在西欧一直到 1406 年才被关注,并于 15 世纪末期开始被印刷出版,得到较为广泛的流传。"

尽管从今天看,托勒密绘制的世界地图谬误百出,比如非洲和南极紧紧相连,除欧洲、亚洲、非洲以外,世界是一片漫无边际的海洋,赤道没有动植物生存,等等。但在当时,它比起那些虚无缥缈的神话和道听途说的游记,仍然提供了许多较为可靠的地理信息。

世界真的是托勒密描绘的这个样子吗?大西洋真的无法航行吗?巨大的问号折磨着欧洲大陆,也燃烧着痴迷于地理学和航海战略的恩里克王子。

与此同时,一场突如其来的大变故又把葡萄牙推向了历史的前台,撬动历史的主角就是这些今天看起来毫不起眼的胡椒粒。

今天,连欧洲人自己也很难理解,他们的祖先为什么会对香料如此依赖。

西班牙皇家国际战略研究所研究员卡洛斯·马拉穆德:

"在 14 世纪和 15 世纪,保存食物的方法主要是依赖香料,因为当时没有冰箱。所以,欧洲人对于香料的需求十分急迫,香料在欧洲市场的价格也达到了前所未有的高度。"

但是,利润丰厚的香料贸易,先是被阿拉伯商人垄断,接着商路又被突然崛起的奥斯曼土耳其帝国阻断。欧洲急于摆脱困境,不论是神圣的宗教,还是世俗的商业,都希望能找到强有力的措施来扭转这种局面。在陆地上的军事突围失败之后,焦躁不安的欧洲人开始到海洋寻求出路。

欧洲人如何才能成功呢?

萨格里什是葡萄牙最南端的一个小渔村,直到今天这里仍然荒凉无比。

根据葡萄牙编年史的记载,15 世纪时,在恩里克王子的主持下,这里曾经建立过人类历史上第一所国立航海学校,曾经有过为航海而建的天文台和图书馆。一座建于 15 世纪的灯塔,经历了近六百年的风霜雪雨,依然骄傲地矗立着。

葡萄牙宗教学教授娜塔丽亚·科雷雅·格德斯:

"根据当时史料的记载,尤其是传记作家费尔南·洛佩斯的记载,恩里克王子是一个非常慎重、果断的人,他非常清楚他需要什么,善于同其身边出色的幕僚相处。"

我们无从知道看起来面容古板的恩里克王子是因为具有雄才大略而包容,还是因为包容而具有了雄才大略。意大利人、阿拉伯人、犹太人、摩尔人,不同种族甚至不同信仰的专家、学者聚集在他的麾下。他们改进了中国指南针,把只配备一幅四角风帆的传统欧洲海船,改造成配备两幅或三幅大三角帆的多桅快速帆船。正是这些二十多米长、60～80 吨重的三角帆船最终成就了葡萄牙探险者的雄心。他们还专门成立了一个由数学家组成的委员会,把数学、天文学的理论应用在航海上,使航海成为一门真正意义上的科学。

葡萄牙历史学家 J. H. 萨拉依瓦:

"航海发现是首先在葡萄牙作为国家计划的,是由一个王子主持的计划。这使得葡萄牙的航海大发现不像那些商人为贸易所进行的孤立探险,而是一个两百年来有规划、有系统组织的任务和策略。"

通过二十多年理论和实践的探索,原来神秘莫测、令人望而生畏的大西洋逐渐显露出一些规律。葡萄牙人终于向南出发了。

每个到葡萄牙游览的客人,罗卡角是其必然的选择,这里是欧洲的"天涯海角",是远航的水手们对陆地的最后记忆。

刚刚进入秋天,冰冷的海风已经吹打得游人无法立足。

千百年来,罗卡角,这块伸入海水的巨石就像一个孤独的老人,无奈地守望着波涛汹涌的大西洋,守望着欧洲的梦魇。直到 16 世纪,葡萄牙有史以来最伟大的诗人卡蒙斯在搏击大海的征程中创作了史诗《葡萄牙人之歌》,罗卡角才一扫往日荒凉、失落的阴霾,一跃而成为欧洲人开拓新世界的支点。

"陆地在这里结束,海洋从这里开始。"

一天天,一年年,有的人回来了,有的人消失了。

1443 年,在恩里克王子的指挥下,从罗卡角出发的葡萄牙航海家穿越了西非海岸的博哈多尔角。在此之前,这里是已知世界的尽头。

为了这一天,恩里克王子和他的船队已经奋斗了 21 年。

与中国郑和的混合舰队相比,葡萄牙人的两三条帆船微不足道,但是凭着爱冒险的天性、对财富的渴望以及强大的宗教热情,葡萄牙人终于冲破了中世纪欧洲航海界在心理和生理上的极限。

葡萄牙波尔图大学副校长亚当·达·丰塞卡:

"随着海外扩张的继续推进,人们到达了越来越多的海域,于是形成了对'大海洋',即今天的大西洋的全新认识。过去人们认为,'大海洋'仅仅是一个沿海狭长的海域,现在他们发现,这个'大海洋'比他们想象的大得多,它同时向南、向西无限地延伸。"

随着葡萄牙人沿着非洲西海岸一路向南,源源不断的黄金、象牙以及非洲胡椒涌入里斯本,充满了葡萄牙的国库。

幸运的是,就在葡萄牙大张旗鼓地进行海洋探索并从中获利的近一个世纪里,欧洲的其他地区还在中世纪的封闭中明争暗斗:

英格兰和法兰西还没有形成统一的民族国家,贵族之间战争不断;

德意志土地上大大小小的几百个邦国在进行着远交近攻的游戏;

意大利的城邦正享受着传统贸易带来的最后一段美好时光;

而葡萄牙的邻国西班牙还在为光复国土而战。

到 1460 年,被葡萄牙绘在地图上的非洲西海岸已经达到了 4 000 千米。就在这一年,恩里克去世,这个终身未婚,在萨格里什苦修了 45 年的圣徒又回到了父母的身边。

恩里克虽然一生从未亲自出海远航,却无愧于"航海家"的称谓,因为欧洲航海界所有载入史册的伟大发现,都是以他倾一生之力组织实施的航海计划作为起点的。

公元1487年8月，恩里克去世27年之后，葡萄牙航海事业的继承者若昂二世国王，派迪亚士率三艘帆船继续沿大西洋南下。

航行半年后，船队突然遭遇了一次罕见的风暴。在被风暴裹挟、被动地向东南方漂泊了13个昼夜之后，迪亚士命令船队掉头北上，这时他意外地发现：船队已经绕过了非洲的最南端。为纪念这次九死一生的传奇经历，迪亚士给这个海角取名"风暴角"。

但若昂二世却郑重地将这个名字改为"好望角"。现在，只要再努一把力，葡萄牙人就能到达梦寐以求的东方。商路即将打通，意味着财富的香料贸易很快就要掌握在葡萄牙人的手中了。

然而，就在这个时候，葡萄牙遭遇了一个强大的对手，那就是刚刚统一的邻国西班牙。那么，西班牙将凭借什么和葡萄牙竞争呢？

格拉纳达是今天西班牙境内最具有伊斯兰风情的城市，伊斯兰建筑的经典之作阿尔汉布拉宫经历无数次的火灾与兵难，仍然优雅端庄。

五百多年前，西班牙光复运动的最后一仗就在这里进行。1490年春天，西班牙的伊莎贝尔女王率领十万大军包围了格拉纳达。

西班牙军事史学家佩尼亚兰达·阿尔瓦尔：

"西班牙王国的重建，很大程度上要归功于收复失地的战争，这场战争持续了整整八个世纪。到15世纪，格拉纳达王国还处于穆斯林信徒摩尔人的统治之下。"

在格拉纳达对面的那座石头城堡里，伊莎贝尔女王亲自督战。这位女王平素一身洁白，每天要沐浴更衣四次，美貌曾惊艳欧洲王室。但此次她发下重誓：不夺取格拉纳达决不脱下自己的战袍。

1492年1月2日，在西班牙军队的猛烈攻击下，摩尔人弃城投降。长达八个世纪的战争宣告结束。伊莎贝尔女王亲吻了格拉纳达的土地，与她丈夫费尔南德国王一起进入阿尔汉布拉宫。

而就在西班牙的统一刚刚完成的时候，历史给西班牙送来了一个千载难逢的机遇。

随着女王进入格拉纳达的队伍中，有一位等待女王召见的热那亚人，他就是后来名动天下的克里斯托夫·哥伦布。

从当时已经普遍传播的地圆学说中，哥伦布产生了一个想法，那就是：向西走也能到达东方。哥伦布相信，他的航海计划能很快将欧洲人带到东方，但是在此前的六年中，哥伦布在葡萄牙却一直遭受冷遇。

西班牙古铁雷斯梅利亚多将军大学学院副院长阿梅利戈·阿兰戈：

"若昂二世没有接受哥伦布的建议，是因为葡萄牙的航海策略主要是越过好望角，经过非洲再向东，寻求新的航路到达亚洲，从而和印度进行贸易。"

航海知识丰富的葡萄牙专家们认为：向西航行到达东方的实际距离，将远远超过哥伦布的预测。但正是葡萄牙专家这个正确的判断，使葡萄牙王国丧失了一次历史的机遇。

1492年1月，刚刚完成统一大业的伊莎贝尔女王第三次召见了哥伦布。

葡萄牙依靠海权的迅速崛起，让整个欧洲嫉妒得红了眼，但财力、物力和人才的缺乏使所有的国王、贵族、商人们望而却步。雄心勃勃的伊莎贝尔女王用23年的时间缔造了统一的西班牙，现在，她开始成为西班牙远洋探险的总赞助人。

西班牙古铁雷斯梅利亚多将军大学学院教授阿尔达·梅西亚斯：

"只有统一的国家才有足够的实力和决心，来资助哥伦布这样一场伟大的航行，这也充分展示了当时欧洲封建强国的力量和决心。"

哥伦布与西班牙王室的谈判进行了三个月。

出生在布商家庭的哥伦布，从小就耳濡目染讨价还价的商业行为，在葡萄牙的八年航海经历又给了他提高价码的理由，哥伦布理直气壮地为自己争取足够的权益。

而女王也并不认为与一个普通百姓坐下来讨论利益分配的问题有什么不妥。

西班牙国立远程教育大学教授马丁内斯·萧：

"对于殖民地的占领，虽然是由探险者完成的，但是其基础在于同王室签订的合同和条约。这就好像在合唱中当头的是领唱一样，得到的殖民地由探险者进行殖民，但是殖民地的主权还是属于王室的。"

1492 年 4 月 17 日，双方签订协议，国家的意志同航海家的愿望最终结合在了一起。

哥伦布被任命为发现地的统帅，可以获得发现地所得财富和商品的十分之一，并一概免税；对于以后驶往这一属地的船只，哥伦布可以收取其利润的八分之一。

8 月 3 日，带着女王授予的海军大元帅的任命状，哥伦布登上甲板，对女王资助给他的三艘帆船下达了出航的命令。

向西，再向西，帆船驶入了大西洋的腹地。

为了减少船员们因离陆地太远而产生的恐惧，哥伦布偷偷调整计程工具，每天都少报一些航行里数。但即便如此，两个月后，一无所获的船队依然走到了崩溃的边缘。

10 月 10 日，不安和激愤的船员们声称继续西行就将叛乱。激烈争论后，哥伦布提议：再走三天，三天后如果还看不见陆地，船队就返航。

西班牙国立远程教育大学教授马丁内斯·萧：

"他这么做无疑是十分明智的，因为仅仅在这次骚乱三天之后，曾经反对他的水手就在桅杆上高喊'陆地！'这一天是 1492 年 10 月 12 日。"

英雄就在这一刻诞生了！

哥伦布和他的船员看到的陆地，就是今天位于北美洲的巴哈马群岛。从那一天起，割裂的世界开始连接在一起。

虽然哥伦布至死都认为他到达了印度，但事实上，他到达的既不是中国，也不是印度，而是一块欧洲人从来都不知晓的新大陆。

因为哥伦布的误判，这块土地上的原住民拥有了一个同他们毫不相干的名字——印第安人，直到今天，我们还感觉他们仿佛是亚洲的远方亲戚。

就在哥伦布出发的这一年，人类最早的地球仪制作完成了，在这个地球仪上，属于美洲大陆的这个位置还是一片大海。

西班牙人成功的消息震动了整个欧洲。这一天——10 月 12 日，后来被定为西班牙的国庆日。

欢迎仪式十分热烈，伊莎贝尔女王兑现了向哥伦布允诺的所有物质和精神奖励。哥伦布在六个印第安人的簇拥下，举着五彩斑斓的鹦鹉招摇过市。

但最早看到哥伦布凯旋的并不是西班牙女王伊莎贝尔，而是曾经拒绝了哥伦布的葡萄牙国王若昂二世。哥伦布返航时首先到达里斯本，若昂二世专门接见了他。

半信半疑的若昂二世拿来一碗干豆子，让哥伦布带来的印第安人在桌子上摆出新世界的模样。这个地理游戏后来让他暗自捶胸顿足:"见识短浅的人啊,我为什么让这样重要的大事溜走了呢?"

一切已经无可挽回,未知世界才刚刚浮出海平面,竞争就已经摆在两个毗邻的航海大国面前,谁将拥有未来世界的发现权呢?

葡萄牙历史学家 J. H. 萨拉依瓦:

"在那个时代,关于大海的理论(研究者)认为,大海不是开放的。人们都认为大海属于它的发现者,毫无疑问,是葡萄牙人发现了它。"

经过近一年时间的谈判,1494 年 6 月 7 日,在罗马教皇的主持下,葡萄牙和西班牙在里斯本郊外的小镇签署条约:在地球上画一条线,然后像切西瓜一样把地球一分两半。葡萄牙拿走了东方,西班牙把美洲抱在了怀里。

从当时绘制的油画上看,讨价还价的过程异常激烈。但事实上,精确的计算并没有太大的意义,因为无论是葡萄牙人还是西班牙人,与欧洲以外的大陆才刚刚有了一点点接触,还没有人准确地知道这个地球究竟有多大。

西班牙古铁雷斯梅利亚多将军大学学院院长伊西德罗·穆尼奥兹:

"这个条约在西方文明中产生的意义在于,确立了大国瓜分殖民地的先例,这一趋势在后来的柏林条约中达到了顶峰。欧洲各国坐在一起将全世界已知和未知的地方全都加以分配,形成了当今世界格局的雏形。我们可以说,西方世界开始全球扩张始于这个条约。"

游戏规则已经制定,接下来的事情就是看谁的行动更迅速了。

1498 年 5 月,葡萄牙航海家达·伽马率领的船队终于抵达印度的卡利卡特港,这也正是七十年前郑和下西洋时,展示天国德威的地方。

与郑和不同,葡萄牙人这次带来的不只是友好的问候,当印度人问他们到来的目的时,达·伽马很简练地回答说:"基督徒,香料。"这正是葡萄牙孜孜以求的目的,经过近一个世纪的艰难探索,恩里克王子的愿望终于变成了现实,欧洲航海家几十年知识和勇气的积累开始转化为耀眼的财富。

面对葡萄牙在东方的成功,西班牙再次出发。

1519 年 9 月 20 日,又一个被葡萄牙冷落的航海家麦哲伦,带着 5 艘船和 265 名船员,开始了人类历史上第一次环绕地球的航行。

这无疑是一次划时代的壮举,它的意义甚至可以和人类离开地球登上月球相比。所不同的是,当美国宇航员尼尔·阿姆斯特朗小心翼翼地迈出那一步的时候,他知道全世界至少有七亿人正在为他喝彩。

但 450 年前的麦哲伦却没有那么幸运。在历经 1 080 个日夜,17 000 千米的航程之后,1521 年 9 月 5 日,在宏伟的教堂里,18 位环绕地球的幸存者手擎点亮的蜡烛,为在这次史诗般的伟大航行中死去的勇士祈祷,其中包括他们在菲律宾被杀的船长麦哲伦。

18 盏烛光是那么微弱,但它照亮的却是人类文明的进程!

现在展现在西欧人眼前的,已不是一个半球的四分之一,而是整个地球了。

地球飞快地旋转,制图员夜以继日地辛勤工作,仍然满足不了人们对修订版地图的需求。地图在潮湿和未着色的时候就被取走,航海家开辟的新航线成为欧洲控制世界的铁链。

在坚船利炮的猛烈攻击下,一个个海上交通战略要点相继成为葡萄牙的囊中之物,正是利用从大西洋到印度洋的五十多个据点,葡萄牙垄断了半个地球的商船航线。在 16 世纪初的前五年中,葡萄牙的香料交易量从 22 万英镑①迅速上升到 230 万英镑,成为当时的海上贸易第一强国。

与葡萄牙在东方的收获相比,西班牙在美洲大陆上的掠夺更加直接。

据统计,从 1502 年到 1660 年,西班牙从美洲得到 18 600 吨注册白银和 200 吨注册黄金。到 16 世纪末,世界金银总产量的 83% 被西班牙占有。

与欧洲人的扩张相伴随的,却是美洲两大文明中心的悲歌。到 1570 年,战争屠杀和欧洲传来的流行病,使墨西哥地区的人口从 2 500 万下降到 265 万,秘鲁的人口由 900 万下降到了 130 万。美洲大陆的原住民印第安人的人口总数急剧减少了 90%。

葡萄牙新里斯本大学教授安东尼奥·欧西门:

"当葡萄牙和西班牙的王室联合起来时,就是在葡萄牙的菲利普一世或者是西班牙的菲利普二世统治期间,据说菲利普王国的太阳从来不降落,因为葡萄牙和西班牙国王的版图到达了整个世界,从墨西哥到菲律宾、中国、印度和非洲。"

在欧洲,西班牙统治着近一半的天主教世界;在亚洲,它征服了菲律宾;而除巴西以外的美洲都归西班牙所有。葡萄牙的殖民地遍布非洲、巴西以及环大西洋、印度洋航线的岛屿。

伊比利亚半岛创造了神话般的奇迹,这奇迹会不会也像神话故事那样,见首不见尾,缥缈不定,来去匆匆呢?

在马德里唯一一个以国家名字命名的广场——西班牙广场,西班牙的骄傲——作家塞万提斯的纪念碑赫然矗立在正中央。每一个走近塞万提斯的人,都忍不住要用手摸一下骑着瘦马的堂吉诃德和紧随其后的仆人桑丘。

西班牙古铁雷斯梅利亚多将军大学学院院长伊西德罗·穆尼奥兹:

"塞万提斯生前出版了许多书,他的戏剧作品在当时也大受欢迎。但是,他年老时过着穷困潦倒的生活,他所认识的那些大人物都没有给他足够的生活资助,以致他死的时候仍然十分贫困。"

塞万提斯的命运,在有意无意间折射了伊比利亚半岛的荣辱兴衰。

在强大的王权和狂热的宗教信仰的支撑下,伊比利亚半岛征服了海洋、获得了世界。但是,像潮水一样涌入的财富,几乎都用来支撑为宗教信仰,为殖民扩张而进行的战争,而没有用来发展真正能够让国家富强起来的工商业。势力强大的王公贵族不愿意看到工商业的发展导致新兴势力的崛起,他们甚至荒唐地把数以万计的从事工商业的外国人,从自己的国土上赶走了。

西班牙国立远程教育大学主讲教授马丁内斯·萧:

"西班牙渐渐习惯了不去投资本国的工业,而转身购买国外昂贵的商品。久而久之,国内的工业极度萎缩,而货币又急剧贬值,人们却还沉迷于消费。"

原葡萄牙航海纪念委员会主席若尔金·麦哲伦:

"我们知道,一个机构极有可能因为没有能力做出改变而'死亡'。葡萄牙和西班牙在殖民扩张时期就出现了这种情况,最终因为不能做出改变而衰落。"

---

① 英镑,英国货币单位名称,1 英镑≈8.4 人民币。

罗卡角的太阳缓缓落下,这是欧洲大陆的最后一抹阳光。

到16世纪下半叶,曾经拥有难以计数的金银和无比强大的国家机器的伊比利亚半岛,在世界性的演出中开始谢幕。流水一般涌入的财富又像水一样流走了,除了奢侈的社会风气,没有留下像样的产业,老百姓甚至也没有获得像样的衣、食、住、行。

或许,沉醉于中世纪英雄梦想的堂吉诃德至死都不明白,他的盾牌掩护的是一个旧世界,他的长矛刺向的是一个新世界,其结局只能是不断重复的无奈和失败!

2. 海权论

艾尔弗雷德·塞耶·马汉(Alfred Thayer Mahan,1840—1914)是美国海军学院院长、海军少将、历史学家和军事理论家。他以历史学家的理性和军事学家的智慧深入研究了17世纪60年代到20世纪初期的世界海洋战争,写成了《海权对历史的影响(1660—1783)》等书,正式提出被西方资产阶级奉为经典的"海权"理论。这一理论成为推动19世纪末及20世纪初美国海外扩张的理论基础,并为以后美国历届政府推行对外政策和制订战争计划、谋求世界霸权地位产生了重要影响和指导作用。

马汉通过对近代欧洲海上争霸史,特别是对17世纪和18世纪英国崛起的历史进行研究后,首次明确提出:"自有史以来,海权都是统治世界的决定性因素,任何国家要称霸世界,并在国内达到最大限度的繁荣与安全,控制海权为首要之务。"

他认为,海洋是世界各国的共同财富。从战略角度看,海洋的商业利用价值与军事控制价值是不可分割的。海洋的主要航线能带来大量商业利益,因此必须有强大的舰队确保制海权,以及足够的商船与港口来利用此利益;从权力基础来看,马汉认为一国海权的发展受地理位置、自然结构、领土范围、人口数量、民族特征、政府性质等六项基本因素的影响。

马汉强调海洋军事安全的价值,认为海洋可保护国家免于在本土交战,而制海权对战争的影响比陆军更大。他非常重视海战的作用,认为制海权只有同敌国海军进行大规模决战才能真正获得。他认为海上交通线是支持海上作战的生命线,能否保持稳定的交通运输,对于海战的胜负起着重要作用,是不容忽视的因素。他主张美国应建立强大的远洋舰队,控制加勒比海、中美洲地峡附近的水域,进一步控制其他海洋,再与列强共同利用东南亚与中国的海洋利益。

马汉同其他人一样,其言论充满着强烈的帝国扩张主义色彩,直接为美国国家利益及战略考虑服务。他认为,美国强大的经济实力应该同占领国外市场的机会相结合,美国的剩余产品要跨越新的"边疆"——海洋——寻求市场,这种经济扩张过程必然会导致国家间冲突甚至战争,因此美国应该拥有强大的海军作为其海外扩张的保证。

他的"海权"理论顺应并推动了美国国内谋求占领海外经济市场,寻找商业机会的扩张战略的需要。美国前总统西奥多·罗斯福控制中美洲的"巨棒政策",就是以马汉理论为基础的。直到冷战结束后,美国在亚太地区的部署都以马汉理论为指导。

马汉的海权论对日后各国政府的政策影响甚大,西方各国纷纷传播,奉为珍宝。它对英国海军后来的改组与强化起到了巨大的推动作用,也直接刺激了德国和日本扩建海军的计划。马汉的海权论在世界各国传播的同时,也经过日本传到了中国,对中国产生了一定的影响,促使中国人形成了自己初步的海权思想,但是其对国人的影响并不大,原因如下。

其一,由于晚清时期,经由留学生群体翻译的海权论不完整、不准确,导致中国人的认识水平普遍较低。

其二，关于海权论的讨论主要集中在少数知识分子、海外留学生和为数不多的官员之间，只是在一些精英阶层中循环传播，而清廷统治者及大多数官员并没有接触这一理论。因此，马汉的海权论并没有在中国普及。

其三，晚清海权论传入中国的时机，恰是清政府处于风雨摇曳之中，变法、革命，各种矛盾错综复杂，清政府此时的重点在于如何消弭社会矛盾，苟延残喘，自然没有时间、精力和兴趣来关心制海权和装备海军之类的问题。

第四，根据海权理论来重建中国海军，需要大量的经费，而这对于当时几经赔款、囊中羞涩的清政府来说，始终是一个巨大的障碍。

因此，晚清政府并没有将海权论用于指导海军建设。国内高涨的革命形势令国人应接不暇，人们对海权论的热情很快就被政治改革的热情所替代。

3.观人类进步，看国家兴衰，思航海贡献，启兴邦之道

人类居住的地球，71%的面积被海洋所覆盖。中国内海和边海水域面积约470万平方千米。航海对中国和世界意味着什么，价值在哪里？

15世纪初，郑和航海是一次大规模向海外传播友谊和中华文明的和平之旅，也是中国海军史上和平运用舰队的成功范例，展示了中国"强不执弱、富不辱贫、讲信修睦、协和万邦"的和谐精神。历经世纪轮回，今天来回望郑和的和平航海，它彰显的是人类良知与理性的本能。

六百年后，每年的7月11日成了中国的航海日。

其实，早在20世纪，美国、英国、日本、印度、澳大利亚、西班牙等国都先后设立了自己的航海节日。

为什么世界众多航海国家都纷纷设立航海节日？为什么这些国家都如此重视航海？航海对这些国家的经济发展起到什么作用？航海对于人类文明进步具有怎样的意义？

(1)航海启迪了人类早期文明

世界四大文明发祥地都傍河面海；

面临大西洋和地中海的尼罗河流域，诞生了古埃及文明；

面临印度洋的恒河、印度河流域诞生了古印度文明；

面临地中海的幼发拉底河、底格里斯河流域诞生了苏美尔和巴比伦文明；

面临太平洋的长江、黄河流域诞生了中华文明。

大海孕育了人类的生命，也孕育了人类的文明，世界文明的四大摇篮都傍河面海，这绝非偶然，它揭示了人类文明是在与水逐步相融的过程中发展的。

在很长的一段时期内，人类并不知道大海的另一端其他居民的存在，都以为自己是世界的中心。

那么，人类航海历史始自何时？

我国发现最早的航海文物是浙江萧山跨湖桥新石器时代遗址中的"中华第一船"，距今已有约8 000年的历史。

1973年，浙江余姚，出土了六只木质桨和一具夹炭黑陶质独木舟模型，这就是距今约7 000年的"河姆渡文化"的杰作。《易经》上已有了"刳木为舟，剡木为楫"的文字记载。

河南安阳殷墟出土的鲸鱼骨、象牙、海贝等文物,证实了早在 3 000 多年前的商代,人们就已经通过航海进行着商品交换。

大量史实揭示了中华民族航海历史的久远。

人们不禁要问,在那个时代,地球上其他地方的人们在做什么呢?

在一件由埃及出土的公元前四千年的陶器上,人们发现了帆船的图像,船的前端突出向上弯曲,船的前部有一个小方帆,这说明至少在距今 6 000 年前,埃及人已经在驾驶帆船航行了。

在欧洲,公元前 2 600 年,腓尼基人驾驶三艘双层划桨船从埃及出发,用三年时间环绕非洲进行海上贸易活动。

公元前 2 000 年,腓尼基人逐渐弃农从商,驾船驶往非洲买卖商品和奴隶。

到了公元后的汉唐时期,中国已经打通了远航东南亚和非洲的海上丝绸之路。

《汉书·地理志》中详细记载了船队由广东徐闻、广西合浦出发,到越南、印度的航线和日程。

宋朝将指南针用于航海,使用磁罗盘导航。中国对人类航海发展做出了历史性的巨大贡献。

(2)航海造就了人类今天的繁荣

公元 15 世纪以前,人类航海知识量的积累到达了质变的前夕。

以 1405 年郑和下西洋为起始,历史学家把 15 世纪称为"地理大发现"的世纪,大航海是人类历史发展的里程碑。

在郑和船队先后七次远航,向西洋各国宣示浩荡皇威之后,中国再也没有组织船队下西洋。而远在欧洲濒临大西洋的葡萄牙和西班牙,却开始了对海洋的征服。

欧洲国家敏锐地认识到赢得海洋比赢得陆地更为重要。

从美洲大陆被发现,到葡萄牙人绕过好望角,打通了欧亚海上的直接交通,再到麦哲伦的环球之旅,海洋的地位越来越重要。

1642 年,荷兰人塔斯曼驶达了澳大利亚和新西兰。

1728 年,俄国雇用丹麦人白令,穿过亚洲和美洲之间的海峡,到达了北冰洋,"白令海峡"由此得名。

至此,历时三个世纪的地理大发现终告一段落。

航海使人们对自己居住的地球终于有了比较完整的认识。

当人类认识到世界是一个整体之日,也就是全球化的开端之时。

全球意识被唤醒后,生产力的发展如火山迸发,喷薄而出!

让我们来看看航海是如何使整个世界发生了始料难及的巨大变化。

美国学者马汉认为:"所有帝国的兴衰,决定的因素在于是否控制了海洋。为了实现海上利益,各国都采取强化军事。航海、战舰得到飞速发展,并由此带动造船业的发展。"

造船工业的发达,刺激了航海大国控制海洋的欲望,他们懂得控制了海洋就控制了资源和海外市场,就可以获取更大的利益。

为了争夺海上霸权,1588 年 8 月,西班牙出动了 130 艘战舰 3 万余人,与英国在英吉利海峡进行了一场历时 2 个月,空前激烈的大海战。此次海战,西班牙"无敌舰队"几乎全军覆没。从此西班牙急剧衰落,"海上霸主"的地位被英国取而代之。

航海促进了人类科学的发展,使得天文学、地理学和包括海洋潮汐、潮流、水底地形、海道水深、季风、波浪、风暴在内的海洋气象学及海洋地理学得以快速发展。而这些学科的发展对陆上的工农业生产、人们的生活都产生了多方面的积极影响。

1831年,英国"贝格尔"号海军勘探船进行为时5年的环球考察,使得一本具有划时代意义的巨著诞生,它就是《物种起源》。这本书揭示了生物进化的奥秘,书的作者叫作达尔文。这是向神学的挑战,它对后世自然科学和人文社会科学的影响巨大,为西方思想解放打开了一扇窗。

1872年,美国皇家学会"挑战者"号进行历时3年5个月的环球考察,开创了人类有系统、有目标进行海洋科学考察的先河,为海洋物理学、海洋化学、海洋生物学和海洋地质学的建立奠定了基础。

在航海中,人们逐步掌握了海洋中鱼群的分布规律和洄游规律,推进了渔业的大发展。

资本主义发展需要资本积累,资本的积累必须通过商品生产和交换来实现。

持续的海外扩张和殖民贸易,使市场对商品有着黑洞般的需求。以纺织为龙头的手工作坊被机器和工厂所代替,生产力得以飞速发展。纺织业撬动了其他行业,进而引发了工业革命。人类也由此开启了工业化之门。

由于航海对资金的大量需求,富有创造精神的荷兰人采取向社会融资的方式,从此出现了股票,并组成世界上第一个股份公司——"荷兰东印度公司"。奇怪的是,这个公司连续十年不分红利,却能够被投资者所接受,原来荷兰人同时还创造了一种新的资本流转体制——1609年,世界上第一个股票交易所在阿姆斯特丹诞生。

当大量的金银货币以空前的速度循环流通时,新的问题出现了:大量的资金如何融通?于是,银行以崭新的形式登上了历史舞台。

航海是个高利润同时又是高风险的行业,只有分担风险,航海业才能持续地发展。如此,一个以承诺分担航海风险并以此获取利润的新行业——保险业应运而生。

市场的需要将股份、银行、保险、证券交易和有限责任公司、期货、海关、检验检疫等有机组合在一起,成为今天世界经济制度基础元素的雏形。

市场经济以诚信为本。1596年,荷兰货船船长巴伦支带领17名水手,从欧洲北部前往亚洲。在通过北极圈时,船被冻在海上,他们被迫困守了8个月,有8名船员丧生。虽然打开船舱就有可以挽救生命的衣物和药品,但他们却丝毫未动。第二年解冻后,货船重新起航,最终将货物完整地送到委托人手中。巴伦支和水手们以生命作代价,守望信誉。荷兰人信守合同、契约、信誉、承诺的价值观逐渐被世界广泛推崇并接受,国际社会形成了以诚信为本的经商法则。为了纪念这位了不起的船长,那片海域也因此被命名为"巴伦支海"。

马克思在谈到航海对世界发展的作用时说:"美洲的发现,绕过非洲的航行,给新兴的资产阶级开辟了新天地。东印度和中国的市场、美洲的殖民化、对殖民地的贸易、交换手段和一般商品的增加,使商业、航海业和工业空前高涨,因而使正在崩溃的封建社会内部的革命因素迅速发展。"

航海加速了封建社会的瓦解,催生了新兴资产阶级,将人类社会推上了高速发展并永不停息的轨道。

航海铸就了一种不畏艰险、勇于探索、敢于拼搏的无畏精神,一种拥抱大海的开放精神,这是人类宝贵的精神财富。

一条逻辑线路非常清晰:世界大航海导致了地理大发现,从而使知识得以大拓展,进而促进了贸易的大发展,文化也因此得到大交流,并推动了人类的大交融,于是终于有了今天的繁荣世界。

航海对人类经济、社会、政治和文化发展的贡献,无论怎样评价都不为过分。

(3)面向海洋,走兴海富国之路

随着航海事业的发展,航海的内涵也不断丰富。进入21世纪,现代航海已涵盖了交通航海、科考航海、工程航海、渔业航海、军事航海、执法航海、竞技航海、旅游休闲航海等诸多领域,是一个国家科技和综合实力的体现。

海洋是人类能源、矿物、食物和淡水的战略资源基地,是可持续发展的宝贵财富和最后空间。

当今的航海更是世界经济一体化的重要基础,整个现代文明就是建立在"分工"的基础上的,而"交换"是"分工"的前提。成本低廉的航海使全球范围的大分工和大交换成为可能,航海无争议地成为世界经济一体化的重要基础和前提。当今世界贸易量的90%是由航运承担的,有了航海才有世界范围内的原材料采集和产品销售,才有全球经济一体化。

没有海洋就没有人类的生命,没有航海就没有今天的世界文明。

回顾历史,我们看到面向海洋和背对海洋两种不同的选择,导致了国力强弱两种结局。

打开世界地图可以看到,15世纪后期,发达国家多具有一个共同的特点,那就是都濒临大海,向海而兴。大航海造就了早期强国,葡萄牙、西班牙、荷兰、英国、法国、德国、日本、俄罗斯、美国等依次崛起。

中国共产党第十一届三中全会做出改革开放的决定后,中国再一次拥抱海洋,这次是全方位的拥抱。

一旦面向大海,中国即以令世界难以置信的速度发展,创造了令世界叹服的奇迹。我们坚信,中国成为航海强国之时,必定是中华民族实现伟大复兴之日!

专题2　中国与航海

1.古代中国航海的辉煌

古代中国航海历史非常悠久。

距今7 000年前的新石器时代晚期,中华民族的祖先已能用火与石斧"刳舟剡楫"。

中国浙江余姚市的河姆渡遗址出土了五支木桨,其中一支残长为62.4厘米,残宽为10.8厘米;另一支残长为92厘米,残宽为9厘米。经碳14测定,五支木桨距今年代为7 000年左右,属母系氏族社会遗物。同层出土的还有近百种动植物和带有榫卯和企口板结构的房屋建筑所用的木料遗存,还有炭化稻粒等。这些证明渔猎和采集在当时的经济生活中,仍然起着十分重要的辅助作用。

河姆渡遗址位于杭州湾以南的宁绍平原,姚江从遗址的西部和南部流过,南为四明山,与河姆渡隔江相望。遗址海拔仅3~4米,在古代可能是一片汪洋或低洼的沼泽地。值得特别注意的是,在出土木桨的桨柄与桨叶结合处,刻有弦纹和斜线纹图饰。由此证明,雕工如此精细的木桨,绝不是最原始的,当有一个漫长的发展和演化过程。那么原始木桨的出现应当更早一些,可能在8 000年前左右(《中国水运史》第1章中就做了大胆的推论)。

无独有偶,同样是在浙江杭州,在萧山跨湖桥新石器遗址,又出土了一只独木舟。经碳14测定,这只木舟距今7 500—8 000年,这恰与《中国水运史》中的推断相吻合。应当说这是一个惊人的发现,是迄今在中国发掘到的一只最早的独木舟。

关于"中国人发现美洲"之说,法国汉学家提出,元朝文献中的"扶桑国"就是墨西哥;据说距今15个世纪以前,中国和尚慧深到过加拿大,这比郑和早了近千年;从美洲海底发现的石锚和陆上发现的土墩文化,到秘鲁的虎神石雕和墨西哥出土文物上的象形文字,都引发过"殷人东渡"的推论,说明3000年前中国殷人就曾跨越太平洋到达美洲……所有这些种说法还都只是推论,缺乏确凿证据。至于"哥伦布发现新大陆",长期以来也一直存在非议:有学者说在哥伦布之前到过美洲的也不光是中国人,比如北欧的维京人据说在11世纪初就到过加拿大。应该说,美洲原就有土著居民,无须谁去"发现";西方语汇里的"发现",指的是西方人开始"开发"美洲。即便证明了中国人早就到达了美洲,也不能改变这片"新大陆"是欧洲人,具体说是哥伦布到达后才开发的事实。

有趣的是:为什么总有这种声音,而且是来自海外的声音,说中国人早就到过美洲?其原因应该是在于历史上中国举世瞩目的文明。

古代中国的航海技术长期领先。

早在3世纪,孙吴的海上商船就长达60米,孙权曾派遣康泰、朱应率庞大的船队穿越南海出使扶南,也曾派卫温、诸葛直率万余人的舰队到达夷州。

12世纪与13世纪之交,南宋水师控制了福建到日本与高丽之间的东海,船只多达6 000艘,并曾在山东半岛外海击败了金国的大舰队。

13世纪,元朝的海船比宋朝时更加壮观,马可波罗到泉州港时就看傻了眼。

15世纪以前,能够在世界大洋作大规模航行的,确实只有中国。特别是明朝的航海优势,是中国航海技术的继承和发展。

诚如李约瑟所说:"约公元1420年,明代的水师在历史上可能比任何其他亚洲国家的任何时代都出色,甚至较同时代的任何欧洲国家,乃至于所有欧洲国家联合起来,都不是对手。"

想象一下六百年前,郑和率两万多人,三百多艘船的巨型船队,领队的宝船长逾百米,至今还是最大的木质船,一旦出现在大洋岛国,怎不令人目瞪口呆,惊以为奇迹天降?种种的历史记载,展示出古代中国的海上优势;海外的出土文物,也不时发现中国古代航海远征的踪迹……

（1）海上明月

现代世界的雏形,是从什么时候开始出现的呢?

越来越多的考古事实证明,它比哥伦布的时代要早得多。在距今800年前的宋元时期,东西方已经被一条繁荣的海上通道紧密联系在一起。

在这条通道上往来的,并不仅仅是丝绸、瓷器、香料和贵重金属,更重要的是,它还传递着科学技术、市场观念、宗教平等、尊重法律,以及通过金融手段管制国家等思想意识……

一句话,我们今天熟悉的许多东西,那时,已经浮现在海平面上。

①富国强兵

开封,北宋的都城。龙亭位于城市的正中央,它是这座伟大都城为数不多的遗迹。

公元1068年7月,皇帝、士大夫,甚至平民百姓都在翘首企盼着一个人的到来。街坊间流传着这样一句话:"介甫不起则已,起则太平可立至。"

介甫,是翰林学士王安石的字。

此前的十多年,他一直呼吁变法,可惜他的主张没有引起皇帝的兴趣。先皇驾崩,他的儿子,18岁的神宗皇帝立刻召见王安石。

神宗不能不急,继位3天,他视察了国库。令他大吃一惊的是:"百年之积,唯存空簿。"一百多年积攒的财富,已经消耗殆尽!

和历朝历代一样,宋朝的主要威胁一直来自北方的游牧民族。当时,在中国版图上和北宋并存的政权有三个:辽、西夏和吐蕃。在这种背景下,宋朝的前四位皇帝连年用兵。但是,战争的结局往往以失败告终。

为了安全,宋朝不得不保持庞大的常备军,养兵再加上巨额战争赔款——岁币,使得宋朝国库空虚。

要摆脱"内忧外患",神宗皇帝和王安石寄希望于变法。变法的目的,就是通过富国达到强兵。那么,如何富国呢?

简单地说就是,以金融管制的方法来操纵国事。

以金融管制的方式操纵国事,在当今世界并不罕见。但是,九百多年前,这样的事情可谓开天辟地头一遭。

那么,为什么北宋的官员们会有这样的念头呢?

北宋时,中国可以说是世界上最大,也是最发达的经济体。宋朝是中国历史上第一个不抑商的朝代,城市化水平很高,商品经济空前繁荣。

在宋神宗毫无保留的支持下，王安石开始强力推行新法。

在新法中，海外贸易被赋予了相当重要的地位。宋神宗曾说过："东南利国之大，舶商亦居其一焉……"他要求臣下"创法讲求"，以期"岁获厚利，兼使外藩辐辏中国……"

1080 年，宋元丰三年，朝廷在外贸重镇——广州，率先施行了《广州市舶条》，这是中国历史上第一个航海贸易法规。

即便如此，并不是人人都满意新法。变法之初，王安石就曾和另一位朝廷重臣——司马光发生过争论。

司马光认为：天地所生货财是一个定数，不在民间就在国家，所谓善理财者，不过是将民间的财富聚敛到了国家。

王安石反驳说："真正善理财者，民不加赋而国用饶。"

《梦溪笔谈》的作者沈括，是变法的倡导者。为此，他曾专门给宋神宗解释，通过加快货币周转，来增加社会财富的道理。

围绕"变法"，统治阶层分裂成了"新""旧"两派，斗争愈演愈烈。北宋的国策，就在这种争斗中摇摆不定。

靖康元年(1126 年)，女真铁骑兵临城下。应验了他们之前对宋朝使臣所言："待汝家议论定时，我已渡河矣。"

"靖康之变"是一个王朝的结束，同时，它也是一种前所未有的新局面的开始。

②海洋帝国

1129 年，中国农历己酉年。南宋王朝的命运正漂浮在这片海面上。

金朝军队在兀术的率领下，追击立足未稳的南宋政权。为了避敌，从台州入海，大约有半年的时间，宋高宗的御船就在温州一带徘徊。

1130 年正月十六，宁波港外波涛汹涌。

晕船，首先减弱了金朝士兵的战斗力。接着，他们迎头碰上了严阵以待的南宋水师。

这支水师，可以说是当时世界上最强大的海上力量。

四百多年前，在白村江海战中，唐朝水军凭借坚船利器，击溃十倍于己的日本舰队，确立了唐朝在东亚地区的中心地位。

发展到宋朝，水师拥有十几种舰艇，其中一种叫"飞虎"的船，已经开始使用螺旋桨推进。装备最好的"福船"，"上平如衡，下侧如刃"易于破浪前进，船上装备了平衡舵、升降舵，在狭窄的海道和多礁石的海区作战游刃有余。

金军一触即溃，仓皇北顾。当兀术准备在镇江渡过长江时，宋将韩世忠率水师从长江口西上，截断了金军退路。

双方在焦山寺外的江面上激战四十日。据说战斗最激烈时，韩世忠的夫人梁氏亲自在焦山寺击鼓助战。最终，南宋的八千水师将十万金军包围在了南京东北七十里①的"黄天荡"。

兀术被围之后，曾提出以财货名马借道的要求，但韩世忠严词拒绝。万般无奈之下，金军花了四十天时间掘开老鹳河古道，狼狈逃回北方。

1161 年 9 月，金朝皇帝完颜亮率数十万大军再次侵宋。

---

① 里，长度计量单位，1 里 = 500 米。

和以往不同,完颜亮将取胜的希望寄托在水师上。他命令七万金朝水师,携战船六百余艘,从山东密州出发,沿海路入钱塘江口,准备直捣南宋的都城——临安。

10月,南宋将领李宝率水师三千,战船一百二十艘,直扑位于山东黄岛的金军水师大本营。在兵力上,南宋和金朝是三千对七万。战船数量是一百二十对六百。

虽然处于绝对劣势,但宋军拥有当时世界上最先进的武器系统:火器。

当欧洲人还在苦练剑术的时候,南宋战船已经装备了弓射火箭、火毯、火蒺藜、霹雳炮、突火枪等诸多火器。

1161年10月27日,世界海军史上第一次使用火药兵器的海战,在中国黄海海域进行。

此后,金朝再也没有能力威胁南宋政权,很大程度上,强大的水师决定了南宋王朝的安危。在中国历史上,这种现象绝无仅有。

摆脱了生死存亡的威胁,南宋必须面对庞大的经济压力。

北方沦丧,使南宋朝廷失去了很大一部分税收。而长江、两淮、川陕之间长达数千千米的边防线上,需要备战、养兵。巨大的国防开支,几乎将南宋财政推向崩溃的边缘。

幸而大量人口南渡,使物产丰富的南方得到了充分的发展。但局促于东南沿海,即使生产出再多的东西,也找不到更大的市场来消化这些产品。立足未稳的南宋朝廷,依然入不敷出。

王朝该如何维持下去呢? 南宋统治者将目光投向了大海。

1955年,从广东的一座东汉墓葬中,出土了一艘陶制的船只模型。专家们推测,它很可能是一艘河海两用船只。

为了验证这种推测,1974年,奥地利人类学家库诺克·诺伯尔按原样复制了这艘船。船只从香港起锚,沿日本海岸向东北漂去,在太平洋中航行了3 000多海里,最终抵达阿拉斯加。

也许就是搭乘这样的船,166年,罗马帝国执政者安东尼派出的使节来到中国。许多学者认为,这是东、西方海上通航的起点。

如果说,在汉、唐时,由于大陆的强盛,海外贸易只是锦上添花的话,那么南宋,却不得不将它视为国家财政的重要来源。

宋高宗赵构曾下诏称:"市舶之利最厚,若措置得当,所得动以百万计,岂不胜取之于民? 朕所以留意于此,庶几可以少宽民力。"

为了鼓励海外贸易,南宋的历代皇帝采取了一系列前所未有的政策。

在朝廷的鼓励下,在利益的驱动下,庞大的商船队扬帆出海。

1974年,在福建泉州出土了一艘宋代船只的残骸。复原之后,九百多年前世界上最大、最坚固、最先进的航海工具展现在人们面前。

"大船可载一千人,内有水手六百人,兵士四百人……"巨大的宋代船舶,给当时来中国旅行的阿拉伯旅行家伊本·白图泰留下了深刻的印象。

而在南宋官员的笔记中,也留下了类似的记录:"一舟数百人,中积一年粮,养豚、酿酒中……"船上不仅能够储藏数百人在海上航行一年所需的粮食,而且还可以养猪、酿酒。

除了船,南宋海外贸易的优势,还在于驾驶这些船的人。

在宋代,航海家们对季风和洋流已经颇为熟悉。在福建泉州的九日山上,今天依然可以看到当时人们记录航海前"祈风"的石刻。

英国学者李约瑟在《中国科技史》中写道："在 11 世纪中,他们在潮汐理论方面一直比欧洲人先进。"

流风所及,甚至宋代的士大夫对于海洋气象、水文知识也不陌生。在《梦溪笔谈》中,记录了四种指南针的装置方法,这提示出另一项先进的航海技术——罗盘导航。

罗盘随着船队一起到达了印度洋,印度和阿拉伯的航海家们如获至宝。接着,欧洲人开始受益。恩格斯曾十分肯定地指出:"中国磁针从阿拉伯人传到欧洲人手中,在 1180 年左右。"

此后,指南针不仅为 15 世纪的地理大发现奠定了基础,而且也拉开了现代世界的帷幕。马克思说过:"罗盘打开了世界市场。"

凭借无可比拟的科技实力,宋代的中国船长们不仅牢牢掌握了环印度洋航运的控制权,而且将贸易航线延伸到了非洲东海岸。

巨大的中国商船,往来于广阔的海洋之上,由此而来的巨额收入,源源不断地流入南宋国库。到 1128 年,海外贸易所得已占居国库收入的 20%。这种现象,在传统中国也是孤例。

自秦汉以来,中国政府的主要收入依赖农业税收,但是在南宋,商业税收首次超过了土地所得。

一些历史学家认为,南宋是当时世界上最发达的经济体,而它放射出的光芒,沿着海路,逐渐辐射到整个亚洲。

中国,不仅和整个东半球的贸易伙伴交换着商品,也将最先进的科学、技术、工艺,传播到不同的港口、城市和村庄。建立在商品经济之上的现代世界的雏形,呼之欲出。

是什么力量,最终推动了它的成型呢?

1279 年 4 月,一千艘南宋战舰在广东崖山外的海面上结成庞大的阵列。决定王朝存亡的战争,再次在海面上爆发。

此时,南宋的对手已经从金朝变成了元朝。过去的四年中,这个来自草原的王朝,先灭亡了南宋的老对手西夏、金朝。接着在 1276 年,元朝水师突破长江防线,从钱塘江直抵杭州城下。

仓皇出逃的三位南宋皇子由水师护送入海。漂泊三年之后,最终在广东崖山与追击的元朝水师遭遇。元军的快速分队,在最短时间内断绝了南宋水师的淡水供应,这是决定胜负的关键。接着,元军开始用大炮轰击南宋皇帝的御船。在它的无情轰击下,南宋水师土崩瓦解。

在海上流亡三年的南宋小朝廷灭亡了。

而灭南宋,只是元朝征服史的一部分,成吉思汗的子孙们已经将元朝建造成一个空前庞大的帝国。

③元朝主导的"全球化"

中国人、波斯人、阿拉伯人、俄罗斯人……共同生活在元朝广阔的疆域中,他们语言不同、信仰不同,也承袭了不同的文化传统,如何管理这个前所未有的大帝国呢?

和其他的征服者相比,元朝统治者采取了相当务实的态度。他们不在乎天文学是否符合《圣经》,也不在乎公文是否遵循儒家士大夫的古文传统,更不在乎印刷和绘画是否得到教民们的赞同……

元朝强制性地实行技术、农业和知识的统一标准。1267 年,在阿拉伯学者的帮助下,工匠们为元世祖忽必烈制造出了地球仪,上面绘制着亚洲、欧洲和非洲。

12 年后,在郭守敬的建议下,元朝在全国设置了 27 个天文观测台,最北的测点接近北极圈,而最南的测点在南海。

最初的商业路线就是骑兵的行军路线。但是不久,人们发现虽然军队可以依靠战马在陆上快速穿梭,但数量巨大的货物还是以水运为便。

在元朝,隋唐以来利用大运河运送漕粮的方式,改由海运完成。

海运漕粮,只是元朝海上事业很小的一部分。

1291 年,意大利旅行家马可·波罗有幸目睹了帝国强盛的海上事业。马可·波罗搭乘的船队先后停靠在越南、爪哇、斯里兰卡、印度的港口。每到一处,商人们就会得到大量的货物,如蔗糖、象牙、桂皮和棉花,这些东西在中国还不易出产。从波斯湾起,船队进入了元朝势力以外的地区,商人们携带的中国产品依然大受欢迎。瓷器、茶叶、丝绸,为船队换回了大量的来自阿拉伯半岛、埃及、索马里的货物,以及欧洲的钢材、挂毯、沙金和武器。

帝国变成了一个大"公司"。

新的商品被不断发掘,而旧的商品也被纳入了新的流通体系。从染料、纸张到开心果、爆竹和中药,每一样东西都能找到买主。

在《元史新编》中,中国近代启蒙思想家魏源指出:"元有天下,其疆域之衺,海漕之富,兵力、物力之雄廓,过于汉唐。"来自草原腹地,但不仅不排斥海洋,反而努力沟通陆地和海洋,这是元代世界观的基本特征。

通过海洋,世界被连成一体。中国获得了一种真正意义上的海洋权,而公平的自由贸易是第一原则。相比之下,后来崛起于地中海沿岸的海上霸权显得是那样的狭小和局限。

世界因此而改变,改变它的不仅仅是技术,更重要的是观念。当人们试图用市场来解释世界时,改变就注定要发生了。

帕多瓦,意大利东北部的小城。

在城里的教堂中,保存着一幅绘制于 1306 年的壁画——基督圣袍。令人惊异的是,圣袍在布料和式样上,完全采用了蒙古人的习惯,不但如此,圣袍的金色边纹实际上就是元朝的八思巴文。

和以往相同题材的宗教画不同,披着圣袍的圣母和基督脸上,充溢着人类的情感。正因为如此,很多欧洲的艺术史学者把它看作是欧洲文艺复兴的第一批作品之一。

当这幅画开始绘制时,在欧洲,一部游记开始广为流传,它的作者正是马可·波罗。沿海路回到故乡一年之后,马可波罗口述了这部作品。

1492 年 8 月 3 日,又一位出生在意大利的航海家率领三艘船,踏上了前往中国的航程,他的名字叫哥伦布。

在随身行囊中,哥伦布携带着两本书,一本是《圣经》,另一本是《马可·波罗游记》。

(2)潮起潮落

听起来,这更像一个传奇故事。

公元 1498 年,达·伽马的船队停靠在东非港口马林迪。船队由三艘帆船组成,目的地是印度。作为第一个开辟东方航线的欧洲人,达·伽马向当地居民夸耀了自己的船,然后急不可待地提出了贸易要求。

看着葡萄牙人拿出的小玩意——玻璃珠子、铃铛、珊瑚项链、洗脸盆……非洲人的脸上露出了不屑的表情。

接下来,村中的长老向达·伽马展示了精致的丝绸、瓷器和一顶镶着金边的乌纱帽。他告诉目瞪口呆的葡萄牙人,在很久很久以前,曾经有人驾着数不清的大船,到访过他们的海岸。那些船很大,葡萄牙人的船看上去像座房子,那些人的船,看上去超过了整个村庄。

他们是谁?从哪里来?将信将疑的欧洲航海家询问了村中的每一个人,但是没有人能告诉他们一个确切的答案。

①朱棣的雄心

南京城西,秦淮河蜿蜒曲折地流出城市,从这里注入长江。

六百多年前,繁忙的景象有过之而无不及。从四川、江西深山密林中砍伐的巨木,在广东打造的铁钉,来自江南省的棉布,以及全国各地征集来的棕绳、胶、瓷器、粮食……源源不断地运到这里。

那是明永乐元年,即1403年,中国乃至世界上最大的船厂,正在日夜赶制即将"出洋"的巨舰。

这样的繁忙景象也不仅仅出现在帝国的首都南京,设在福建、苏州等地的船厂,也在做着相同或类似的工作。几乎整个帝国都被卷入了造船的计划,而计划的制订和组织者正是当朝的皇帝——朱棣。

朱棣是明朝开国皇帝朱元璋的第四个儿子。在朱元璋的眼中,他是最有才干,也许还是最有野心的一个。于是,他被派往北平去对抗帝国的最大威胁——蒙古骑兵。十多年的大漠征战,不仅将朱棣塑造成一名杰出的领袖,同时也给了他维护领袖地位的力量——一支只服从他一个人的军队。

公元1399年,朱棣将这支军队投入到争夺皇位的战争。他的目标是自己的侄子,朱元璋亲自指定的继承人。

战争进行了四年,结局是侄子全家自焚于皇宫。

1404年,在登上皇位的第二年,朱棣宣布了派遣庞大船队下西洋的计划。此时,蒙古骑兵仍威胁着帝国的北方,南方复辟的阴谋还没有彻底铲除。

为什么要这样做呢?这个疑问从朱棣的朝堂,贯穿六百年,一直延续到今天。

1498年5月20日,经过近一年的远航,卡里卡特港的轮廓终于浮现在达·伽马的面前。

印度,在欧洲人的脑海中,堆满了黄金、香料,以及许许多多叫不出名字的珍宝,卡里卡特的繁荣,或多或少证实了这种印象。

来自东南亚的香料、楠木;来自南亚的棉布、粮食;来自非洲的象牙、黄金,云集于此。当时,这里是印度洋沿岸最大的贸易港口之一。

当地居民好奇地打量着第一次出现在这里的欧洲人。

"你们来干什么呢?"

"基督徒,香料。"达·伽马用两个单词概括了此行的目的。

当时在欧洲,谁控制了同东方的贸易,谁就能获得惊人的财富。意大利地中海沿岸的诸多城邦,依靠庞大的商船队和强盛的海军,首先做到了这一点。

威尼斯执政者自豪地炫耀自己的政绩:威尼斯有小型船只3 000艘,中型船只300艘,巨型战舰 45 艘,水手 36 000 万人,每年用于贸易的资金达到 1 000 万金币,而当时教皇的侍从一年的收入,只有 30 金币。

但是在 1453 年,土耳其苏丹攻陷了君士坦丁堡,古老的丝绸之路被强大的奥斯曼帝国阻断了,被逼无奈的欧洲人只能冒险从海上想办法。哪个国家能首先找到通往东方的海上商路,就能取代意大利城邦,成为欧洲的首富。

1498 年,达·伽马获得了成功。

古里王宫建造在离港口不远的山坡上,从这里不仅可以看到整个港口,而且可以看到港口两侧绵延数千米的种植园,园中栽满了丁香、肉桂、生姜以及珍贵的胡椒。

1498 年 5 月的一天,古里国王远远地注视着葡萄牙人的三艘帆船。作为国际商港的统治者,他接待过各种各样访客。他们虽然肤色不同、民族各异,但最终目的几乎都是为了香料。

葡萄牙人的到来,或许会让古里人联想起九十多年前的往事。

明永乐三年,公元 1405 年。

三宝太监郑和命令船队在距离卡里卡特 5 海里的洋面上抛锚。卡里卡特,在中国历史上被称为古里,它是郑和首航的目的地。

依靠旗语和钟鼓,抛锚的命令被迅速地传递到 317 条大船上。868 名文官,442 名将校,35 名通事,180 名医生以及一万多名士卒、水手、工匠……有条不紊地做着登陆前的准备。

这是人类有史以来组织的最大船队,直到第一次世界大战之前,没有任何一支船队的规模可以与之媲美。

当时的国王亲自到港口迎接天朝的使节。他小心翼翼地询问使节来访的目的。在家门口,毫无预兆地一口气出现两万多名官兵、几百艘大船,任何人都会小心翼翼。

②禁海与开海

1371 年 12 月,明洪武四年,朱元璋的一纸禁令使延续了 1 500 多年的民间航海和自由贸易趋于窒息。

"禁滨海民不得私出海""片帆寸板不许下海",原本已浮游于农耕文明之上的海洋气息被彻底剥离,普通百姓被硬生生地阻隔在世界贸易体系之外。

当"开国禁海"作为祖宗旧制延续下来,成为朱明王朝的长期执政国策,中华民族也就开始从海洋退缩,变得更加封闭而内敛。

那么,朱元璋为什么没有延续唐、宋、元各朝鼓励远洋贸易的策略,而是选择了反其道而行之呢?

作为中国历史上唯一一位由赤贫起家的皇帝,朱元璋独断专行,把所有的权力都集中在自己的手中。他坚信"农桑"才是"治国、平天下"的根本,同时倭寇的猖獗,也更坚定了他禁海的决心。

在以后的岁月里,朱元璋不仅多次下诏彻底禁止民间海洋贸易,甚至连渔民出海打鱼都在被禁之列。

既然如此,明成祖朱棣为什么要组织大规模的航海行动呢?

罗卡角,欧洲的"天涯海角"。正是从这里启航,航海家们为贫瘠的葡萄牙,也为危机重重的欧洲大陆,开启了一个全新的时代。

海风凌厉,海浪咆哮,六百多年过去了,这茫茫海天还记得那些一往无前的勇士吗?

"陆地从这里结束,海洋从这里开始。"

那么,历史为什么偏偏选择的是看起来毫不起眼的葡萄牙呢?

1499 年 9 月,葡萄牙王国被兴奋和狂热的情绪所弥漫。虽然达·伽马率领的 170 名船员中只有 54 人返航,虽然出海的三艘帆船只回来了一艘,但运回的香料获得的利润,却相当于远洋费用的 60 倍。

此后一个多世纪,依靠海上霸权,这个只有 20 万平方千米土地、230 万人口的国家,在欧洲保持了无所匹敌的强势。但专制的王权,也从根本上阻碍了民间资本的崛起,从而注定了葡萄牙盛极而衰的命运。

这一点,与九十多年前的大明王朝有着惊人的类似。

公元 1403 年,刚刚登上皇位的朱棣向 28 个国家派出使节。他修订了父亲对商业和商人的歧视性律令,并解除了对胡椒等舶来品的进口限制。

朱棣谕令官员说,"今四海一家""边关立互市,所以资国用。来远人也,其听之。"

从永乐元年到永乐二十年,包括日本、朝鲜、锡兰等超过 50 个国家,都向中国提出了贸易要求。在各种奢侈品的刺激下,在强大国力的支撑下,明王朝有条不紊地运作着这个庞大的垄断体系。

但如此巨大的远洋贸易,为什么没有继续下去呢?

公元 1424 年 7 月,六十四岁的朱棣病逝在远征蒙古的归途中。

明王朝的一切娱乐都停止了,新都北京各寺院鸣钟三万下,在沉重的钟声里,朱棣的灵柩被移送至两年前造好的皇陵中。

但即便是在国丧期间,朝野上下对于先帝的种种议论就已经开始了。迁都、绥靖安南、远征蒙古……种种劳民伤财的举动,让天下怨声载道。

下西洋,当然也是大臣们诟病的对象。

1430 年,郑和率领船队又一次来到马六甲。

六百多年前,这里还是一个荒凉的海边渔村。郑和在这里建立了仓库、补给站,并且三次把马六甲城作为整个船队的集结地。特殊的地理位置,使马六甲逐渐成为国际化的商港。

这是宝船队第七次下西洋,前六次都是受明成祖朱棣派遣,斗转星移间,皇帝又换了两任。

出海前,郑和命人在闽江口立起了一块石碑——《天妃灵应之记》(俗称"郑和碑")。

"观夫海洋,洪涛接天,巨浪如山,视诸夷域,迥隔于烟霞缥缈之间。而我之云帆高张,昼夜星驰,涉彼狂澜,若履通衢者,诚荷朝廷威福之致,尤赖天妃之神护佑之德也……"

在碑文中,郑和骄傲地回顾了远征的壮举,这是"混一海宇",远超历代的海上成就。之所以如此仔细、不厌其烦,也许是因为他对《明实录》将如何评价"下西洋"毫无把握。

六十岁的郑和预感到,这可能是自己最后一次远航!

公元 1433 年 4 月,郑和病逝在远洋途中。

"国家欲富强,不可置海洋于不顾,财富取之于海,危险亦来自海上。"大海是郑和一生奋斗与光荣所在,也是他最后的葬身之处。但郑和的心灵却无法真正皈依海洋,不得不在陆地留下一个徒具象征意义的衣冠冢。

此后不久,明王朝彻底停止了远洋航行。当君主的荣耀、野心以及欲望不再那么强烈时,鼓动船帆的风,也许会慢慢地减弱下来。

诚如英国当代科学技术史专家李约瑟博士所说:"明代的水师在历史上可能比任何其他亚洲国家的任何时代都出色,甚至较同时代的任何欧洲国家,乃至于所有欧洲国家联合起来,都可说不是他的对手。"

但这支没有对手的水师却不可逆转地选择了自杀,一艘艘海船停泊在寂寥的港湾里,任凭岁月流逝,悄无声息地霉烂着、腐朽着……

值得人们深思的是:当中国人"像村庄一样巨大"的宝船一天天从大海上消失之际,欧洲航海家们却在中国罗盘的指引下,驾驶着"像房子"一样的帆船,向富饶的东方一步步逼近。

③郑氏的"海上王国"

潮起潮落,此消彼长,这就是历史。

又过了一百多年,当封闭的大明王朝像死水一样走向腐败的时候,东南沿海曾经被打压得奄奄一息的民间海商,又积聚起了重出大洋的力量!

公元1633年10月22日清晨,金门料罗湾,九艘不可一世的荷兰战舰突然遭受来自中国水师的袭击,刹那间炮火和硝烟将这个宁静的港湾变成了沸腾的战场。

这是一场被遗忘的海战,它的指挥者是一个被中国历史淡忘的"海上国王"郑芝龙。

明隆庆元年(1567年),迫于压力,朝廷终于开放海禁,"准贩东西洋",指定"发舶地"为今天福建的海澄,每年约有一百五十艘帆船从这里领"引票"出海贸易。

但禁海难,开海更难。中国海商与移民所面对的世界环境,与两百年前郑和航海时期已经完全不同了。

过去的大洋是一个无组织的自由世界,中国的海上势力在技术与规模上,都占有绝对的优势。如今,中国已处在西方扩张浪潮的边缘,海商所面临的既是从事贸易航运的企业,又是从事殖民征服的军队,重出外洋举步维艰。

这是一场争夺制海权的战役。

料罗湾大捷彻底摧毁了荷兰人在南中国海建立的贸易霸权,福建巡抚的捷报引民间说法:"闽粤自有红夷以来,数十年来,此捷创闻。"

1640年,荷属东印度公司与这位中国"海上国王"达成航海与贸易的若干协定,并开始向郑芝龙朝贡。所有在中国的海上势力能够到达的港口间行驶的商船,都必须接受郑氏集团的管理。中国势力自郑和之后两百年,重建了远东水域的霸权,赢得了一次抵御西方扩张、在世界现代化历史上竞逐富强的机会。

但遗憾的是,这最后的一线光明也将被扑灭!

公元1646年,清兵一步步逼近福建安平。南明平国公郑芝龙做出了一生中的最后一次抉择:叛明投清。但清政府不仅没有兑现让他成为"三省王、闽粤总督"的承诺,反而迅速挟持其北上。

在北京,这位海上枭雄终日"战兢危惧",他密书儿子郑成功:"众不可散,城不可攻。"

五年后,康熙皇帝登基,郑芝龙被处决。

就在这一年,1661年4月21日,郑成功亲率两万余人的大军,三百艘战舰,从金门起航,浩浩荡荡,收复了被荷兰人盘踞37年之久的台湾。

"田横尚有三千客,茹苦间关不忍离。"

1662 年 6 月 23 日,民族英雄郑成功因病去世,年仅 38 岁。三个月前,他派人给占据菲律宾的西班牙殖民者送去了战书。

康熙皇帝闻讯,写下了这样一副挽联:"四镇多二心,两岛屯师,敢向东南争半壁。诸王无寸土,一隅抗志,方知海外有孤忠。"

能这样评价对手的,无疑是一个胸怀宽广的伟大的君主。但不论是康熙皇帝,还是被南明皇帝赐封为忠孝伯的郑成功,都无法摆脱皇权中心主义的束缚。

当西方世界将国家政治军事力量与民间航海贸易力量结合起来,在世界范围内大肆扩张的时候,中国剿灭了具有政治组织与军事武装的民间海外力量,再次为西方势力让出了整个中国海。

2. 近代中国航海的衰落

从明朝开始,封建统治者实行海禁,中国逐渐成为一个陆权国家,海洋权益和主张被传统的农耕所压制,导致清朝末期整个中华民族的百年沉沦。

1895 年 2 月,北洋舰队危在旦夕。

刘公岛外,由二十多艘军舰组成的日本联合舰队封锁了出海口。威海城、南邦、北邦炮台相继陷落,日军已经将缴获的大炮调转炮口轰击港内。

北洋舰队残存的大部分舰艇失去了航行能力,只能作为固定炮台使用。最后的突击力量"鱼雷艇"编队或是被俘,或是被击沉。朝廷的援兵,远在数百千米之外……

此时,舰队司令官——水师提督丁汝昌,接到日本联合舰队司令官的劝降书。

"贵国目前的处境……源于一种制度。……这是几千年的传统:当贵国与外界隔绝时,这一制度可能是好的。现在它却过时了。在今日的世界里,已不可能与世隔绝了。"

(1)打开东方的大门

乾隆五十八年,即 1793 年,经过一年的海上颠簸,英国勋爵马嘎尔尼率领一个超过七百人的使团来到中国。

这是东西方之间的第一次正式接触。

为了这一天,欧洲的航海家已经在海上搏击了近三百年。正是在寻找中国的过程中,欧洲人发现了世界,并掀开了轰轰烈烈的工业文明全球化的大幕。

9 月 14 日,秋高气爽,乾隆皇帝在热河接见了马嘎尔尼和他的随从。

马嘎尔尼小心翼翼地提出了在中国增开舟山、宁波、天津口岸,减免英商关税,设常驻外交使节,并开放租界等通商请求。

但令英国人意外的是,这些他们认为并不过分的要求,却被乾隆皇帝一口拒绝了。

对中国高度发达的农耕文明,英国人艳羡不已。一位使团成员估计,"中国使用播种机节省下来的粮食,足够养活英国全部人口"。

而对于英国人精心准备的礼物,天文望远镜、船只模型、钟表和武器等,乾隆皇帝却表现出不屑一顾的神态。

因为在当时,中国的手工业产值占全世界工业、手工业产值总量的 30% 以上,即便是被尊为"现代经济学之父"的亚当·斯密,也对中国推崇有加。

在 1776 年出版的《国富论》中,亚当·斯密肯定地说:"中国比欧洲任何一个地区都富强。"

没有人能预料到,正在萌芽的工业革命,会有如此巨大的摧枯拉朽的力量;也没有人能相信,那些在海上搏命的洋人们,最终能够成长壮大,并为全世界建立起一个新的坐标。

事实上,清政府并不是没有意识到海防的问题。康熙大帝在晚年曾告诫自己的孙子:"海外如西洋等国,千百年后,中国恐受其累。国家承平日久,务须安不忘危。"

但除了增加几门岸炮外,清政府三次颁布《迁海令》,把沿海三十里的居民全部迁往内地,并禁止人民出海贸易。用人为制造的无人区,来隔离可能来自海外的威胁。

美国著名的中国问题观察家费正清评论道:"归根到底,他们是倾向倒退,眼光向里,防守和排外的。"

但闭关锁国,真的就能保障大清的江山永久太平吗?

碰了一鼻子灰的马嘎尔尼不得不离开北京。在日记中,他写下了这样的话:"中华帝国只是一艘破败不堪的旧船,只是幸运地有了几位谨慎的船长才使它在近一百五十年期间没有沉没。它那巨大的躯壳使周围的邻国见了害怕。假如来了无能之辈掌舵,那船上的纪律与安全就都完了。船不会立刻沉没,它将像一个残骸那样到处漂流,然后在海岸上撞得粉碎。"

半个世纪后,1840年,马嘎尔尼的话变成了现实。

(2)强敌来自海上

1832年,一艘三百吨的英国商船擅自闯入中国领海,从广东出发,沿海岸,经厦门、福州、定海、宁波、镇海、上海、威海卫等地,最后驶往朝鲜。

在长达四个月的时间里,商船如入无人之境。连船上的翻译都纳闷,本地所有军舰都去哪里了?竟然不能阻止一艘商船进入。

实际上,在上海港,天朝水师曾竭力阻挡,但商船依旧在上海停泊了18天后,扬长而去。天朝水师只是在它离境6海里之后,开始鸣炮,以示英夷的商船已被驱逐。

此时,管辖上海港的江苏巡抚,恰恰是日后名满天下的禁烟英雄——林则徐。

当林则徐建议朝廷成立现代海军的时候,道光皇帝在奏折上的批示是"一派胡言"。

1841年7月13日,正在浙江戴罪的林则徐,又将被发配新疆。挚友魏源闻讯,专程从扬州赶来相送。

8月的一天,两人在镇江对榻倾谈。林则徐将《四洲志》等译著和翻译的外国书报资料赠予魏源,希望能尽快编撰成书。

就在一间简陋的小屋内,魏源秉承林则徐的思想,用十年时间,编成了一百卷的巨著《海国图志》,一反重陆轻海的陈旧观念,为中华民族勾画出一幅宏大的海洋蓝图。

魏源指出,国家应创设一支强大的近代海军;大力发展工业和航运业以推动国内外贸易的发展;扶植南洋华人垦殖事业。

五十年后,美国海军军官马汉提出了类似的观点,他认为海军就是为一个国家的商业利益服务的,并将海军舰队、商船队和遍布世界的殖民地,归纳为"海权"的三大组成要素。

"海权论"成了美国海上力量崛起的基石,也成了美国称霸世界的行动纲领。直至今天,强大的海权仍是美国全球战略的基础。

美国前总统西奥多·罗斯福称赞马汉是"美国最伟大、最有影响力的人物之一"。

在西奥多·罗斯福的影响下,美国国会批准了一系列的造船计划,而联邦政府对海军的投入更是成倍增长,最高时美国海军支出竟然占到了联邦总支出的20%以上。

但在中国,为什么魏源设计的"海权"蓝图,在鸦片战争之后的几十年时间里,非但没有实现,甚至无人问津呢?

毫无疑问,在漫长的历史时期内,浩瀚的大海曾经是天然的屏障,护佑了中华文明在这块广袤的大陆上茁壮成长。但从1840年开始,这种宁静的生活已经被永远击碎了。

1842年8月29日,在英军的炮口下,清政府被迫签订了丧权辱国的《南京条约》。欧美列强紧随其后,竞相侵犯中国主权。

整整三十年,条约体系下的中华帝国沉溺在天朝旧梦中,苟且偷生。直到1874年,连近邻日本也派兵登陆台湾,企图染指中国领土后,清政府才如梦方醒,匆忙筹建水师。

但正如李鸿章所言:"我办了一辈子的事,练兵也,海军也,都是纸糊的老虎,何尝能实在放手办理?不过勉强涂饰,虚有其表。"

在无能之辈的掌舵下,这艘巨大的破船只能敷衍一时了!

(3)海防"一日不可缓"

1894年9月,黄海海域风云突变。

几乎是不约而同地,英国、法国、美国、德国和俄国的军舰聚集在这里,等待集体观摩一场影响东亚乃至整个亚洲历史进程的殊死搏斗。

这是世界历史上第一次上演的蒸汽铁甲舰队之间的决战,交战的双方分别是大清朝的北洋水师和日本的联合舰队。

这是两支年轻的海军,后人评价说,如果日本海军是一支成熟的海军,决不会去挑战北洋水师,因为几乎没有胜利的可能;而北洋水师如果是一支成熟的海军,也决不会畏惧联合舰队的挑战,因为同样几乎没有失败的可能。

北洋水师的巡航范围除了中国沿海港口,还远航至今天韩国的仁川、釜山,俄国滨海,以及南洋群岛各地……稳稳掌握着西太平洋的制海权。

1890年4月,北洋水师提督丁汝昌率领六艘军舰出访新加坡,当地华侨无不雀跃。华侨报纸称:"盖十年前中国与今日之中国大有不同。……中国情形,先如睡而后如醒,整军经武,昼夜不遑。"其存心不是想结怨于人,或者夺人土地,"不过欲以自强起见,保护吾民耳"。

1891年,英国《伦敦武备报》在详细评估之后,认为中国海军排名世界第八,日本海军则名列第十六位。

清朝的海军建设,在日本引起了极大反响。

日本海军史称北洋舰队访日为"海军史上具有重大历史意义的事件"。

1887年3月14日,日本明治天皇颁布敕令:"立国之务在海防,一日不可缓。"并捐出皇室费用三十万元作为海军经费。

1893年,明治天皇再次颁发诏书,催促国会通过海军扩展计划,并允诺在未来的六年中捐出一百八十万元作为海军经费。他甚至每天仅吃一餐饭,干脆用饿肚皮的方法,给文臣武将做示范。

"帝国海军一日不强,朕一日不再食矣。"

日本朝野深为感动,贵族院议员决定捐出年俸的四分之一,政府官员决定捐出收入的十分之一,作为造舰和海军装备之用。

日本倾全国之力,在最短的时间内赶了上来。

在日本全力追赶的同时,中国却停滞不前。

1887年9月,光绪皇帝的师傅,内阁大学士、军机大臣、户部尚书翁同龢上奏:"窃计十余年来购买军械,存储甚多,铁甲快船、新式炮台,业经次第添办……"所以海军建设可以暂缓。

翁同龢为什么会提出这样的建议呢?

有人认为,翁同龢之所以反对继续给海军部拨款,是基于对李鸿章的个人恩怨。这种推测是否成立,没有定论。

但即便有根据,如果没有慈禧和光绪的首肯,单是一个户部尚书,恐怕也不能只手遮天。翁同龢的建议最终能坐实,和慈禧太后有莫大的关系。

一年前,1886年,正值直隶省和京师遭受特大水灾之际,光绪皇帝的父亲、时任海军总理大臣的醇亲王奕譞却上奏折,建议恢复在昆明湖操练水兵的旧制。

当日,海军衙门即奉接"依议"的慈禧懿旨。于是,在百姓的哀号声中,投资巨大的颐和园破土动工。

更加讽刺的是,建园经费很大一部分,是由李鸿章代为筹集的。

这样做的理由是:"慈圣听政垂三十年,克成中兴,再定大统,忧勤宵旰,驯至升平……凡在臣子,敢不仰体圣主之心。"太后为国操劳三十年了,享受一下也不过分,做臣子的怎能不体谅呢?

挪用海军经费、海军建设中的贪腐,不仅对购舰、铸炮造成灾难性影响,对海军士气也是极大打击。流风所及,北洋舰队训练废弛、军纪败坏,舰队虽有赏罚条例,但是"将官多不遵循"。

每年北洋封冻,舰队南巡之时,官兵"率淫赌于香港、上海"。嫖娼、赌博成性的军队,其战斗力可想而知!

那么,当日本的威胁越来越明显的时候,为什么清政府却放任好不容易建起的海军荒废下去呢?仅仅是因为腐败吗?

北洋水师学堂总教习严复认为,并不如此简单。

在北洋水师学堂中,严复按照留学的经验设置课程,希望学员毕业时都能达到英国皇家海军学院的要求。但十年之后,满怀期望的严复对自己的弟子渐渐失去了信心。

在晚年,他常引用一位英国官员的话来形容海军:"海军像一棵树,只有在合适的土壤中才能开花结果。"

物竞天择,适者生存。严复注意到,自己在英国留学时结识的日本同学们,此时正在合适的土壤中疯长。

最晚到1880年末,日本的经济开始起飞,它的工业产量约以每年5%的速度增长,而同期,世界工业增长的速度为3%。

日本开始被人称为"亚洲工厂"。日本的一些企业,不仅掌控着国内市场,而且开始与欧洲公司争夺中国和印度市场。1868—1893年,日本蚕丝出口量增加了四倍;棉纺织品约50%输往韩国和中国;20世纪初,足尾铜矿及提炼厂是世界上最大的铜生产地之一。

大量的商品输出,必然带动海运的崛起,而海上贸易航线的安全,左右着国家的兴衰。正因为如此,日本政府几乎是倾全国之力在建设海军。

1890年,马汉的名著《海权对历史的影响》出版。

这本书出版不久，日本政府就特别命令，将此书译本分发给陆、海军政治领袖和学校。据说，甲午海战前，每位日本舰长都随身携带一本《海权对历史的影响》。

同样被日本政府奉为经典的，还有魏源的《海国图志》。这本被中国人束之高阁的著作，日本人期待了许久。从1854年到1856年，短短三年间，《海国图志》至少被翻印了21个版本。

和日本相比，北洋舰队这棵树，俨然是"无本之木"。

1891年，黄海的战鼓已隐约可闻，而大清朝廷却明令"南北洋购买外洋枪炮、船只、机器，暂停两年"。此后，北洋舰队再没有增添过一炮、一舰。

1892年，日本在英国订造的"吉野"舰完工，日本预定的海军扩张计划基本告成。

甲午之战失败后，李鸿章曾经替自己辩解称"以北洋一隅之力，搏倭人全国之师"。这是托词，但未尝不是事实。

1886年12月14日，北洋舰队的铁甲舰——"靖远"号，在英国举行了隆重的下水仪式。

按照西方惯例，典礼上需要演奏国歌。然而，当时的大清帝国并没有法定的国歌，因此用一首古老的西方名歌《妈妈好糊涂》来代替。

一语成谶。中国第一支近代海军，最终被清政府亲手葬送。

1894年11月7日，修茸一新的颐和园张灯结彩，鼓乐喧天。为了庆祝六十大寿，慈禧太后大宴群臣，赏戏三天。

一个半月前，9月17日，北洋水师和日本联合舰队在鸭绿江口的大东沟相遇，李鸿章苦心经营了二十年的北洋舰队损失惨重。观战的列强用相机，为我们记录了一百多年前的耻辱和悲壮！

3. 新中国的海洋权益

有人说，一个国家的航海史可以映射出一个国家的兴衰史。新中国从贫弱走向富强，从封闭走向开放，从落后走向进步，而且步伐越来越坚定，越来越清晰，其航海事业也是由举步维艰到克难跋涉，再到昂首阔步。

大陆渐行渐远，海水的颜色越来越深，而船上的气氛也变得越来越沉闷。

这是1817年的夏天，又一个英国使团从中国铩羽而归。失落的使臣阿美士德越来越坚信，只有武力才能敲开中国的大门。6月27日，帆船停靠在南大西洋的圣赫勒拿岛，那个曾经横扫欧洲大陆的法国皇帝——拿破仑一世，被囚禁在这里。阿美士德很想听听这位传奇人物对中国问题的看法。

令人意外的是，拿破仑对英国人的观点充满了蔑视，"以今天看来，狮子睡着了连苍蝇都敢落到它的脸上叫几声。中国一旦被惊醒，世界会为之震动。"

岁月像流沙般散去。

在这个蔚蓝色的星球上，中华民族终于能以包容的胸怀倾听世界的声音。这一刻，我们听到了拿破仑在"睡狮的预言"中，被中国人有意无意忽略掉的一句话：

"感谢上帝，它还沉睡着，就让它一直沉睡下去吧！"

（1）捍卫

新千年的第一缕阳光是从海上来的。这缕阳光同以往有什么不同呢？

2009年3月，美国侦测船"无瑕"号到中国南海侦测军事情报被曝光后，国内一些媒体对国民的海权意识进行了一次联合调查。

结果表明:80.6%的人不知道黄岩岛的正确位置;96.8%的人没读过在西方被奉为经典的《海权论》;57.1%的人不知道中国海监的真实身份。

也很少有人知道,中国还有被九段线拱卫着的300万平方千米的主张管辖海域。

"我们没有土地,没有资源,只有阳光、空气和海洋。"这是日本对小学生进行的国情教育。

1994年12月,第49届联合国大会宣布1998年为"国际海洋年"。随后,联合国教科文组织将每年的6月8日定为"世界海洋日"。

1998年5月,首届国际海洋博览会在地理大发现的起点——葡萄牙首都里斯本举行。这次博览会有一个响亮的口号:"海洋,未来的财富。"

为什么说海洋是未来的财富?它对中华民族又意味着什么呢?

"海洋蕴藏着全球超过70%的油气资源,海底的油气如同埋在地里的马铃薯一样,等待我们去挖掘。"2007年4月,在第四届中国国际海洋石油天然气展览会上,美国休斯敦大学的一位教授做了这样的开场白。

石油被称作"工业的血液","铁人"王进喜有句名言:"没有石油,天上飞的、地上跑的、海上行的,都要瘫痪。"

跨入21世纪,人们突然意识到:主宰人类命运的"石油世纪"才刚刚开始……

"1993年,对于世界来说是一个历史性的时刻。"

以《石油风云》一书荣获普利策奖的美国人丹尼尔·耶金这样评价道。因为这一年,中国由石油出口国正式变成了石油进口国。

曾几何时,中国人将"贫油国"的帽子扔进了太平洋,举国振奋,扬眉吐气。但无疑,那只是短缺经济下的自给自足。

当洞开的国门将眼花缭乱的现代物质文明带入这个古老国度的时候;当拥有家庭轿车不再是痴人说梦的时候;当中国式发展之路开始令世界瞩目的时候,石油再次成为中国人的心头之痛。也正是从1993年起,中国石油越洋跨海,开始了跨国经营的努力。

与西方巨型石油公司相比,中国石油企业的经济、技术及国际化经营经验等相对落后,在世界石油市场激烈而残酷的竞争中,处于相对弱势。

我们要走向海洋,开展跨国经营,其困难可想而知。如果说在最初,中国石油天然气集团有限公司(简称"中石油")是依靠艰苦奋斗的"大庆精神"在闯市场,那么随着时间的推移,勘探和开采技术的提高,反而成了"中石油"的核心竞争力。

只有在大海中才能学会游泳。

2004年,国务院做出决定,批准"中石油""中石化""下海"与"中海油"一起开发海洋石油天然气。五年后,2009年7月8日,《财富》中文网与英文网首次同步发布了世界五百强排行榜,中国企业有四十三家上榜,三大石油公司都赫然在列。

"以和为贵"是中华民族古往今来的信念,和平地开发、利用资源,是这个走向海洋的东方大国对全世界的庄严承诺。

为了中国的能源安全,中国石油业在与国际巨头的同台竞技中,从一个"迟到者"与"弱者"后来居上,成为强者。但在家门口,在中国南海,却让人一直痛心不已!

利益的背后,永远是贪婪的目光。

20世纪70年代,这些人烟寂寥的岛礁,成为列强争夺的蛋糕。美国、法国、日本、德国等国的石油公司分别与周边国家合作,进入南沙群岛海域,进行掠夺性的勘探开采。

1974年1月11日,中国外交部再次发表主权声明,但南越西贡当局悍然出动军舰,进一步侵犯西沙群岛。1月15日下午,南越军舰向甘泉岛发射炮弹。

一时间,国际社会舆论纷纷。美国《前卫》周刊发表时评指出,"西沙、南沙、中沙、东沙自古以来就是中国领土的一部分""中国对这些岛屿的主权在国际参考书中得到了普遍的承认"。

忍无可忍,中国海军奔赴西沙。

这也许是维护海权最有效的方式。但严峻的现实是,在南海除了七个岛礁由人民海军守卫,一个岛屿由台湾军人驻守外,其余稍大一点的全部被侵占。而赴南沙海域捕捞的中国渔民,还经常受到他国武装船只的骚扰。

三十年来,周边国家与两百多家西方公司合作,在南海海域钻探了约1 380口钻井,每年的石油产量达5 000万吨,相当于一个大庆油田。

2010年2月26日,由中国人自主设计制造的、海洋工程领域的"航空母舰"——第六代3 000米深水钻井平台,如期驶出了船坞。以此为标志,中国具备了进军深海的能力。

在改革开放初期,为营造一个稳定的外部环境,邓小平针对海洋争端问题提出了"搁置争议,共同开发"的外交原则。久而久之,周边国家在主观上形成了一种错觉,以为中国政府"搁置争议",就意味着搁置了主权。

而且,即便我们对种种"争议"可以采取视而不见的态度,但"争议"依然像幽灵一样,密密地笼罩着中国海域。

今天,我们更应该强调,在"搁置争议,共同开发"之前还有四个字——"主权属我"。

（2）"厚土"与蓝海连成一片

2001年11月10日,中国义无反顾地投入经济全球化的怀抱。但经济全球化又意味着什么呢?

2003年10月15日,"神舟五号"飞船顺利进入太空。这是中国人第一次从宇宙俯瞰自己的家园。地球,也许叫作"水球"更准确。我们引以为傲的大陆,看起来就像一个个小岛,孤悬在大洋中。无疑,海上通道就是人类的"生命线"!

作为马六甲海峡的前端,印度洋对中国的海洋安全,也有着同等的制约作用。因为能够切断中国能源通道的,也包括印度洋水域上的任何一点。

亚丁湾是印度洋出入红海、地中海的必经之地。2008年12月17日,刚刚完成了前往苏丹的运输任务,"振华4"号货轮行驶在平静的海面上。

早晨8时,气氛骤然紧张,七名全副武装的海盗步步紧逼……

"振华4"号是幸运的,船上的三十位勇士也是幸运的,在实力不对等的战斗中,燃烧弹、高压水龙头战胜了火箭筒、自动步枪等军用武器。

2008年12月26日下午,由"武汉"号、"海口"号导弹驱逐舰和"微山湖"号综合补给舰组成的中国海军首批护航编队从三亚亚龙湾起航,赴亚丁湾、索马里海域执行护航任务。这是中国海军首次肩负重大的远程作战使命,出现在距离本土4 400海里之遥的非洲之角。2009年4月28日,亚龙湾彩旗飘扬,顺利完成护航任务的"武汉"号和"海口"号徐徐驶入军港。

美国《华盛顿邮报》评论道:"郑和又回来了。"

在沉默六百年后,中国海军又展现出了与其地位相符的军事实力,而这支武装也秉承了中华民族止戈为武、和谐共生的愿望!

但真的是郑和回来了吗?

四个月不见,孩子长大了。一百二十四天的磨炼,中国海军也成长了。要知道,仅仅在三十年前,中国军舰的海上自持力只有十到十五天。

再端详一下怀抱中的孩子吧,他充实着我们的现在,也寄托着我们的未来。其实,蔚蓝色的海洋又何尝不是如此呢?

2020 年,中国人口 14.4 亿多。专家估计:按可供储量静态计算,中国 45 种主要矿产资源中,有 21 种难以满足需求,有 5 种将严重短缺。早在 2006 年,全国 18 亿亩基本农田的红线已冻结。

水、煤、电、石油、土地……危机扑面而来。

2009 年 7 月 18 日,首届中国海洋博览会,在广东珠海中国国际航空航天博览中心拉开了帷幕。

最引人注目的,是由中国人自己研制的深海载人潜水器。

上天入海,继航天领域跨入大国行列之后,中国向深海进军又迈出了坚实的步伐。2009 年,中国船舶制造业跃居世界第一,中国港口货物和集装箱吞吐量连续十二年位居世界第一(2009—2021 年)。中华民族的千年梦想,正一步步成为现实。

四十多年前,1978 年 4 月 22 日,"向阳红五"号考察船从太平洋深处收获的五块锰结核,最终帮中国敲开了"国际深海采矿俱乐部"的大门。

经过四十多年的不懈努力,在太平洋东部,中国已经拥有一块 7.5 万平方千米的,具有专属勘探权和优先商业开采权的金属结核矿区。这个面积,几乎相当于两个海南岛。

(3)猛醒的"睡狮"

海运兴,国运兴。

人类数千年的历史证明,一个没有海洋战略意识的民族,注定是一个没有希望的民族!

2002 年元旦,广东湛江养殖专业户韩观成领到了一本特殊的证书——《海域使用权证书》。它以法律的形式,保障这位老人对眼前这 5.6 公顷[①]的海域,拥有七年的使用权。

这可以说是一个微不足道的小细节,也可以说是一件惊天动地的大事件。因为韩观成领到的,是中国有史以来第一本《海域使用权证书》。

2007 年 10 月 1 日,胡锦涛签署主席令:批准实施《中华人民共和国物权法》。

这部法律,把国家所有的"海域"如同土地一样列为"用益物权"。

等待了三千年,被中国人视为命根子的"厚土",与风云变幻的海洋,通过法律的形式,终于连成了一片。

早在四百多年前,明朝兵部尚书胡宗宪和学者郑若曾就提出了"经略海上"的思想。但后来,割地、赔款、丧权……我们这个国家用最屈辱的方式,承受了漠视海洋的痛苦。

只有到今天,我们才清醒地认识到,必须运用政治、外交、军事、经济、科技和法律等手

---

① 公顷,公制地积单位,1 公顷 = 10 000 平方米。

段,对国家的海洋利益和安全,进行战略谋划和经营管理。只有抛弃靠海吃海的掠夺观念,建立更科学、更环保、可持续发展的海洋意识,"龙的传人"才能真正回归海洋。

2010 年 3 月 1 日,《中华人民共和国海岛保护法》正式实施,海洋规划、海洋战略日益成为中国决策者的重要命题。

一个国家新区划战略构想——中国"新东部"海洋经济带,呼之欲出。

未来正向我们走来。不管沉睡与否,狮子终究是狮子,与其被动地任人宰割或敌视,还不如勇敢地承担起责任。

2008 年 4 月,胡锦涛同志提出,要"建设一支与履行新世纪、新阶段我军历史使命要求相适应的强大的人民海军。从国家发展战略和军事战略高度着眼,实现整体转型,推进信息化跨越式发展"。

蝴蝶飞不过沧海。在信息化海战中,打败仗的不一定是技术上处于劣势的舰队,而是作战思想落后、体制编制落伍的海军,一如甲午海战中的北洋水师。

2009 年 4 月 23 日,青岛海域战舰云集。为庆祝人民海军建军六十周年,中国第一次大规模的海上国际阅兵式隆重举行。来自美国、俄罗斯、法国等十四个国家的二十一艘舰艇参与了检阅。

这是人民海军的节日,更是中华民族的节日。

从 1840 年以来,一个半世纪,中华民族经历了奋起直追的痛苦,也收获了走向复兴的喜悦。挫折是成长的代价,失败是前进的动力。在历史的汪洋中,没有哪一种文明能够永远保持一帆风顺!

也许,我们不应该再去责备祖先的保守,因为封闭的大陆,曾经是中华文明的摇篮。同样,我们也大可不必再去计较他人的冷眼,因为幽暗的大海,曾经是全人类的梦魇!

睡狮正在梦醒,因为我们凝视着海上升起的太阳!

1997 年,香港回归,中华民族雪洗百年耻辱。

这一年,一名驻守南沙的战士惊奇地发现:中国的疆域不是一只"雄鸡",更像一把熊熊燃烧的火炬。960 万平方千米的陆地,是奔腾不息的火苗,300 万平方千米的海域,是火炬的托盘和手柄。

放眼望去,神奇的大自然似乎在预示着什么。

海洋是人类的未来,而中国,这把照亮东方的"火炬",其"燃烧"的能量将来自海上,其发展的引力也将来自海上。

经略海洋,拥抱深蓝,托起中华民族伟大复兴的希望!

模块五

文学篇——海员的精神食粮

文学不是风花雪月,她照见芸芸众生的喜怒哀乐;

文学不是空中楼阁,她勾勒社会与个人的点点滴滴。

文学,带领我们跨越时空,在古今中外的经典宝库中徜徉;

文学,引导我们感受真、善、美,以正能量涤荡我们的心灵。

仁者乐山,智者乐水,仁而智者乐海。

丰富而悠远的海洋文学,承载着各民族在不同历史进程中的精神与理想,映射出各民族对未来生活的想象与向往。海洋也因此获得了各种不同的面相,成为了解不同文化与文学的色彩斑斓的多棱镜。

海洋文学浪漫而富有激情,海洋文学崇尚竞争与力量,海洋文学与贸易、武力、征战、殖民等密切相关,海洋文学又与环境、生态、人对自然的尊重等主题不可分离。

一部海洋文学的历史,既是一部海洋民族不断征服自然险阻、向更广阔的生存空间迈进的发展史,又是一部人与自然、自己与他人之间不断学习与相互探索的心灵史。

未来的海之子,当你们驾驶巨轮远航出行的时候,让"长风破浪会有时,直挂云帆济沧海"带给你豪情。

未来的海之子,当你们在海上劈波斩浪的时候,让"君子以自强不息"的隽语带给你力量。

未来的海之子,当你们在流动的国土上工作之余,让"沙鸥翔集,锦鳞游泳"的诗情装点你的闲暇。

来吧,来阅读吧,让文学相伴你的航海人生!

来吧,来阅读吧,让我们一起践行:腹有诗书气自华!

案例导入

我的爸爸是海员

林姿辰（中远海运船员公司船长林建堂之女）

因为海员的职业特点，家里属于父亲的东西并不多。但可能只有我自己这样觉得，从小到大，每个到我家里做客的朋友总能捕捉到我家的海洋"气息"——奇形怪状的珊瑚，五彩斑斓的热带鱼，船舱形状的钟表和用粗线扎起来的丰厚信件，所有这些都指向一个疑问：你就那么喜欢航海？被莱昂纳多迷晕了吧。

他们口中的莱昂纳多是指《泰坦尼克号》里杰克的扮演者，杰克是一个穷得叮当响的乡下小子，靠一张船票登上豪华邮轮，最后和富家小姐坠入爱河并救下恋人。

我笑笑，道："我爸是船长，比莱昂纳多还帅！"可是我没告诉他们，在我家可千万不能看《泰坦尼克号》，因为母亲对沉船是十分忌讳的，而父亲的职业决定了船舶是他唯一的工作场所。

母亲是一名护士，她和父亲的婚姻总让我想起那幅在第二次世界大战后流传甚广的照片——当和平的消息传来，一个水手和站在他身边的护士在街头拥吻。亲吻是年轻人释放喜悦心情的方式之一，但是我没见过父母那样炽烈的情感表达，因为我有关父亲的记忆总是断断续续的。

让我印象最深的要数母亲给父亲写的没完没了的信，那是我们和船上的父亲唯一的联系方式。当时我正上小学，烦写作烦得要命，可母亲偏偏要我在信的结尾献上一段对父亲的话。我每次都诚惶诚恐，甜腻地写上一句"我想你了，爸爸，快点回家"就溜之大吉，可母亲翻来覆去地看自己写的信，似乎总也看不够，看到我潦草的字迹只是叹一口气骂我敷衍，但也只能涂上胶水送到邮局。是的，那是二十年前的事了，当时人们还频繁地往邮局跑。

虽然那时的我对给父亲写信这件事没有什么兴趣，但每当母亲说你爸要回来了，我总是格外兴奋。这意味着他要带回来很多新鲜的玩意儿，小城市里没有的东西！

我记得他带回来的一块巧克力，我开心地和朋友炫耀：这是外国的糖！还有一次他把美元放在桌子上让我瞧见了，我就到学校和同学描述那张绿色的钞票上曲折的图案和看不懂的字母。这样的事情还有很多很多，直到我初中才算结束。而这种结束也很蹊跷，似乎是某次父亲要出海，我骑着车在明晃晃的阳光下掉了一滴眼泪，我抹掉它，继续蹬车轮。这是我第一次意识到送别是件悲伤的事，而父亲的海员职业，对于我和母亲来说，就意味着长年累月的离别。

不过，在我的心灵慢慢成熟的同时，世界也在飞速变化。十年前，我央求嫂嫂帮我在淘宝上完成了自己第一次网购，那份新奇的心情与收到父亲的"越洋礼物"毫无二致，只是等待的时间少了很多。这几年，父亲带回来东西时也会问一句，这个在国内买要多少钱？是的，我们已经能在国内买到国外的玩意儿了。在移动互联网的飞速发展下，世界正在急剧变小,地球的另一面对于大众不再神秘,我们通过手机可以看到别人的生活,听到别国的音乐,似乎用这种方式就能帮我们周游世界。

于是,对我来说,海员这一职业的光环正在慢慢褪去。现在,当我和朋友谈起父亲的职业时,他们更好奇的是海员的薪水和工作内容,巧克力和美元已经退到时代的角落慢慢蒙尘,取而代之的是现实的考量。而从生活的角度看,这绝对不是份好工作:成天面对各种机械设备,与陆地生活隔绝、作息颠倒,面临着皮炎、心血管病、心理异常、噪声导致的听力丧失等多种职业病……

但不知怎的,随着我对海员这一职业认识得更加深入,父亲在我心中的形象更加高大了。他不是万能的,比起同龄人,他的额头更早地爬上了皱纹,他每次照镜子都发愁自己的白头发又多了几根;他和母亲散步说笑时,慢慢有了老年人的影子……

其实,父亲的很多同事都觉得当海员太辛苦了,中途便从海上工作退了下来,但父亲却一直坚持了下来。我不知道是什么支撑他继续自己的航海生涯,也许是这份职业独有的魅力吧。当我点开抖音,看见碧海蓝天时,内心并无波澜,因为我总能听到父亲讲的大海的样子,妙趣横生的海外经历和异国风情,那是几十年的从业生涯带给他的,别人偷不走的记忆。

我大学毕业时,在北京找到一份工作,离家670千米,父亲曾以离家远为由反对我的选择。但今年四月,我带他来北京逛了一圈后,他默许了我的决定,甚至和我工作的办公大楼合了张影。一时间,我的眼睛有些湿润,因为我知道,这样的姿态在他的职业生涯中出现过很多次,那时他意气风发,是一个年轻人,现在终于回家了却仍然热爱新奇的事物。尽管他在老去,但身为一个航海人,他把这种拼搏的精神传给了我,而他在北京的那几天,可能也意识到了这点。

世界上有各种各样的职业,海员只不过是其中一种。它没有我的朋友们眼中那么乐趣无穷,也没有别人以为的薪资丰厚,那些置身其中的航海人在陆地之外享受着海浪翻滚和与之相随的孤独。无论世界如何变幻,他们一直坚持心中热爱,最终也成就了属于自己的传奇。

所以,如果我能回到小时候,被母亲拽着在信尾写一段话,我要认真点写,就像这样:

"亲爱的爸爸你好,我是女儿。我期待着这次还能收到你的巧克力,但更期盼你早日回家。大海是你在陆地之外的家,那里发生的故事请回来讲述给我们听,那是你生命的厚度,它永远不会过时。我们为你而骄傲,也为和你一样同为海员的叔叔阿姨而骄傲。爱你的女儿!"

海中花

阿龙(在职海员,三副)

"面朝大海,春暖花开"应该是每个人都为之向往的理想境界。

如今,春已逝,花已谢。过了秋分,太阳也已从北回归线南移,迎来的是瑟瑟秋风。秋天是色彩斑斓的季节,更是收获的季节,勤劳的人们将迎来果实累累。对我来说,累累的果实是没有,但一颗还是有的,虽然含在嘴里有点酸涩,但甜在心里。而且还有花儿可以欣赏——海中花!

过了北纬34°继续北上,眼前所见不再是湛蓝色的海水,而是墨绿色,有点像绸缎,但更像是画家洒了浓墨的画布,浓重中还透着一丝清澈,令人赞叹的是,这画布上满是一朵朵一簇簇怒放的海中花。暗红的、米黄的、乳白的,大如磨盘,小如碗口,海面下那一张一弛的仿佛是一个个正在行走着的蘑菇,静静地漂浮在海面上的就像是一朵朵争奇斗艳的睡莲,那一朵朵一簇簇灿烂无比,惊艳无限。想来白石老人的水墨画的意境也不过如此吧!

"我看见水中的花朵,强要留住一抹红,奈何辗转在风尘,不再有往日颜色",那是一种年华已逝无奈花落去的意境,充满了哀怨伤感。而我眼里的海中花却是有着生命的精灵,曼妙的身姿隐藏着一颗跳动的心。看着它们,我的心也随之跳跃、升腾,继而快乐无限!

喜怒哀乐的生活是应该快乐多一点,没有了快乐,生活就会乏味,生命也就会失去动力。对于我来说,那就让哀怨与忧愁成为点缀,让寂寞与孤独成为美酒,即使饿我筋骨,劳我体肤,那也是天将降大任于我也!

在每个人的生命道路上,"春暖花开"的日子真的不常有。但只要用心,或许在某个拐角处,你也能看到另一种别样的风景。"若待上林花似锦,出门俱是看花人",朋友、爱人、情人、知心人有时也会成为彼此生命中的过客,但只要珍惜眼前的美好时光,让生命之花绽放,又何尝不是一道靓丽的风景?

"人间四月芳菲尽,山寺桃花始盛开",如今芳菲已尽,桃花不再,分明就是百花凋零的季节,但是我依旧能看到如此烂漫、花朵繁叠的海中花,所以我快乐! 所以我幸福!

专题1 海洋文学的启迪

海洋是大自然中生命的源泉,是人类得以生存、繁衍与发展的重要条件。海洋,对于全世界各个沿海民族而言,是生儿育女的摇篮,是耕耘劳作的田园,是心灵向往的圣地。广袤无边的海洋哺育了人类,也成为人类文学艺术中一个悠远而无法割舍的部分。

中国的海洋文学源远流长。两千年前的中国先秦古籍《山海经》是中国海洋文学的源头,《精卫填海》的故事是中国最早的海洋文学中的典范作品。另外,中国的海洋文学同中国的社会历史发展紧密相连,或者说是中国社会历史发展的艺术记录。例如,六百多年前的明永乐三年至宣德八年(1405—1433年),郑和就率领庞大的船队七下西洋,访问了三十多个在西太平洋和印度洋的国家和地区。郑和的西洋之旅不仅加深了中国同东南亚、东非的友好关系,而且以郑和七下西洋的事迹为基础形成的民间故事《三宝太监西洋记通俗演义》,不仅可以看成是文学反映中国历史的范例,而且还可以看成是中国近代海洋文学的代表作品。

西方也是如此,《荷马史诗》就是西方海洋文学的源头。荷马在他的长篇史诗《伊利亚特》和《奥德赛》中,讲述的一系列优美故事表现了古代人类对海洋的认识和理解、希望和寄托。在后来的西方文学中,海洋实际上同文学紧密地联系在一起,成为众多文学作品的构成因素。在莎士比亚的戏剧中,正是由于海洋的存在,莎士比亚才既能创作出震撼人类心灵的伟大悲剧,又能创作出美丽动人的喜剧和奇幻无比的传奇剧。离开了海洋,就缺少了莎士比亚戏剧存在的地理环境。

显然,不管是中国古典文学之中的篇幅短小却寓意深刻的《精卫填海》《百川灌河》《坎井之蛙》等故事,还是希腊诗人荷马的《伊利亚特》《奥德赛》等,海洋无论作为一种叙事背景,一个描写与抒情的对象,还是一种生活方式的选择,已经广泛地出现在文学作品当中。这证实了在人类文明与文化的演进过程中,海洋时时刻刻伴随左右。

翻开东方朔的《海内十洲记》、班彪的《览海赋》、西晋木华的《海赋》、潘岳的《沧海赋》、南齐张融的《海赋》、唐朝韩愈的《南海神庙碑》、宋代燕肃的《海潮论》、以及李汝珍的《镜花缘》等中国海洋文学;翻开《贝奥武夫》《暴风雨》《鲁滨孙漂流记》《海底两万里》《格列佛游记》《金银岛》《白鲸》《老人与海》等西方海洋文学经典。我们总能听到海涛起伏的激荡声,看到海浪间隐现的风帆。

海洋,见证了各民族海洋文明勃发、扩张与兴盛的过程,海洋参与铸就了各民族的民族情感、个性与文化价值观。

人类与海洋的关系,经历了由惧海(以远古神话为代表)到赞海(以19世纪前期的海洋诗歌为代表),又到斗海、乐海(以19世纪的海洋小说为代表)和探海(以海洋科幻小说为代表),最后到亲海(以海明威的小说为代表)的过程。

由惧海到斗海、乐海,表现了人类的勇气和自信;由惧海到探海,揭示了人类征服海洋的决心和能力;由斗海到亲海,则反映了人类一种全新的宇宙观。海洋不可避免地要成为人类新的生存空间,"亲和"是我们对待自己生存环境的唯一选择。

在未来的世纪,探海这一主题将持续下去,而亲海将是海洋文学的主旋律。

1. 中国古代文学家眼中的海洋

（1）不知盈虚,无端无涯——庄子的海洋

庄子是战国时期道家学派的代表人物之一,他对中国哲学,尤其是对辩证法做出了突出的贡献。在文学方面,他开创了浪漫主义创作方法,文风诡谲变幻,吸引并哺育了一代又一代的文学爱好者。李白、苏轼等都是受庄子影响而成长为诗坛巨匠、文学大师的。

《庄子·秋水》里有两段关于大海的描述很精彩。

第一处是河伯见海若的故事,庄子为了说明大海之大,先说人们熟知的黄河发大水的情形,由于百川灌河,水流巨大,以至于"两涘渚崖之间,不辨牛马"。黄河神灵河伯便欣然自喜,以为天下之美尽在己焉。但黄河之水与大海相比,真是小巫见大巫了,当他顺流而下,来到北海看到大海无边无涯时,连一向自负的河伯也吓得变了脸色,在海若的面前,终于露出羞赧之色,低下他那高贵的头,还说"吾非至于子之门则殆矣,吾长见笑于大方之家"。

这是用黄河大水做铺垫渲染,衬托海水之大。海水究竟有多大呢？庄子把大海写成了一个智慧的化身,他（海若）知识渊博而不盛气凌人,无所不知而谦虚谨慎,面对后学（河伯）谆谆告诫而令人心荡神摇。他批评井蛙、夏虫、曲士,由于时空、教养等方面的局限,无法同他们讨论"大道",只有虚心向学、追求真理、走出自己小天地的局限的人,才配跟他谈论天下"至道"。就像自知浅陋的河伯一样,走出自己的涯涘,看到了大海,认识到自己知识的浅陋的人,才可以与其谈论"大理"。

庄子对于大海自身的描写,则是寥寥数笔,就让人心荡神摇,感叹不已。

他说:"天下之水,莫大于海。万川归之,不知何时止而不盈;尾闾泄之,不知何时已而不虚。春秋不变,水旱不知,此其过江河之流,不可为量数。"大海大得异乎寻常,远远地超出人们的想象。它没有春夏秋冬的季节变化,即使发大水了或者干旱了,它也浑然不觉。绝不像平原的江河那样,只要一两天暴雨,就可能洪水泛滥、江河横流。庄子写大海,只是强调海的大,用来说明大与小的辩证关系。至于汹涌的波涛、海中动植物和海底宝藏,则一字未提。

第二则是《坎井之蛙》的故事。说一只坎井之蛙在东海之鳖面前夸耀它的井中至乐:"跳梁乎井干之上,入休乎缺甃之崖。赴水则接腋持颐,蹶泥则没足灭跗。"坎井之蛙还邀请东海之鳖进来观赏一下,可是东海之鳖左足未入,而右膝已被绊住,只得逡巡而退,并告诉它大海的情形:"夫千里之远,不足以举其大;千仞之高,不足以极其深。禹之时,十年九潦,而水弗为加益;汤之时,八年七旱,而崖不为加损。夫不为顷久推移,不以多少进退者,此亦东海之大乐也。"东海之鳖口中的大海,与北海神灵海若描述的大海差不多,都是强调一个"大"字,这里又多出一个"深"字。说它大——千里之远,不足以举其大;说它深——千仞之高,不足以极其深;说它多——无论十年九潦还是八年七旱,都是浑然不觉,水位完全一样。

因此我们说,庄子对大海的描写,只是从宏观上把握了它的大和多,目的是表述自己的哲理观点,是为说理服务的。如果从文学的角度去看,这种对大海的描写还处于粗线条的描写阶段。

（2）恶浪排天，声闻百里，曲江怒潮泣鬼神——枚乘曲江观潮

枚乘是西汉文景之治时期著名的辞赋家。他继承了楚辞的优良传统，又开辟了汉代辞赋的先风。尤其是他的《七发》中关于曲江观潮一段的描写，更是精彩绝伦——有关海潮的描写是从视觉、听觉和感觉三个方面来写的。先从视觉落笔，说恶浪排天，波涌云乱，荡取南山，覆亏丘陵，连一向生活在水中的鱼鳖，也"颠倒偃侧"，找不到平衡了。次从听觉着墨，说江水逆流，"疾雷闻百里"，说它"横奔似雷行""声如雷鼓"。再从感觉入手，说潮头下落之势如"白鹭之下翔"，说潮头挺进时则像"素车白马帷盖之张"，说波涌云乱"扰扰焉如三军腾装"，而旁作奔起，"飘飘焉如轻车之勒兵"；说"沌沌浑浑，状如奔马。混混庉庉，声如雷鼓"。还说杂沓之声犹如行军，磅礴感突之势恰似勇士无畏。

如果仅写视觉画面而没有声势的描写，就像观看一部无声电影，感受不到那种声威；若仅写声势而没有画面的配合，就如同闭目欣赏一段录音，有没有人工拟音合成也说不清楚，更难以产生身临其境的真实感。只有视听结合，再加上感觉的推波助澜，才能产生强大的震撼力，如临其境、如闻其声的真切感受。

北宋诗人陈师道在《十七日观潮》中写道："漫漫平沙走白虹，瑶台失手玉杯空。晴天摇动清江底，晚日浮沉急浪中。"枚乘观的是扬州曲江之潮，而陈师道观的是钱塘江的中秋大潮。陈诗既有实景的描写——潮头像一座座山峰，蜂拥而来，落日的倒影在浪谷中浮沉；也有想象中的虚拟世界，说连瑶池的王母娘娘和群仙看了也不由得心惊肉跳，失落手中的酒杯，泼洒了杯中的酒水。如此虚实结合，表现了钱塘潮的壮观景象。

（3）日月之行，若出其里——气吞山河的曹操观海

曹操是三国时期著名的政治家、军事家和文学家。在文学方面，他的诗歌和实用的应用文在中国文学史上占有一席之地，尤其是诗歌，反映当时动乱的社会现实，表达他统一天下的远大抱负，抒发顽强进取的思想感情，具有激昂慷慨的悲壮风格。《观沧海》是他东征乌桓，凯旋后途经河北昌黎时所作，是中国第一首专写山水、描写大海景观的佳作。

"东临碣石，以观沧海。水何澹澹，山岛竦峙。树木丛生，百草丰茂。秋风萧瑟，洪波涌起。日月之行，若出其中；星汉灿烂，若出其里。幸甚至哉，歌以咏志。"

诗人站在大海边的碣石山上，极目远眺，先是看到山岛挺立、树木繁茂、百草丛生；接着看到海水荡漾、洪波涌起；最后写观海的感觉，"日月之行，若出其中；星汉灿烂，若出其里"。若仅仅从视觉角度写"看大海"，几乎所有的诗人都能够写得出来，但《观沧海》后边的十六字感受真言却不是一般人能够悟得出来的，不仅是因为作者勾勒出了大海吞吐日月、包容天地的雄伟气象；还因为字里行间气势浩瀚雄浑，胸怀博大广阔，体现了诗人积极向上、雄姿勃发的胸怀。短短四句一十六字，抵得上人家千言万语，难怪受到历代文人的激赏。由此，我们不但看到了生机勃勃的海岛气象，感受到了大海吞吐日月的磅礴气势，更领悟到迥远辽阔的神韵意境，昂然激发、豪迈乐观的神情意趣。

曹操只是站住岸边山上观海，而唐朝诗人张说被流放广西钦州时，曾乘坐海船前往，亲身感受大海，那种感觉别有一番风韵情趣。有《入海》诗为证："乘桴入南海，海旷不可临。茫茫失方向，混混如凝阴。云山相出没，天地互浮沉。万里无涯际，云何测广深。潮波自盈缩，安得会虚心。"由于海浪一会儿把海船推向浪峰之巅，一会儿又把海船抛入浪谷之底，所以坐在海船里的人看外界景物，总是时隐时现，外界风物与海浪交替出现，故而说"云山相

出没"。仅此一点,就是站在岸边观海之人无法领悟到的奇特感受。站在岸边观海,还有个方向,漂流在大海里的小船,四顾茫茫,不辨东西南北,只感觉到自己与天地共浮沉,这种奇妙的感觉也是岸边观海难以体会到的。

(4)浮天无岸,蕴藏无尽,海童邀路游八荒——木华壮丽的大海

木华是西晋时期的文学家,擅长辞赋,傅亮《文章志》说他《海赋》"文甚隽丽,足继前良"。尤其是他描写出了大海的变化情态,瑰奇壮丽,久负盛名。

木华站在前人的肩膀上写海,与之前人相比,又进了一步。既写了庄子之海的水大、量多;也写了枚乘海潮的险怪意趣;还有曹操之海吞吐日月、包容天地的意境。而且他还写了海上风暴潮的险恶,既有栖息海滩的海鸟、海龟,也有海底的无尽宝藏和对栖息于海水中的海洋生物的描述。最后还展开了想象的翅膀,在海童邀路的情况下,仙游了海上的神仙世界,获得精神上的跃升。

先说对庄子之海水大、量多的描述,说它广袤无垠、波如连山,说它荟蔚云雾、广深浩瀚。与庄子之海相比,木华之海只是强调海之大,而没有庄子大小之辨的辩证法思想。木华在写海的大时,还没超出中国的范围。但其中"嘘嗡百川""浮天无岸"的意境,恰与曹操之海的吞吐日月、包容天地意境一般,也有雄浑磅礴、胸怀博大的气势和意象。

次说对海浪和海上风暴潮的描述,说海浪鼓怒,扬浮触搏,状如天轮激转,恰似地轴争回;犹如"岑岭飞腾而反复",又像"五岳鼓舞而相碰"。当海上卷起长风之际,海船"同然鸟逝""一越三千,不终朝而济所届"。比郦道元的"朝发白帝,暮到江陵"还要快得多。如果遇上天气恶劣的海况,"群妖遘迍……戕风起恶。廓如灵变,惚恍幽暮";"飞涝相碛""荡云沃日",那些靠海吃饭的舟人渔子,有的葬身海底,有的挂尸于山巅,有的漂到裸人之国、黑齿之邦去了,只有极少数幸运儿重新回到自己的家乡。这与枚乘的曲江之潮相比,不知又厉害了多少倍。

再说木华描写大海超越前人的地方。一是对海滩生物的描写;二是对海洋生物的描写;三是对海底无尽宝藏的描写;四是对海神的描述,既有"海童邀路,马衔当蹊";还有海神天吴、罔像、群妖,他们都是台风海浪的制造者;有天琛水怪、鲛人之室,有蓬莱安期、乔山帝像,还有群仙缥缈,他们"翔天沼,戏穷溟",遨游四海八荒。

(5)玉宇楼阁,仙山漫灭,房舍道里幻亦真——古人对海市蜃楼的刻画

我国可以出现海市蜃楼的地方很多,北起环渤海湾各沿海地区,山东的蓬莱、威海、青岛,东海的舟山,南海的惠来和东莞,都曾有过海市蜃楼的记录。尤其是蓬莱、舟山、惠来三个地方,海市蜃楼出现的频率要高一些。描写海市蜃楼的记述文字也不少,此以苏轼的《登州海市》和林景熙的《蜃说》为例,从文学的角度,谈一谈古人对海市蜃楼的认识。

苏轼因为反对王安时变法,先后被贬杭州通判、密州知府、徐州知府、徐州知府、湖州知府,前后共九年;又因乌台诗案受累,先后被贬为黄州团练副使、扬州团练副使、汝州团练副使,一共又是五年。元丰八年(1085年),哲宗即位;六月,苏轼被起用为登州知府,十月到任,五天后升为礼部郎中。登州任期虽然只有五天,但却是他十多年来心情最轻松的时刻。他描写了海市出现的幻影:"东方云海空复空,群仙出没空明中。荡摇浮世生万象,岂有贝阙藏珠宫。心知所见皆幻影,敢以耳目烦神工。岁寒水冷天地闭,为我起蛰鞭鱼龙。重楼翠阜出霜晓,异事惊倒百岁翁。人间所得容力取,世外无物谁为雄?"

然而，官场仕途的沉浮已经让他有些厌倦，也有一些麻木了，所以，在《登州海市》诗歌里，除了对海市的描写外，也有对仕途坎坷的寄寓。"率然有请不我拒，信我人厄非天穷。潮阳太守南迁归，喜见石廪堆祝融。自言正直动山鬼，岂知造物哀龙钟。伸眉一笑岂易得，神之报汝亦已丰。斜阳万里孤鸟没，但见碧海磨青铜。新诗绮语亦安用，相与变灭随东风。"命运困厄不是苍天使然，全因人事。天可怜见，韩愈在老之将至时又有了重游衡山的机会，我苏轼已步入五十岁时，又得到了重新起用。海市也好，人事也罢，在我看来都差不多，都是"相与变灭随东风"。

苏东坡已认识到海市是一种虚无缥缈的幻影，这比古人认为"蛟之属有蜃"，"能呴气作楼台城郭之状"要进步多了。

相比而言，林景熙的《蜃说》更精彩。作者由原先的不相信，到骇而出，再到看得入迷，看得津津有味，最后完全相信，把眼见为实的海市情形描写得极为精彩。更妙的是文章的结尾，笔锋一转，说"秦之阿房，楚之章华，魏之铜雀，陈之临春、结绮，突兀凌云者何限，运去代迁，荡为焦土，化为浮埃，是亦一蜃也。何暇蜃之异哉！"这就把历史的真实与现实海市的虚幻糅合在一起，说无暇惊诧感叹，实际上是对历朝历代大兴土木建造豪华殿堂楼宇的强有力的批判。

苏轼和林景熙都成功地描写了海市出没的情形，虽然他们还不能科学地解释海市现象，但他们都对海市幻景的真实性表示了极大的不信任，都把虚幻的海市与现实社会结合起来，指出现实的社会现象与虚幻的海市有十分相像之处。

（6）奇珍异宝，异彩纷呈，繁华贸易缘海来——海市贸易见闻一瞥

大海之滨，从来都有两种海市，一种是自然现象的虚幻景象海市蜃楼，一种是人类社会的海外奇珍的交易市场。尤其是南海之滨，自古以来就是海外奇珍的贸易胜地。司马迁称："番禺亦其一都会也，珠玑、犀、玳瑁、果、布之凑。"番禺，早在秦汉之交的南粤国时期，就是贸易繁华的都市，这是官方支持的海外贸易，也有一些人为了逃避官府的税赋，私下摆地摊，经营海外奇珍异宝，税官一来，商人四处逃逸而去；税官一走，聚拢过来铺开地摊照卖。这就是老百姓常说的"走鬼"现象。

钱以垲《岭海见闻》卷三记载："莞之南六十里靖康场有海市。当晦夜，海上有光，灯火照耀，人声杂逐，喧呼笑语。鲛人螺女之属，卖珠鬻锦，沽酒市脯，量米数钱，塵肆往来，纷纷贸易，至晓乃散。"

且让明、清两位诗人带领我们去欣赏一下民间海市交易市场吧。

王邦畿，番禺人，明末清初的诗人，他曾写过一首《海市歌》："虹霓驾海海市开，海人骑马海市来。白玉板阁黄金台，以宝易宝不易财。骊龙之珠大于斗，透彻光芒悬马首。若将海宝掷人间，小者亦能亡桀纣。海市市人非世人，东风皎洁梨花春。海市人服非世服，龙文象眼鲛绡幅。海市人事非世事，至宝不妨轻相示。市翁之老不知年，提篮直立海市前。篮中鸡子如日紫，要换市姑真龙子。龙子入海云雨兴，九州之大无炎蒸。"

首句似真似幻，像是在写自然界的海市蜃楼，其实是现实生活中的海商骑着马来到海市。他们拿着价值连城的奇珍异宝，用宝物换取别的宝物。直径大如斗的骊龙之珠就挂在马头上呼喊叫卖，随意地出示于人。这些宝物的价值，简直可以颠覆任何一个朝代。到海市来买东西的人也都是一些穿着光鲜、有头有脸的贵族子弟。一个老年生意人就提着篮子叫卖形若鸡蛋的宝贝，要换取一个外商姑娘的龙蛋宝贝。结尾似幻似真，说龙子一旦入海，

就能兴云布雨,使得普天之下没有炎热之苦。

如若写真的海市蜃楼,大多写山川、河流、房舍、树木、集市、人物之类的风物,而这里反映的却是从海路来的客商在夜间的珠宝市场上的买卖,可见,此一海市绝非彼一海市。有的客商骑着高头大马直接出来做生意,有的客商则是把宝物交给当地的生意人(比如老年市翁或市姑)去交易,这样做一是可以增加销售量,一是可以避免税官盘查或意外损失。整个海市市场珠光宝气,热闹繁华。

梁佩兰,南海人,清初诗人,他也曾写过一首《海市歌》:"蓦空无人忽成市,上不在天下不在地,月烟黄黄日烟紫。日之升,气之凝。玳瑁盖,珊瑚钉。大吹龙笙,细击鼍鼓。海童缓歌,海女急舞。海水开,龙王来。龙王来,龙母并驾车如雷,龙女后至何迟哉。市人市中设龙座,聚宝换宝市在左。蕃奴来市骑水犀,上宝负在大尾熊。老蛟人身目鱼目,手执大禹治水玉。鱼儿无宝杂市中,笑指海上天虹红。市东贾人好走马,宝光射马马不下。龙王厌宝空掉头,身拥五色龙鳞裘。龙母见宝不开口,定海鱼须尺持手。龙女戏掷红珍珠,盛饰雉尾新罗襦。世人眼睛不识宝,海中有宝偏不顾。海市宝多,世人奈何。扶桑花落东北角,海水成冰要人凿。海水吹风,吹动龙王宫。水生一片,海市不见。"

梁佩兰所反映的海市更奇了,既不在天上也不在地上,那又在哪里呢?实际上,就在官府和税官们不注意的地方,不留意的时刻,就在月上柳梢黄昏后的傍晚举行,他们混杂在群众夜市游乐场的附近,或许经常更换地点。海市市场上,奇珍异宝琳琅满目,有玳瑁盖、珊瑚树、红色珍珠、海螺玩具、鼍皮大鼓、古代文物宝玉等。来海市市场上做生意的人也都带有一些海味、洋味和神话传说的神秘味:有海童海女的歌舞,有龙王、龙母、龙女的驾临,有骑着水犀的蕃奴,有长着鱼眼睛的外商。他们穿着光鲜名贵,什么龙鳞裘、新罗襦(朝鲜进口的丝绸布料做的小夹袄);他们来头气派,什么龙车并驾、水犀牛、大尾熊,都是土著平民百姓难得一见的洋行头、洋气派。一旦惊动官府税官们,或者有点风吹草动,就"水生一片,海市不见",又回复到群众夜市游乐的场面了。真是像自然界的海市一样,扑朔迷离,令人捉摸不定。

中国古代以海洋为题材的文学作品汗牛充栋,这里仅仅撷取其中的几朵浪花——庄子以海为例说明大与小的辩证关系;枚乘对曲江潮的形、声、感觉进行了细致的刻画;曹操胸怀博大地观沧海;木华站在前人肩膀上对大海的总结;苏轼、林景熙对海市蜃楼的生动描绘;王邦畿、梁佩兰对海市贸易的描写等,以窥见中国古代海洋文化之一斑——那就是人们对大海的认识是渐次性的:先是感受海大浪高,大到什么程度呢?曹操说它大到吞吐日月、包容天地的程度,木华则说它大到"嘘噏百川""浮天无岸"的程度,连海之余威海潮也是令人心荡神摇;然后是对大海认识的拓展,海底有无尽的生物和宝藏,海岸潮间带有各种海鸟和海龟、贝类,沿海居民有大量的海事活动。

随着频繁的海事活动和对大海的深入了解,人们由早期对大海的陌生和畏惧,转而对大海进行欣赏,欣赏它的博大雄浑,欣赏奇幻的海市蜃楼。进而,人们赶海捕鱼、从事海外贸易。频繁的海事活动,带来了海洋事业的繁荣兴旺。

由此折射出了人类对海洋认识的变化轨迹和海洋事业的发展规律。

2.西方文学家眼中的海洋

西方大多为海洋民族,那些的民族兴衰、时代更迭,都与海洋有着千丝万缕的联系。海洋锻造着海洋民族的精神品格,海洋精神深深地根植于西方的历史文化之中。

在西方文学史上,一大批作家与诗人有着挥之不去的海洋情结,他们留下的海洋文学作品成为我们研究人类海洋文化、海洋人文精神的宝贵遗产。

海,在不同的时代呈现出不同的形象,人类对它怀有不同的情感,给它注入了不同的理念,对它持有不同的态度,从而也显示出不同的人文精神。

公元前12世纪以前,在古代希腊人的观念里,海是令人敬畏的,它蕴含着极大的破坏力,神话中的海神就是个暴躁易怒、心胸狭小、爱报复的家伙。这种形象反映了古代海洋民族生之艰难,以及对海的怨怼。在稍后的古希腊文学中,大海仍是有着变幻无常的风暴和巨大的破坏力的形象,如诗人阿尔凯奥斯在《海上风暴》中所写的那样。

在《荷马史诗·奥德赛》中,那些迷惑人心的、变人为猪的、吃人的妖魔,实际上就是诡谲多变、凶险四伏的大海的形象化。它们使奥德修斯失去了所有的战士,饱受磨难。对大海的这种认知一直伴随着人类走进现代文明。然而,也正是从古希腊开始,人类就试图认识大海、驾驭大海,并对此充满信心。在公元前五百多年,阿尔凯奥斯写道:

前浪过去了,后浪又涌来,

我们必须拼命地挣扎。

快把船墙堵严,

驶进一个安全港。

我们千万不要仓皇失措,

前面还有一场大的斗争在等着。

前面吃过的苦头不要忘,

这回咱们一定要把好汉当。

俄底修斯凭着过人的智慧和意志力挣脱羁绊,冲破险阻,回到了故乡。这表现了人类在大海面前的某种自信。

海的险恶、暴躁、神秘、变幻无常,使它对人类有着巨大的挑战性,海洋成了展开想象的翅膀、考验和显示人类意志力量的理想场所。人类经过几个世纪对海的探索,到了1719年出版的笛福的《鲁滨孙漂流记》,海的形象一如既往,但人类接受挑战,顽强生存的自信心与日俱增。鲁滨孙有冒险家的胆略,更有实干家的生存技能,凭着他坚忍的意志、丰富的海洋知识、勤劳的双手,在沉船落水后,在荒无人烟的孤岛上顽强地生活了二十八年,并建立起自己的家园。《鲁滨孙漂流记》是第一部写实风格的海洋文学作品。稍后,1726年出版的斯威夫特的《格列佛游记》中,海洋以其神秘莫测成为作者驰骋想象的理想空间,斯威夫特借虚构的几个海中王国来讽喻现实。柯勒律治的叙事长诗《古舟子咏》中的海仍是诗人以优美的诗句营造想象王国的场所,诗人借此演绎了一个善恶有报的寓言故事。人在大自然中(大海之上)是如此渺小无助,唯有神佑才可使他逢凶化吉。

19世纪,这个风起云涌的世纪,这个自由思想撞击新时代大门的世纪,这个母腹阵痛,新世界呼之欲出的世纪,海洋受到了前所未有的关注,海洋已经作为一种审美形象进入文学,海洋精神得到前所未有的张扬,海洋文学创作达到了繁荣的巅峰。

英国诗人拜伦,被日本传记作家鹤见祐辅称为自由思想的化身,说19世纪中叶的民族民主运动,"几乎可以说是从他所鼓吹所刺激的热情里喷涌出来的"。普希金在他的《致大海》中也有这样赞美拜伦的诗句：

……

喧腾吧，为险恶的天时而汹涌，

啊，大海！他曾经为你歌唱。

他是由你的精气塑成的，

海啊，他是你的形象的反映；

他像你似的深沉、有力、阴郁，

他也倔强得和你一样。

拜伦在《恰尔德·哈洛尔德游记》第四章中写道："我一直爱你，大海！在少年时期，我爱好的游戏就是投进你的怀抱……"在他的笔下，大海威严、有力、粗犷，那是"波浪滔天的地方"，有着"剧烈的风暴"。这样的大海，部分是"拜伦式的英雄"的精神投射，他们的孤傲、勇敢，他们对专制暴政的愤怒、反叛，都与海洋精神融为一体。《海盗》中的康拉德就是这样一位英雄的典型。在拜伦笔下，大海的纯净、优美、自由，也与所谓的文明社会相对立，成为"拜伦式的英雄"的精神家园：

在暗蓝色的海上，海水在欢快地泼溅，

我们的心是自由的，我们的思想不受限，

……

我们过着粗犷的生涯，在风暴动荡里，

从劳作到休息，什么样的日子都有乐趣。

俄罗斯诗人普希金在稍后写下的咏海名作《致大海》中，进一步塑造了大海的自由品格，他称大海为"自由的元素"，用"反复无常的激情""任性""汹涌起来无法控制""倔强"等词句来形容。

与后来的康拉德、麦尔维尔、杰克·伦敦等人相比，拜伦、普希金对大海所做的是一种浪漫主义的把握，人格化的描写。这种审美态度在19世纪的另一个海洋文明大类——海洋童话中持续下去。海的神秘、奇妙、瑰丽，是童话作家钟情海洋的原因。

远在北欧的丹麦作家安徒生以其童话名作《海的女儿》丰富了大海另一个侧面的美。海之魂幻化成了一位美丽、善良、热情而沉静的少女，她为爱情而毁了自己的自然形体，终日忍受痛苦，而交流的障碍却注定了她悲剧的结局。这是一种哀婉的美。

英国作家查理·金斯莱的童话名著《水孩子》中的大海，与冷漠的陆上世界相对，是个温暖的理想世界，小主人公汤姆在那里完成了他的人性塑造。

意大利作家卡洛·科罗狄的《木偶奇遇记》也是一篇有关儿童品格培养的童话，它通过仁爱和亲情感化，以及惩罚与启悟，使匹诺曹在随心所欲、易受诱惑中学会自律。大海在《木偶奇遇记》中仅仅是冒险的场所。

20世纪初英国作家詹姆斯·巴利的《彼得·潘》中海洋才超越仅仅作为背景的地位，或不再仅仅用以满足儿童的好奇心。作品的人物、主旨与海有了密不可分的关系。彼得·潘就是海的孩子，他拥有海的精神，任性、活泼、聪明、敢作敢为。作者的创作宗旨与《水孩子》相反，它并非劝诫之作，只是为了逗乐，或者不如说它有与众不同的劝诫意义：让儿童保有他们的天性,尽可能多地享受童年的快乐。

在 19 世纪后半叶的海洋文学作品中,海洋的审美特性与前期的浪漫主义诗歌和童话迥然不同。无论世俗小说,还是严肃小说,都是如此。

海的神奇与险恶、海上生活的惊险,也使海洋成为通俗文学作品的理想背景。海洋通俗文学一般有历险、寻找(包括寻宝、寻人)、漂泊等模式,它们是西方文学史上的传奇与流浪汉小说的海洋版。《鲁滨孙漂流记》开历险文学的风气之先,法国作家凡尔纳的《神秘岛》使鲁滨孙式的故事又多了一份神秘。若干悬念,历险者由个体变成了群体;凡尔纳的《格兰特船长的儿女》寻父;英国作家史蒂文生的《宝岛》寻宝;凡尔纳的《海底两万里》是海洋通俗小说的科幻门类,书中的尼摩船长是个海上唐·吉诃德式的人物,为了民族的仇恨而漂泊海底,这部作品的情节结构与流浪汉小说一脉相承。海洋通俗小说进一步表现了人类认识和驾驭海洋的信心,展示了人类意志的坚忍和勇敢。

在 19 世纪的海洋严肃小说中,大海往往呈现出一副狰狞的面目。在英国作家约瑟夫·康拉德 1898 年创作的《"水仙号"上的黑水手》中,大海喜怒无常、暴虐、冷漠,对人类充满敌意。然而康拉德却钟情海洋,他在青年时代为海洋所吸引,从遥远的波兰来到马赛,开始他八年的航海生涯,后来成为一名船长。因健康原因放弃航海生涯后,他创作了一系列的航海小说。在康拉德那里,大海是个特殊的、与世隔绝的社会,一座心理学与人性的实验室,它除去了一切不必要的芜杂,只剩下暴虐与美德和意志进行较量,人类的道德信念和品质在此面临无情的考验,安全平稳的陆地和文明社会的虚伪、做作都要在生与死的考验面前被剥去。这与海明威钟情于狩猎猛兽、深海垂钓,钟情于拳击台、斗牛场有着同样的奥妙。在《"水仙号"上的黑水手》里,远洋航行中的疾病、飓风、死亡等的威胁,使水手们忠诚、团结、患难与共等信念受到严重的挑战。稍后 1900 年创作的《吉姆爷》以狂暴的大海和凶险四伏的海滨部落为背景,表现吉姆的心灵历程。吉姆在一次海难中随其他水手弃船逃命后,一直试图追寻自我、证明自我,最后在巴多森部落因错误地估计盗贼的诚信而主动饮弹谢罪。面对狰狞的大海,康拉德和他的人物都经受了考验,证实了自己存在,认识了自己的力量。在之后发表的《青春》中,他写出了一群年轻水手与大海搏斗时的豪迈,写出了他们的青春活力和坚韧不拔的意志。他们与作者一样热爱海洋,因为它可以"给你一个机会,好认识到自己的力量"。康拉德海洋小说的精神基调,与前文论及的 19 世纪其他海洋文学作品一样,都是乐观主义的。在这一点上,麦尔维尔的《白鲸》差不多是个例外。

在《白鲸》中,那只庞大的抹香鲸是一股与人类为敌又难以征服的、邪恶的力量,而孕育白鲸的大海(据学者们分析,它象征整个大自然),也是杀机四伏,蕴藏着巨大的破坏力。船长亚哈试图反抗和征服白鲸,也就是征服大海,却宿命式地一步步接近厄运,终至毁灭。这部小说的悲剧色彩使它成为 19 世纪海洋文学中少见的一曲悲歌。尽管如此,在亚哈船长的身上,仍透着一股悲壮的豪气,他代表着人类征服环境的不屈的意志。在这一点上,麦尔维尔又与康德有着相通之处。悲剧中的崇高仍给人以感奋力量。

称得上悲观主义海洋文学作品的当属爱尔兰象征主义剧作家约翰·沁的《骑马下海的人》,这部剧作具有典型的世纪末情绪。在剧中,大海有着吞噬一切的无比威力,它夺去了一家三代男人的生命,人类在它的面前是如此无能、无助。明知海上凶险四伏,明知自己兄弟的尸体尚未打捞上来,但为了生存,巴特里"没有时间多耽搁",又立刻上路赶船,结果也被淹死在海里。剧本平淡的风格中蕴藏着巨大的震撼力。

海洋文学的发展似乎也与国力的兴衰有一定的关系。20世纪美国一跃而为世界头号海上强国,20世纪的海洋文学名著也大都诞生在美国。杰克·伦敦是位血性男子,创作中也追求阳刚之气。他曾在访问一所美国小学时,讥讽教科书上的文学作品毫无男子气概。他在长篇小说《海狼》中,塑造了赖生这样一个信奉"强权就是真理,懦弱就是错误"的"海上超人"形象。海狼赖生粗野、残暴、刚强、率直,显然他是杰克·伦敦所理解的海洋精神的化身。海洋一如丛林,是达尔文式的世界,在那里没有"普通人的法律",只有强者才能生存下去。但将弱肉强食的法则用于人类社会就会让善良的人们难以接受。所以杰克·伦敦在稍后发表的《白牙》中塑造了一个有野性又有人性的强者形象;在《马丁·伊登》中,他让马丁·伊登去接受文明社会的教养。杰克·伦敦有意无意地将大海与陆上两个世界对立起来。海洋文学中的这一传统可能始于查理·金斯莱的《水孩子》。但在《水孩子》中,海上世界是美化了的想象世界。而到了20世纪,海洋文学中海洋形象的能指和所指之间的距离越来越小。杰克·伦敦在大海与陆上两个世界之间徘徊,结果,既失去了前者,又不能融入后者,于是与马丁一起自杀。后来的奥尼尔和海明威就超越了这种徘徊。

奥尼尔像康拉德一样钟情大海,青年时代他在伦敦和康拉德的影响下在海上漂泊了六年。奥尼尔在创作初期曾构思一组自传性的系列剧,并给它们加了一个总的标题:《大海母亲的儿子》。"大海母亲的儿子"正是奥尼尔的精神写照。在剧本《天边外》中,他借罗伯特这个人物表达自己童年时代对大海的向往:

……那时,在我想来,那个遥远的海,无奇不有……它当时叫唤我,正像它现在叫唤我一样。

罗伯特因对露丝的爱情而放弃远航,此后郁郁而终。奥尼尔创作了一大批海洋戏剧作品,其中著名的有《东航卡迪夫》《归途迢迢》《加勒比人的月亮》《安娜·克里斯蒂》等。在《进入黑夜的漫长旅程》中,他借埃德蒙之口抒发了自己对大海的陶醉:

……天上正满月当空,贸易风迎面吹来,……脚下海水翻滚着泡沫四下飞溅,头上桅杆高高地扬着风帆,在月光下一片洁白。我陶醉在眼前美景和帆船悦耳的节奏中,一时竟悠悠然魂驰神外。……我感到无比的自由!我的整个身心都融进海水里,和白帆、飞溅的浪花、眼前的美景、悦耳的节奏,和帆船、星空融为一体!

在奥尼尔那里,大海已不再是用以认识自己力量的场所,而是他精神的家园、灵魂的归属、理想的寄托。大海也不再仅仅是浪漫主义诗歌中一种象征性的审美形象、一道风景,奥尼尔在作为一种生活方式、生存环境的大海中发现了诗意,发现了生命的意义。美国评论家弗吉尼亚·弗洛伊德写道:"在他(奥尼尔)看来,大海呈现出神话般的浩渺,正是在大海里,他为自己漫无目标的生活找到了归属,并看清了他在剧作中体现的那种神秘的生命背后的动力。他沉湎于大海之中,而大海在他脑海中留下了不可磨灭的形象"有人认为人类生命起源于海洋,也将回归海洋,奥尼尔完成了心灵的回归。这成为20世纪海洋文学的主调。这也是在经过19世纪下半期"斗海"主题之后,对19世纪前期"亲海"主题的回归。

英国作家毛姆在他的那部以画家高庚为原型的小说《月亮与六便士》中,也将远离文明的太平洋小岛塔希提作为主人公斯特里克兰德的精神家园。岛上的一切原始而纯朴,优美而热烈,它们不断地激发他的艺术灵感,与庸俗琐碎、按部就班、无所事事的文明世界形成对比。但与奥尼尔和海明威不同的是,毛姆这部作品的主题是逃避,而奥尼尔、海明威和他们的主人公则是在大海中寻求积极的生命体验。

在特殊的历史时期,逃避却是一种奢望。与毛姆同时代的苏联作家鲍里斯·拉夫列尼约夫创作过一部在本国引起极大争议的中篇小说《第四十一个》。在这部作品中,作者无意识地将大海表现为一个与政治化的陆上世界相对照的自然世界,在它激情的风暴与动人的蔚蓝中,两个来自不同阶级阵营的青年男女身上的政治外壳和阶级意识隐去了,袒露出烂漫的人性。大海萌发和容纳了他们叛逆的爱情,但来自陆地的召唤使这一海之浪漫曲立时弦断音绝,不可避免地走向悲剧的结局。当白军中尉见到自己一方的船并拼命奔跑过去时,马柳特卡举枪射击,中尉成了被她打死的第四十一个敌人。

在《老人与海》中,海明威把他的"硬汉形象"置于大海之上,塑造了一个"打不败的英雄"老人桑地亚哥的形象。小说集中地表现了老人意志的坚强和在失败面前保持尊严的"硬汉"性格。在小说中,老人桑地亚哥与大海的关系是息息相通的朋友:老人总是把海当作一个女性,当作一个给人或者不愿给人以恩惠的女人,要是她干出什么鲁莽或顽皮的事儿,那是因为她由不得自己。月亮对她有影响,如同对一个女人那样。

老人在海上捕鱼,不是什么敌对行为,也不是要夺取什么,而是一种友好关系的表现。那条他追捕了一天一夜的大马林鱼,他敬佩它,喜欢它,为它的死而悲叹。他和它都有自己的生存理由和意义。这种人与海的关系,是20世纪的海洋文学新理念,并将成为人类新世纪的海洋精神。

(1)西方文学家对"海洋"象征意义的看法

以英国小说家康拉德笔下的大海为例。

约瑟夫·康拉德,英国作家,1857年12月3日生于波兰,后来加入英国国籍。康拉德在英国文学史上拥有重要的地位,被誉为英国现代八大作家之一。虽然他初到英国时,对英语几乎不懂,但最后他却用英语写作。他曾说:"如果我不用英语写作,我就必定什么都写不出来。"

康拉德有二十余年的时间是在海上生活的。在此期间,他曾航行世界各地,积累了丰富的海上生活经验。康拉德最擅长写海洋冒险小说,有"海洋小说大师"之称。与许多"海洋小说家"不同,他注意的不是惊险的事件,而是惊险的事件在人们意识中的反映。他认为,如果忽略人们的思想情感,艺术就失去了意义。康拉德的作品塑造出了人物的悲剧命运,以及作者对人与自然的深刻探索,比如《吉姆爷》(被改为电影剧本的《黑暗的心》)和《"水仙号"上的黑水手》都蕴含着一种印象主义特征,就如同一幅画,让你产生无尽的画面感。

和其他伟大作家一样,康拉德试图反映时代精神,表现出那个时代的人的遭遇和命运、情感生活和观念意识。康拉德关注和探讨的是现代文明危机以及在现代社会背景下人性的完整、人的存在价值和终极意义。

在康拉德看来,悲剧不是坏事,而是赏心悦目的、富于生命力和推动力的事情,简言之,悲剧是人性的另一种"胜利"。

康拉德赋予大海以人格,大海作为陆地的对应物,在康拉德的笔下体现了对生命本体的存在主义思考、孤独意识和归依情结以及矛盾悖论的人生观念。康拉德很好地延续了西方海洋文学的文化内蕴,并在个人人生体验的基础上丰富了其文化精神。

神话原型批评的集大成者弗莱把文学作品分为五种类别模式,并认为每种模式的文学作品与特定的意象相关联。因而,要对一部文学作品做原型批评的阐释,必须首先对其模式归属做出判断。弗莱将康拉德归为现实主义倾向的作家,即低模仿的文学类别模式。

在《我的经历》中,康拉德说:"有人说我是浪漫主义的,只有随他去,也有人说我是现实主义的,这是值得注意的。"弗莱认为,低模仿意象寻求的是康拉德所谓的"毁灭性的力量"——大海。这与康拉德的印象主义创作手法的主张有密切关系,康拉德运用印象主义技巧构筑了蕴涵丰富的海上世界。承载康拉德生命体验的大海蕴涵了丰富的象征结构,主要体现在对生命存在的思考、孤独意识、归依情结和矛盾悖论的人生观念等方面。

(2)印象主义与"大海"

弗莱对"原型"的定义是建立在象征的基础上的。他认为,象征"指的是任何可以被分离出来而为批评所注意的文学结构的单位。以某种特殊的参照方式加以运用的词语或意象都是象征(参照就是象征通常所指的意思),它们是批评分析可以加以剖析的因素"。如果一种象征可以表明诗与诗所模仿的自然有成比例的类似之处,那么,这种象征就称为意象。而"原型"则是"指一个把一首诗与另一首诗联系起来因而帮助使我们的文学经验成为一体的象征",是"一种典型的或重复出现的意象"。不难看出,弗莱的原型批评理论与意象批评的延续性。意象批评认为主题意象不是独立存在的,为了表达主题,必须有基础意象的支撑,基础意象和主题意象共同勾勒传情达意的图景,这就是所谓"象群的组合"。康拉德的伟大之处就是用印象主义的技巧描摹了"象群的组合",使之服务于表达主题的需要。

康拉德印象主义的技巧主要体现在两个方面:叙事手法和场景展示。这里无意翻炒已有颇多论述的叙事手法,仅从场景的展示方面来再现康拉德笔下的大海。康拉德擅长使用声、光、色的组合来描摹海上世界,给读者一幅幅油画。在《吉姆爷》中,这种画面的建构自始至终与主人公的心理暗合,突出了环境对人的作用,而这正是印象主义的主张:淡化故事情节而注重气氛的渲染,对人物的塑造相对让位于环境的营造。如船开始起航时"在这含有恶意的灿烂天空下,蔚蓝色的深海丝毫不动,没有一丝水波没有一条花纹。(船启动了)在天上画出一道黑烟,在海上留下一道白沫,那白沫立即消失,好像一只一心想在死海上面的一道幻影";遇险时"水平线变黑了""乌云边上还镶着一层叫人看着难过的微白光芒";从船上跳下时"大船涌起在他上头,船旁的红灯发着光,在雨里射出大块的光辉,好比隔一层雾看见的悬崖上的火"。黑、白、红三种颜色形成了鲜明的对比,恐怖、孤独的情感包含其中。

如同他在《"水仙号"上的黑水手》前言里所说的:"我的目的是要用印出来的语言的力量使你听到,使你感觉到,最终,更要使你看到。这就是一切。"康拉德致力于用印象主义的技巧来透视人生真谛,通过具体的感觉来传达所得到的印象,制造出某时某地的道德情感气氛。

康拉德印象主义技巧营造的"象群组合"在表现主题方面起了很大作用,他笔下的大海有其独特的个人人生体验,包含着丰富的象征结构。

(3)"大海"的象征结构

康拉德在《青春》里表白:"有那么些航行,它们似乎注定了是用来解释人生的,它们可以作为生活的象征。"这种象征意义概括地说,就是逃遁与归依的生存状态,疏离与责任的人生态度。

水,是文学恒久蕴涵的意象之一,弗莱认为:"水的循环的四个方面(雨、泉、河、海或雪),是生命的四个阶段(青年、成年、老年、死亡)。"文学意象永远不能重复同一内容,它创造一种语言,加盟于表达心理力量的强有力的运动,意象可以上溯到语言和形象思维的起源,同时又表达凝聚于事物内部的情感世界。

海洋往往承载着一种奋勇向上的昂扬斗志和对生命存在的哲理性思索。文学是作家体验——作家关于人的生命存在意义的审美把握的表述。情感是体验的核心,作家对意象有敏感的捕捉力,因而意象往往承担着表达作家独特体验的使命。

康拉德的童年和水手生涯使他对生命的悲剧性有超乎常人的体验:"生命问题似乎太浩瀚了……大海是无所不知的,早晚总会揭开帷幕,让每个人都能看透那隐在一切谬误里的智慧,那藏在种种疑问里的真相,以及那超越忧患恐怖的安全和平的领域。"这种深沉凝重的人生体验是童年的痛苦、青春期的自杀、心脏的疾病以及流浪生活综合作用于敏感的心灵而产生的神秘性和悲剧性气质,是大海赋予的独特的生存体验。

"波兰、英国和法国的影响使康拉德树立了三重语言和三重文化的身份,他被认为是生活在两个世界中,而在两个世界中都是陌生的边缘人。"同时,背负着叛国的罪名,接受世人的指责和辱骂,加之1909年的财政危机后与好友福特彻底决裂,这使他更加游离于中心之外,体验着边缘状态的精神孤独、对命运的悲剧性感悟和孤独的生存体验造就了康拉德作品的逃遁与疏离的主题。

他的小说的主人公一直在逃遁,顺着海水漂流,像一条船,寻求停泊的港湾。这集中体现在他的"逃遁小说"里,如《吉姆爷》。吉姆,这个在航海中弃船逃生的牧师的儿子,沿着海港,朝着太阳升起的方向,逃离耻辱的记忆,逃离不堪回首的痛楚体验。最后,逃离了白人居住区,走进马来人的原始生活中去创造他的"英雄迷梦"。

"逃遁"是海洋文学承载的古老主题之一,早在古罗马,维吉尔的《埃涅阿斯记》里,英雄埃涅阿斯在亡国之后的旅途就是海上航行,海水的流动性赋予生命一种逃遁的命题。在康拉德勾勒的海上图景里,我们看到了黑白两色的世界,一条船在黑暗中向命运驱奔,"偶然也有旁的白点在游移"。强烈的对比给读者的感官以鲜明的刺激,这背后是两种文化背景的对比。康拉德用他的作品告诉我们,他爱西方,但西方走上了不可避免的没落,他憧憬东方,但东方依然原始愚昧。这也是康拉德在逃遁过程中不断追寻得来的认识。

逃遁的过程实际上是一种对命运不公正的抗争以及对新的命运的探索。每一次航行都有终点:"皈依是探索、抗争之后的归宿。"王克俭先生在《文艺创作心理学》里把归依体验分为三种:向宗教归依、向童年归依、向自然归依。其实,康拉德属于向童年归依,体现出对东方原始社会的向往。

"我经历了东方的宁静,可是我重新睁开眼睛时,东方仍然是万籁俱寂,好像它的宁静从来没有受到过干扰。我躺在一片明亮的光海里,天看上去从来没有那么远,那么高过。"这是一种由现世的孤苦无依的情感体验带来的审美期待,一种现世的情感缺失性体验驱动下的梦的追寻,一种海上漂泊不定带来的命运无常的惊恐影响下的对陆地的皈依。东方的迷幻色彩在审美距离拉近后尽失,正如他在《青春》里所描述的:"在叹一口气、眨一眨眼的时间里不知去向了。"

康拉德十分关注小说的社会功能和道德功能,认为小说是唯一的思想载体,是生活指南,他和福特都认为小说是"根治苦难人类的种种疾病的唯一万灵药"。康拉德的小说试图表现一种勇于抗争的生存情趣和忠诚友爱的道德关怀。

埃莱娜·蒂泽在其名著《宇宙与意象》中说:"光明与黑暗的斗争,若明若暗等题材,渗透在黑夜中的母亲、'胚胎生长的乳白色海洋'、大海、黑夜等形象之中。"象征人生之旅的航行充满了与命运抗争的情趣。

"我的身体属于海洋,完全属于海和船。海是真正的世界,船则检验着人的男子汉气概、脾气、勇气、忠诚——和爱。"经年的航海生活在康拉德身上和作品中的投射之一,就是形成了直面人生、突破困境、追求梦想的海洋气质,呼唤友爱和谐,唾弃虚伪懦弱的道德品质。

《青春》是涉世之初的体验,乐观向上地面对困难,甚至渴望只身去憧憬的东方。《台风》中,马克惠船长在大敌(台风)当前临危不乱,宣称"迎面承担"是"他的信仰"。

《吉姆爷》用光与影的交织构造的海上世界,正如我们之前所展示,与吉姆这一普通人的心理活动紧密结合,剖析了人面对诱惑时复杂的道德情感。《"水仙号"上的黑水手》在寂静的幽暗海洋描画出人们对忠诚、友爱和团结的召唤。

(4)"大海"的原型意义

弗莱认为一种原型的产生不是凭空的,其背后有强大的民族文化的心理积淀。

英国是著名的航海民族,5世纪中叶,盎格鲁–撒克逊文学植根于英吉利,早在公元725年就诞生了《水手》这样描绘主人公在大海的诱惑下出海探险的诗歌,歌颂英勇狂野、奔放自由的盎格鲁–撒克逊精神。16世纪,英国取代西班牙获得海上霸权,英勇、好斗的冒险精神得到更大的刺激。18世纪诞生了笛福的《鲁滨孙漂流记》,主人公鲁滨孙既有冒险拓新的追求,又有求实苦干的精神。19世纪的康拉德是民族精神的最好阐释者,安德烈·莫洛亚在《约瑟夫·康拉德》中写道:"他比别的文人把某种盎格鲁–撒克逊理想表现得更好……所发出的信息是英国实干家的一种斯多葛哲学的最率直的表达。"

人与海洋的搏斗形成了最鲜明的英国民族特色。康拉德的"生存情趣"就是这种民族特色的完美表达。康拉德"将海洋和船上的生活环境……作为一种手段,用以探索人类经验中深刻的道德含义",即英国实干家的斯多葛哲学精神。

斯多葛学派认为"在一个人的生命里,只有德行是唯一的善",残酷和不公是为受难者提供的锻炼德行的机会。但是,抗争的结果却是现存世界被大火毁灭,历史从头开始,循环往复。康拉德那里,人与海的搏斗也往往是失败的,船被火吞没或人被海吞没。人死,船沉,文明瓦解。命运是不公正的,有的只是偶然。伦理道德是斯多葛学派所认为的最重要的东西,康拉德通过对海上世界的展示,在混乱不堪的搏斗中表现了对怯懦的唾弃,对偷生的鄙夷和对忠诚的赞颂。

赵启光先生在《康拉德小说选》的译本序中说:"很少有作家像康拉德那样在一生中充满惊心动魄的矛盾。"他爱波兰却远离了她,爱冒险却希冀平和的生活,与先进的生产力结合却又对原始社会表现出深深的眷恋。

康拉德的这种矛盾、悖论的人生观念反映了人类本性中的归依情结,面对浩渺无边的大海产生的对港口的依恋。从古老的史诗《奥德修斯》和《埃涅阿斯记》开始,西方海洋文学渐次形成了一种海洋品格,黑格尔在《历史哲学》中如此概括:"大海给了我们茫茫无定、浩浩无际和渺渺无限的观念:人类在大海的无限里感到他自己的无限的时候,他们就被激起了勇气。要去超越那有限的一切。"同时,这种无限也带来了孤独、恐惧,伴随着逃遁、追寻和归依。

弗莱把作品中的意象方式作了区分,认为与我们相似的主要人物出现在低模仿模式中,康拉德的小说正是如此,表现了人性中普遍存在的情绪和情结,以作家敏感的心灵挖掘了矛盾、悖论的人性观和人生观。

海洋文化伴随人类历史而诞生,大海的文学作品中,许多作家表现的意象积年沉淀形成了一种品格,一种承载民族心理和人性思考的原型。

康拉德把大海作为陆地的对照,以航行象征人生,展示了对人生命运的思索和人性的深度挖掘,再现了大海的象征意义,表达了生命的厚重和存在的孤独以及疏离与责任的生存状态和道德旨归。康拉德不仅延续了西方海洋文学的原型意义,而且在他那里,海洋既是异己的力量又是精神的共鸣体,丰富了大海所承载的原型象征意义。

弗莱的原型批评理论为文学批评提供了一个新的角度,康拉德的作品证实了弗莱的理论,原型不仅仅指向人物及人物关系,而且包括被赋予情感和生命力的自然现象,而正是印象主义给了大海以情感和生命力。

专题 2 海洋文学赏析

1. 诗歌《春江花月夜》

春江潮水连海平,海上明月共潮生。
滟滟随波千万里,何处春江无月明!
江流宛转绕芳甸,月照花林皆似霰;
空里流霜不觉飞,汀上白沙看不见。
江天一色无纤尘,皎皎空中孤月轮。
江畔何人初见月? 江月何年初照人?
人生代代无穷已,江月年年望相似。("望相似"又作:只相似)
不知江月待何人,但见长江送流水。
白云一片去悠悠,青枫浦上不胜愁。
谁家今夜扁舟子? 何处相思明月楼?
可怜楼上月徘徊,应照离人妆镜台。
玉户帘中卷不去,捣衣砧上拂还来。
此时相望不相闻,愿逐月华流照君。
鸿雁长飞光不度,鱼龙潜跃水成文。
昨夜闲潭梦落花,可怜春半不还家。
江水流春去欲尽,江潭落月复西斜。
斜月沉沉藏海雾,碣石潇湘无限路。
不知乘月几人归,落月摇情满江树。("落月"又作:落花)

被闻一多先生誉为"诗中的诗,顶峰上的顶峰""宫体诗的自赎"的《春江花月夜》,一千多年来使无数读者为之倾倒。一生仅留下两首诗的张若虚,也因这一首诗,"孤篇横绝,竟为大家"。

诗篇题目就令人心驰神往,春、江、花、月、夜,这五种事物集中体现了人生最动人的良辰美景,构成了诱人探寻的奇妙的艺术境界。

诗人入手擒题,一开篇便就题生发,勾勒出一幅春江月夜的壮丽画面:江潮连海,月共潮生。这里的"海"是虚指,江潮浩瀚无垠,仿佛和大海连在一起,气势宏伟。这时一轮明月随潮涌生,景象壮观。一个"生"字,就赋予了明月与潮水以活泼的生命。月光闪耀千万里之遥,哪一处春江不在明月朗照之中! 江水曲曲弯弯地绕过花草遍生的春之原野,月色泻在花树上,像撒上了一层洁白的雪。诗人真可谓是丹青妙手,轻轻挥洒一笔,便渲染出春江月夜中的奇异之"花"。同时,又巧妙地缴足了"春江花月夜"的题面。诗人对月光的观察极其精微:月光荡涤了世间万物的五光十色,将大千世界浸染成梦幻一样的银灰色。因而"流霜不觉飞""白沙看不见",浑然只有皎洁明亮的月光存在。细腻的笔触,创造了一个神话般美妙的境界,使春江花月夜显得格外幽美恬静。这几句,由大到小,由远及近,笔墨逐渐凝聚在一轮孤月上了。

清明澄澈的天地宇宙,仿佛使人进入了一个纯净的世界,这就自然地引起了诗人的遐思冥想:"江畔何人初见月?江月何年初照人?"诗人神思飞跃,但又紧紧联系着人生,探索着人生的哲理与宇宙的奥秘。这种探索,古人也已有之,如曹植《送应氏》中的"天地无终极,人命若朝霜",阮籍《咏怀》中的"人生若尘露,天道邈悠悠"等,但诗的主题多半是感慨宇宙永恒,人生短暂。张若虚在此处却别开生面,他的思想没有陷入前人窠臼,而是翻出了新意:"人生代代无穷已,江月年年望相似。"个人的生命是短暂即逝的,而人类的存在则是绵延久长的,因之"代代无穷矣"的人生就和"年年只相似"的明月得以共存。这是诗人从大自然的美景中感受到的一种欣慰。诗人虽有对人生短暂的感伤,但并不是颓废与绝望,而是源于对人生的追求与热爱。全诗的基调是"哀而不伤",使我们得以聆听到盛唐时代之音的回响。

"不知江月待何人,但见长江送流水",这是紧承上一句的"只相似"而来的。人生代代相继,江月年年如此。一轮孤月徘徊中天,像是等待着什么人似的,却又永远不能如愿。月光下,只有大江急流,奔腾远去。随着江水的流动,诗篇遂生波澜,将诗情推向更深远的境界。江月有恨,流水无情,诗人自然地把笔触由上半篇的大自然景色转到了人生图像,引出下半篇男女相思的离愁别恨。

"白云"四句总写在春江花月夜中思妇与游子的两地思念之情。"白云""青枫浦"托物寓情。白云飘忽,象征"扁舟子"的行踪不定。"青枫浦"为地名,但"枫""浦"在诗中又常用为感别的景物、处所。"谁家""何处"二句互文见义,正因不止一家、一处有离愁别恨,诗人才提出这样的设问,一种相思,牵出两地离愁,一往一复,诗情荡漾,曲折有致。

以下"可怜"八句承"何处"句,写思妇对离人的怀念。然而诗人不直说思妇的悲和泪,而是用"月"来烘托她的怀念之情,悲泪自出。诗篇把"月"拟人化,"徘徊"二字极其传神:一是浮云游动,故光影明灭不定;二是月光怀着对思妇的怜悯之情,在楼上徘徊不忍去。它要和思妇做伴,为她解愁,因而把柔和的清辉洒在妆镜台上、玉户帘上、捣衣砧上,岂料思妇触景生情,反而思念尤甚。她想赶走这恼人的月色,可是月色"卷不去""拂还来",真诚地依恋着她。这里"卷"和"拂"两个痴情的动作,生动地表现出思妇内心的惆怅和迷惘。月光引起的情思在深深地搅扰着她,此时此刻,月色不也照着远方的爱人吗?共望月光而无法相知,只好依托明月遥寄相思之情。望长空,鸿雁远飞,飞不出月的光影,飞也徒劳;看江面,鱼儿在深水里跃动,只是激起阵阵波纹,跃也无用。尺素在鱼肠,寸心凭雁足。向以传信为任的鱼雁,如今也无法传递音讯——该又平添几重愁苦!

最后八句写游子,诗人用落花、流水、残月来烘托他的思归之情。"扁舟子"连做梦也念念归家——花落幽潭,春光将老,人还远隔天涯,情何以堪!江水流春,流去的不仅是自然的春天,也是游子的青春、幸福和憧憬。江潭落月,更衬托出他凄苦的寞寞之情。沉沉的海雾隐遮了落月;碣石、潇湘,天各一方,道路是多么遥远。"沉沉"二字加重地渲染了他的孤寂;"无限路"也就无限地加深了他的乡思。他思忖:在这美好的春江花月之夜,不知有几人能乘月回到自己的家乡?

他那无着无落的离情,伴着残月之光,洒满在江边的树林之上……

"落月摇情满江树",这结句的"摇情"是不绝如缕的思念之情,将月光之情、游子之情、诗人之情交织成一片,洒落在江树上,也洒落在读者心上,情韵袅袅,摇曳生姿,令人心醉神迷。

《春江花月夜》在思想与艺术上都超越了以前那些单纯模山范水的景物诗,"羡宇宙之无穷,哀吾生之须臾"的哲理诗,抒儿女别情离绪的爱情诗。诗人将这些屡见不鲜的传统题材,注入了新的含义,融诗情、画意、哲理为一体,凭借对春江花月夜的描绘,尽情赞叹大自然的奇丽景色,讴歌人间纯洁的爱情,把对游子思妇的同情心扩大开来,与对人生哲理的追求、对宇宙奥秘的探索结合起来,从而汇成一种情、景、理水乳交融的幽美而邈远的意境。诗人将深邃美丽的艺术世界特意隐藏在惝恍迷离的艺术氛围之中,整首诗篇仿佛笼罩在一片空灵而迷茫的月色里,吸引着读者去探寻其中美的真谛。

全诗紧扣春、江、花、月、夜的背景来写,而又以月为主体。"月"是诗中情景兼容之物,它如跳动着的诗人的脉搏,在全诗中犹如一条生命纽带,通贯上下,触处生神,诗情随着月轮的升落而起伏曲折。月在一夜之间经历了升起——高悬——西斜——落下的过程。在月光的照耀下,江水、沙滩、天空、原野、枫树、花林、飞霜、白云、扁舟、高楼、镜台、砧石、长飞的鸿雁、潜跃的鱼龙、不眠的思妇以及漂泊的游子,组成了完整的诗歌形象,展现出一幅充满人生哲理与生活情趣的画卷。这幅画卷在色调上是以淡寓浓,虽用水墨勾勒点染,但"墨分五彩",从黑白相辅、虚实相生中显出绚烂多彩的艺术效果,宛如一幅淡雅的中国水墨画,体现出春江花月夜清幽的意境美。

全诗的韵律节奏也很有特色。诗人灌注在诗中的感情旋律极其悲慨激荡,但那旋律既不是哀丝毫竹,也不是急管繁弦,而是像小提琴奏出的小夜曲或梦幻曲,含蕴、隽永。诗的内在感情是那样热烈、深沉,看来却是自然的、平和的,犹如脉搏跳动那样有规律,有节奏,而诗的韵律也相应地扬抑回旋。全诗共三十六句,四句一换韵,共换九韵。又平声庚韵起首,中间为仄声霰韵、平声真韵、仄声纸韵、平声尤韵、灰韵、文韵、麻韵,最后以仄声遇韵结束。诗人把阳辙韵与阴辙韵交互杂沓,高低音相间,依次为洪亮级(庚、霰、真)——细微极(纸)——柔和级(尤、灰)——洪亮级(文、麻)——细微级(遇)。全诗随着韵脚的转换变化,平仄的交错运用,一唱三叹,前呼后应,既回环反复,又层出不穷,音乐节奏感强烈而优美。这种语音与韵味的变化,切合着诗情的起伏,可谓声情与文情丝丝入扣,婉转谐美。

2. 诗歌《致大海》

再见吧,自由奔放的大海!
这是你最后一次在我的眼前,
翻滚着蔚蓝色的波浪,
和闪耀着娇美的容光。
好像是朋友忧郁的怨诉,
好像是他在临别时的呼唤,
我最后一次在倾听
你悲哀的喧响,你召唤的喧响。
你是我心灵的愿望之所在呀!
我时常沿着你的岸旁,

一个人静悄悄地，茫然地徘徊，
还因为那个隐秘的愿望而苦恼心伤！
我多么热爱你的回音，
热爱你阴沉的声调，你的深渊的音响，
还有那黄昏时分的寂静，
和那反复无常的激情！
渔夫们的温顺的风帆，
靠了你的任性的保护，
在波涛之间勇敢地飞航；
但当你汹涌起来而无法控制时，
大群的船只就会覆亡。
我曾想永远地离开
你这寂寞和静止不动的海岸，
怀着狂欢之情祝贺你，
并任我的诗歌顺着你的波涛奔向远方，
但是我却未能如愿以偿！
你等待着，你召唤着……而我却被束缚住；
我的心灵的挣扎完全归于枉然：
我被一种强烈的热情所魅惑，
使我留在你的岸旁……

海之恋——难舍，因共有自由奔放的精神而情感相连。

这首诗描绘了诗人热爱大海，追求自由的心声和因自身的不自由而感到的悲伤痛苦。诗人引大海为知心朋友，以面对面、心交心的方式向大海倾诉心曲。

大海自由奔放，雄浑苍茫，具有一种惊天动地、狂放不羁的精神力量。它呈现在作者的心中，有容光焕发的娇美活力，有蔚蓝翻滚的光泽雄姿，有深沉浑厚的深渊音响，有滔滔向前的奔腾气势。

大海有博大的胸怀、恢宏的气度、奇伟的力量，是自由和力量的象征。

有什么好怜惜呢？现在哪儿
才是我要奔向的无忧无虑的路径？
在你的荒漠之中，有一样东西
它曾使我的心灵为之震惊。
那是一处峭岩，一座光荣的坟墓……
在那儿，沉浸在寒冷的睡梦中的，
是一些威严的回忆；
拿破仑就在那儿消亡。
在那儿，他长眠在苦难之中。
而紧跟他之后，正像风暴的喧响一样，
另一个天才，又飞离我们而去，

他是我们思想上的另一个君主。

为自由之神所悲泣着的歌者消失了,

他把自己的桂冠留在世上。

阴恶的天气喧腾起来吧,激荡起来吧:

哦,大海呀,是他曾经将你歌唱。

你的形象反映在他的身上,

他是用你的精神塑造成长:

正像你一样,他威严、深远而深沉,

正像你一样,什么都不能使他屈服投降。

世界空虚了,大海呀,

你现在要把我带到什么地方?

人们的命运到处都是一样:

凡是有着幸福的地方,那儿早就有人在守卫

或许是开明的贤者,或许是暴虐的君王。

《致大海》写于 1824 年。1820 年,年仅 21 岁的普希金因创作了大量反对专制暴政和歌颂自由民主的政治诗而引起沙皇的惊恐,被沙皇政府放逐到南高加索。1824 年夏,普希金流放南方奥德萨期间,因他热爱自由,不愿阿谀逢迎,与当地总督发生冲突,被押送到父母的领地米哈伊洛夫斯克村(第二次流放),幽禁此地达两年之久。诗人在奥德萨长期与大海相依为伴,把奔腾的大海看作自由的象征。当他将要远离奥德萨而向大海告别的时候,万千思绪如潮般奔涌,忧郁而又愤激的诗篇酝酿在胸,最终在米哈伊洛夫斯克村完成了这一诗篇——《致大海》,它是诗人浪漫主义的代表作。

海之思——惋惜,壮志未酬;崇敬精神的伟大。

诗人深情缅怀英雄拿破仑和伟大诗人拜伦,抒发自己崇尚自由而壮志难酬,敬慕英雄而前途渺茫的困惑。这部分融理性思考于主观情感之中,体现了普希金作为一个极富政治思想的抒情诗人的犀利和严谨,理性和睿智。

对于拿破仑,诗人肯定他前半段为自由革命而战的精神,但更多的是批评他后半段丢失自由的专制、侵略,"寒冷的睡梦""威严的回忆""拿破仑就在那儿消亡""他长眠在苦难之中",这些诗句流露出一种无情解剖、冷峻批评的意味。

对于拜伦,诗人极尽讴歌之能事,说他是"天才",是"我们思想上的另一位君王""为自由之神所悲泣着的歌者",用大海精神塑造成长起来,"什么都不能使他屈服"的英雄。他才华横溢,壮志凌云,一生追求自由,他说过:"要为自由而生,否则就在斗争中死去。"

哦,再见吧,大海!

我永远不会忘记你庄严的容光,

我将长久地,长久地

倾听你在黄昏时分的轰响。

我整个心灵充满了你,

我要把你的峭岩,你的海湾,

你的闪光,你的阴影,还有絮语的波浪,

带进森林,带到那静寂的荒漠之乡。

海之念——牢记,将大海的精神作为激励自己的动力。

收束全诗,照应开篇,抒发了诗人告别大海,怀念大海,铭记大海,传播自由的心声。

诗人意溢于海,包罗万象,要拥抱大海,奔向自由,带走蔚蓝娇美的闪光,带走冷峻孤寂的峭岩,带走温驯可人的海湾,带走惨淡阴暗的黑影,带走絮絮叨叨的波浪,更带走惊天动地的轰响。

让自由之声传遍天涯海角,让自由之光照亮夜空,让自由之花开遍森林,让自由之树绿遍荒原,让自由之波滋润万物。

自由,在诗人的心目中,正如一轮喷薄而出的朝阳,冉冉升起,光芒万丈!

普希金的《致大海》是一首反抗暴政,反对独裁,追求光明,讴歌自由的政治抒情诗。诗人以大海为知音,以自由为旨归,以倾诉为形式,多角度多侧面描绘自己追求自由的心路历程。感情凝重深沉而富于变化,格调雄浑奔放而激动人心。

大海象征着自由,是诗人的追求,也是万千读者的追求。诗人把大海的精神带到“寂静的荒原”中,以之勉励自己,为理想和自由而不懈努力。这种逆境中的坚强实在是令人敬佩,这让我想起了那个充满烦恼的维特——两种鲜明的对比。

3. 小说《老人与海》

1952 年,《老人与海》问世,深受好评,海明威翌年获普利策奖,1954 年获诺贝尔文学奖。海明威的文风一向以简洁明快著称,俗称“电报式”,他擅长用极精练的语言塑造人物。他创作风格也很独特,从来都是站着写作。以致他的墓碑上有句双关妙语:“恕我不能站起来。”他笔下的人物也大多是百折不弯的硬汉形象,尤以《老人与海》中桑地亚哥最为典型,他那独特的风格和塑造的硬汉形象对现代欧美文学产生深远的影响。用海明威的一句名言可以概括这类硬汉甚至其本人的性格:“一个人并不是生来要给打败的,你尽可以把他消灭掉,可就是打不败他。”

老人驾着船去出海,带回来的却是一副大得不可思议的鱼骨。在海明威的《老人与海》中,我们读到了一个英雄的故事。

在这本书里,只有一个简单到不能再简单的故事和纯洁到如同两滴清水的人物。然而,它却那么清楚而有力地揭示出人性中强悍的一面。再没有什么故事能比这样的故事更动人,再没有什么搏斗能比这样的搏斗更壮丽了。

有些人不相信人会有所谓的“命运”,但是对于任何人来说,“限度”总是存在的。再聪明再强悍的人,能够做到的事情也总是有限度的。老人桑地亚哥不是无能之辈,然而,尽管他是最好的渔夫,也不能让那些鱼来上他的钩。他遇到他的限度了,就像最好的农民遇上了大旱,最好的猎手久久碰不到猎物一般。每一个人都会遇到这样的限度,仿佛是命运在向你发出停止前行的命令。

可是老人没有沮丧,没有倦怠,他继续出海,向限度挑战。他终于钓到了一条鱼,如同那老人是人中的英雄一样,这条鱼也是鱼中的英雄。鱼把他拖到海上去,把他拖到远离陆地的地方,在海上与老人决战。在这场鱼与人的恶战中,鱼也有获胜的机会。鱼在水下坚持了几天几夜,使老人不能休息,穷于应付,它用酷刑来折磨老人,把他弄得血肉模糊。这时，只要老人割断钓绳，就能使自己摆脱困境，得到解放，但这也就意味着宣告自己是失败者。老人没有这样选择，甚至没有产生过放弃战斗的念头。他把那条鱼当成一个可与之交战的敌手，一次又一次地做着限度之外的战斗，他战胜了。

老人载着他的鱼回家去，鲨鱼在路上抢劫他的猎物。他杀死了一条来袭的鲨鱼，但是折断了鱼叉。于是他用刀子绑在棍子上做武器，等刀子又折断的时候，似乎这场战斗已经结束了。他失去了继续战斗的武器，又遇到了自己的限度。这时，他又进行了限度之外的战斗：当夜幕降临，更多的鲨鱼包围了他的小船，他用木棍、桨，甚至用舵和鲨鱼搏斗，直到他要保卫的东西失去了保卫的价值，直到这场搏斗已经变得毫无意义的时候他才住手。

老人回到岸边，只带回了一条鱼骨，只带回了残破不堪的小船和耗尽了精力的躯体。

人们怎样看待这场斗争呢？

有人说，老人桑地亚哥是一个失败了的英雄。尽管他是条硬汉，但还是失败了。

什么叫失败？也许可以说，人去做一件事情，没有达到预期的目的，这就是失败。

但是，那些与命运斗争的人，那些做接近自己限度的斗争的人，却天生地接近这种失败。老人到海上去，不能期望天天有鱼来咬他的钩，于是他失败。一个进行着接近自己限度的斗争的人常常会失败，一个想探索自然奥秘的人也常常会失败，一个想改革社会的人更是会常常失败，只有那些安于自己限度之内的生活的人才总是"胜利"，这种"胜利者"之所以常胜不败，只是因为他的对手是早已降伏的，或者说，他根本没有投入斗争。

在人生的道路上，"失败"这个词还有另外的含义，即是指人失去了继续斗争的信心，放下了手中的武器。人类向限度屈服，这才是真正的失败。而没有放下手中武器，还在继续斗争，继续向限度挑战的人并没有失败。如此看来，老人没有失败，老人从未放下武器，只不过是丧失了武器。老人没有失去信心，因此不应当说他是"失败了的英雄"。

那么，什么也没有得到的老人竟是胜利的吗？的确是这样的，胜利就是战斗到最后的时刻。老人怀着无比的勇气走向莫测的大海，他的信心是不可战胜的。

他和许多人一样，是强悍的人类的一员。我们喜欢这样的人，也喜欢这样的人性。人们常常把这样的事情当成人性最可贵的表露：七尺男子汉坐在厨房里和三姑六婆磨嘴皮子，或者衣装笔挺的男女坐在海滨，谈论着"高尚"的、别人不能理解的感情。一些人其实并不喜欢人们像这样沉溺在人性软弱的部分中，更不喜欢人们总是这样描写人性。

正如老人每天走向大海一样，很多人每天也走向与他们的限度斗争的战场，仿佛他们要与命运一比高低似的。他们是人中的强者。

人类本身也有自己的限度，但是当人们一再把手伸到限度之外，这个限度就一天一天地扩大了。人类在与限度的斗争中成长。他们把飞船送上太空，他们也用简陋的渔具在加勒比海捕捉巨大的马林鱼。这些事情是同样的伟大，做这样不可思议的事情的人都是英雄。而那些永远不肯或不能越出自己限度的人是平庸的人。

在人类前进的道路上，强者与弱者的命运是不同的。弱者不羡慕强者的命运，强者也不喜欢弱者的命运。强者带有人性中强悍的一面，弱者带有人性中软弱的一面。强者为弱者开辟道路，但是强者往往为弱者所奴役，就像老人是为大腹便便的游客打鱼一样。

《老人与海》讲了一个老渔夫的故事，但是在这个故事里却揭示了人类共同的命运。它不是重在描述故事，而是重在表现哲理，在艺术上更多地运用了现代派的表现手法，故事和人物形象都充满象征意味。

桑地亚哥只是一个渔夫,虽然最终没能保住大马林鱼,但在与鲨鱼搏斗的过程中,他表现出无与伦比的力量和勇气,不失人的尊严,是精神上的胜利者,他是一个永不言败的硬汉子,象征人类战胜自我、永不向命运屈服的精神;而"大海""鲨鱼"象征着神秘的命运与不可知的世界。写鲨鱼之凶猛和残暴主要为了烘托桑地亚哥的刚毅、顽强。

模块六

艺术篇——海员的心灵家园

海洋与艺术有着不解之缘。

"登山则情满于山,观海则意溢于海。"面对广袤似宇宙的海洋,人们总会迸发出无穷的艺术灵感。

法国的雨果说:"世界上最广阔的是大海,比大海更广阔的是天空,比天空更广阔的是人的心灵。"

在广袤无垠的大海上,有一群豪迈的男子汉。

他们从事的是世界上最为壮丽的事业。

他们勇敢地直面风浪,

他们坚强地挑战孤独,

他们睿智地参透人生。

他们以广阔的胸怀、强大的内心成就着航海事业,也成就了自己的人生。

是什么带给了他们光明、温暖和希望?

是什么给予了他们信心、勇气和力量?

让我们海员手牵着手,徜徉在艺术的世界中,找寻触动我们心灵的美好,共同感受充满魅力的艺术的力量。

案例导入

我的航海兄弟们

我当过海员，还有三个很要好的航海兄弟，都是年轻的时候在一个船队的不同船上干活的兄弟。船靠岸了，我们就在一起喝酒、抽烟、聊天。我的这三个航海兄弟有点另类，他们明明只是船上的水手，刷刷油漆、打打缆绳、拖拖甲板，大副叫干啥就干啥，却都和艺术有所牵连，但是，又好像没什么关系——

第一个航海兄弟刘占民

我的第一个航海兄弟叫刘占民。网上搜了一下，叫刘占民的人真不少，有教授，有医生，有作家，有总经理，还有开飞机的机长……唯独没有海里的刘占民。

刘占民从小被父亲逼着写毛笔字。中学毕业后，被分配到船队当了水手。海员这行当是很寂寞的，寂寞的时候刘占民就用毛笔来解闷。航行中的船体时常一摇一摆，刘占民的字也总写得歪歪扭扭，于是他就用钢笔写字，一笔一画好控制。

有一次，刘占民随船到连云港，早上船靠码头，他到豆浆包子店喝豆浆，一眼就对个子比他还高的豆浆店服务员小琴有了好感。有人打了小报告，船上政委立刻警告他："你不要玩弄连云港姑娘的感情啊！你在大上海，人家在连云港；你是拿工资奖金的海员，人家是到豆浆店帮忙的农村姑娘。你回上海了，人家姑娘还在豆浆店，你叫她怎么做人？你叫我怎么向连云港人民交代？"

其实，刘占民只是对小琴有好感，喝豆浆时一起说笑而已，并没有建立恋爱关系。被政委一激，占民赌气地说："我就是爱上了小琴，怎么啦？不可以爱吗？"

船回上海，刘占民真的开始给小琴写情书。可是去多回少，小琴说："你字写得这么好，叫我怎么给你回信？"

刘占民很有些得意，继续在情书上练字不息，在练字的时候写情书不息。有一天小琴说："你的字这么好，可以拿出去发表吗？为什么不去参加书法比赛呢？"刘占民思忖：小琴说得也对啊。于是就把自己的钢笔字寄到全国青年人硬笔书法大奖赛组委会去了。

结果完全出乎意料，刘占民的字夺得最高级别的全国特等奖，组委会不知道他是航海者，只当他是书法家。接着，第二届全国硬笔书法展览就展出了刘占民的作品。至此，刘占民终于晓得他的字蛮不错的，在全国其他青年书法家面前毫不逊色。（图6.1、图6.2）

接下来，刘占民是不是拿着他的参展证书和奖状去申请加入书法家协会？有吗？没有。那么他是不是筹备出一本硬笔书法字帖？有吗？也没有。

他继续给小琴写信，既是情书，也是硬笔书法。

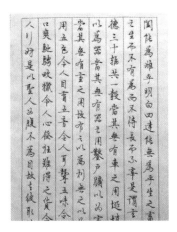

图6.1 刘占民的钢笔字

图6.2 刘占民的毛笔字

他不急,我急呀!我和《书法》杂志的副总编是好朋友,就把占民的书法作品推荐过去。副总编看了,说:"刘占民先生的行书当中有一个字写得不太规范,请他修改一下,下一期我们就刊发。"

然而,退回来的书法稿件被刘占民压了下来,他懒得去改。我劝他:"占民啊,《书法》杂志是中国书法界的权威,你就改一改吧。既有名,又有利!"刘占民轻描淡写地说:"让它去……"

也许,他喜欢书法除了受内心驱使之外(特别是受爱情的驱使),再没有什么其他的驱动力;也许,他觉得出名不是人生的目的,不出名也很好。

如今,他有空就练练毛笔字,写写钢笔字,悠然自得。他依旧是平常百姓一个,知道他的人不多,知道他的字写得极其精彩的人也不多。

顺便提一句,亭亭玉立的连云港姑娘小琴后来真的嫁给了他,还生了一个儿子。海员们都说,这是"高低杠"嘛!

小琴说:"我一半是嫁给了占民的字。"

第二个航海兄弟何承勇

我的第二个航海兄弟叫何承勇,他是拖轮上管轮机的机匠,可是他坚决要求爬出机舱当甲板上的水手。船长莫名其妙:机匠是技术活儿,用不着风吹雨打,当然比水手好,你脑子有问题啦?

可是何承勇非要当甲板上的水手,为了什么? 为了唱歌。

工种好坏是次要的,技术不技术也没关系。从此,当"航拖403"轮在黄浦江航行时,船尾总是拖着长长的一串歌声:桑塔露琪亚,桑塔露琪亚……

何承勇从船上下班后,船一靠码头,他就赶到声乐教授那里去练美声。教授到杭州出差去,他就追到杭州。后来,阿勇结婚了,有女儿了。再后来,他离婚了。分手的理由说出来很少有人相信:因为声音,因为他那震耳欲聋的嗓音。他在狭窄的小屋里练美声、练流行音乐、练民歌,嗓音大得玻璃窗都震动。妻子实在受不了,只能带着女儿到马路上散步,腰酸腿疼散步了一个多小时回家后,何承勇还在唱,还要接着练。妻子终于说:"这种日子没法过了,你娶你的歌吧。"

那年,上海演艺界开始为歌手定级,不能你自己说唱得好就是好。最终,那一届没有评出一级歌手,二级歌手只有几个,一个是周冰倩,一个是何承勇,都是货真价实的好嗓子。

离婚以后,何承勇独自到海南岛闯荡江湖。他到哪家歌厅、酒店、饭馆去唱歌,哪家就火爆得不得了,跟着他的粉丝有好几十个人。酒店老板都把何承勇当财神、菩萨:"阿勇到我们店来唱吧? 求求你了。"

我在海南岛看过何承勇唱歌时的盛况,他因此有了第一桶金。

海南文化局想请何承勇代表海南省去参加全国青歌赛,他却说:"不行啊,我35岁已经过了一个月了,年龄不符合了。"他不想做"小动作",航海出身的他光明磊落,年龄超过一周都不行。

五年后,何承勇赚了个盆满钵满回到上海。他还是依旧唱歌、练声,时常登上"金色年华"那家店的舞台。那么,他有没有申请加入上海音乐家协会? 有吗? 没有。他有没有筹备开一场大型的演唱会? 有吗? 也没有。

他不急,我急呀! 我说:"你完全有条件成为歌星。这样吧,我协助你出一盘你的歌带,我请烁渊帮你写歌词,烁渊是写过《我是公社小社员》的歌词作者;我还可以请东北著名作曲家陈涤非为你作曲,他也是我的哥们儿。你的歌带起码发行几万盒。我们再来筹办一场大型演唱会。钱,你有了;歌,你也唱得好。电视台、电台和报纸那边的宣传报道,都由我来负责。"

我以为他一定动心了,哪晓得他轻描淡写地说了一句:"再讲再讲……"

也许何承勇没有陷入出名、挣钱,更出名、更挣钱的怪圈;也许他不觉得名气大的人就一定可以变得很高大。他就那样原生态地生活着,唱唱歌,有时候客串做婚庆主持人,一旦兴致来了为新郎新娘献歌一首,台上台下就欲罢不能了……

第三个航海兄弟奚建忠

我的第三个航海兄弟叫奚建忠,72届学生,他们一大帮学生有两百多人,一起被派到船队当海员之前,先是集中到上海浦东一个中学进行简单培训。我临时被船队从船上调上来,主要任务是到他们中间寻觅人才:会电工的、会烧饭的、会木匠活的、会唱歌的、会画画的……都要登记下来,人尽其用。

有一天,奚建忠找到我:"师傅,我会画画。"

我给他一大瓶糨糊:"你先帮我把标语贴好。"

没有刷子,他就用手当刷子,在墙上抹着贴着。贴完标语洗完手,我给了他一张便签,问:"你会画什么呀?"他低着头用钢笔在便签上画了一个关公。

我说:"回到你的培训班去吧,你的画马马虎虎,野路子。"

奚建忠被派到大型的"航卫2号"轮做水手。船队宣传组得知他喜欢画画,就让他参加船队美术创作组,拜张培础为师(这个张培础就是后来当了上海大学美术学院院长的张培础),拜张千一为师(这位张千一是中国为数不多的研究林风眠的专家,下放到船队是所谓"战高温")。从此,水手奚建忠彻底沉浸在画笔、画稿、画彩之中,不声不响,默默无闻。(图6.3、图6.4)。

图6.3　奚建忠的水彩画

1977年,全国美展向全国征稿。航海人奚建忠创作了一幅版画,叫《油香飘四海》,夹在众多美术家的画作里送往北京。最终结果,全国美展只选中了上海的一幅作品,偏偏就是奚建忠的《油香飘四海》。随后,联合国收藏了这幅版画,并且把它挂在教科文组织里。

不得了,联合国啊,科教文啊,那就是全世界!

奚建忠是不是神采飞扬了?有吗?没有。他是不是准备开个庆功会好好庆祝一下?有吗?没有。他是否从甲板上下来,从事专业的美术创作了?有吗?也没有。

他觉得业余也蛮好,当水手也蛮好,一有空,他就埋头画呀、刻呀、描呀!他的作品在第七、第八、第九届全国美展展出。随后,上海美术家协会吸收他为会员,中国美术家协会也让他当了会员,他是中国美术家了。

图6.4 奚建忠的画

至此，奚建忠可以开个画展，好好向社会展示一下他的才能了吧？他摇摇头："我没有打算。"

不打算拍卖画作，不打算请报社、电视台的记者来报道，不打算和美术评论家联络联络感情，不打算邀请画家们碰碰头喝点好酒……他就躲在浦东的一个阁楼里，沉浸在他的画作之中。美术界、新闻界很少有人认识他。

奚建忠是美术界一个藏龙卧虎式的人物，也是水清无鱼的角色。在当今什么都职业化的文艺界，他太另类了。

常言道：机会总是给那些有准备的人。

多少人日夜翘首盼望着机会的到来，盼都盼不来，等都等不到。可是机会就在我这三个航海兄弟的门外敲门："笃笃笃，笃笃笃！"可是三个航海人都像没有听见，不想请机会进屋来坐坐。他们似乎和纯粹的艺术刻意地保持着距离，似乎觉得当一个艺术的漫游者同时做一个航海人比较惬意，用他们喜欢的书法、版画和歌声来消除现代生活里的疲惫和紊乱，这就够了。

这是航海者的本色吗？好像不是，但这中间怎么可能没有航海人的一份豁达？

我如此这般记录下我身边的有艺术气息的航海人，是因为我在琢磨：甲板上的你，其实也可以拿起画笔，拿起毛笔，亮出歌喉……我这样说可能会得罪众多文艺大家，似乎我要否定艺术家的名气……我真不是故意的。其实，我至今都没有弄明白这三个航海兄弟为什么和艺术若即若离，为什么和"艺术家"这个名称若即若离？

专题1 海洋艺术的启迪

1.结缘——相逢在海上

航海，一个艰辛而神圣的职业。作为船员，我们在世界的各大洋上挥洒着自己的青春，狂风、巨浪，再多的苦难都不会阻挡我们前进的步伐。

提到船员生活，有人想到了浪漫：每天可以看到碧蓝的大海，各种鱼儿在海中自由游弋，海鸥在天空中翱翔……的确，船员有太多的时间在海上度过，在船头看日出，在船尾看日落。每天都有海风的吹拂，海鸟的陪伴，还可以看见可爱的海豚，巨大的鲸鱼，凶猛的鲨鱼。由于工作的便利，可以领略到各国风情，去澳洲看那美丽的海湾，到夏威夷体会沙滩的魅力……似乎船员的生活是那么的美好，令人向往、羡慕，但有多少人看到了船员经历的狂风巨浪，寂寞孤独？当风暴来袭时，是靠顽强的毅力去拼搏；当思念来袭时，是靠回忆和照片安抚自己的心。

航海，一个综合素质要求极高的职业。船员必须有责任心、细心、勇气，必须认真、睿智、忍受孤独，这一切言之易，行之难。当船员踏上船的那一刻，便已知道，船上无小事。太多的遗憾让我们懂得生命的脆弱，比如泰坦尼克号、大舜号、多纳·帕斯号、斯洛克姆将军号……这些遗憾让我们深知肩上的责任有多重，自己对于这条船的意义有多大。所以，当在船上执勤时，我们的眼睛是明亮的，大脑是谨慎的。因为，风浪，可以忍；艰苦，可以忍；孤独，可以忍；痛苦，也可以忍；但灾难是不可以忍的。船员更知道，再好的设备也不如一个人格健全、内心强大的人来得重要。

那么如何构筑强大的内心，塑造良好的人格？于是，就有了艺术与航海的相遇、结缘。

艺术是造物主赐予人类最慷慨的礼物，当艺术与航海相遇，作为船员，便找到了一个忠实、多情而美丽的朋友。漫长的航海生涯中，假如你曾经迷恋过她，追求过她，热爱过她，她就永远不会离开你。即便所有人都拂袖而去，她仍会一如既往地留在你身边，在寂寞中为你歌唱，在孤独时伴你远行。试想下面的场景：

阳光灿烂的早上，一个人独处舱内，享受温暖的同时，你聆听轻音乐。乐声舒缓轻盈，像秋天里的一群白鹭，用指南针般的坚贞，飞向南方花开的地方。又像孤崖上的红花、像寒后的暖春、像窗外的大海、像故乡的山野、像阳光、像雨露，让人去渴望、去幻想、去体会人生明媚的阳光。

群星璀璨的夜晚，你还不曾入眠，有一份深深的思念，有一首难忘的歌曲在心中回响，此刻的无眠为的是一份彼此的等待，为的是那一份属于自己的真挚感情。打开电脑，播放自己喜欢的歌曲，让歌声在耳边响起，用一串串音符描绘出心灵世界的一片晴朗。

多少次，每逢黑暗的时刻，艺术会在你心头燃气晶莹而灿烂的火苗；每逢寂静的时刻，艺术会化作无数闪闪发光的音符，在你周围翩翩起舞；每逢喧嚣的时刻，艺术会化作一缕缕清风，洗涤你心中的浮躁和烦恼……

多少次,在艺术的陪伴下,痛苦时不流泪,欢乐时去回味。当世界沉寂,心灵落寞时,一首歌,一部电影,轻抚着心灵,把迷惘和烦闷一点点地宣泄,让我们把世事看透,一起去爱那细水长流;当灵魂漂泊时,爱成往事时,一部电影,一首歌,打开冰封的躯壳,把沉沦和烦恼一丝丝地燃烧,让我们把爱永留,一起去重拾希望。

艺术带走了你的孤寂。

艺术改善了你的心情。

艺术唤出了人性本质里的善良,对爱与被爱的向往,对社会的理解,对人与人之间最真诚的感觉。

一个船员,没有了健康,生活也就没有了活力;没有了良知,生活也就没有了明暗。那么,没有了艺术呢? 不敢回答。所以,感激上苍,让艺术和我们相逢,让我们可以感知艺术,感知生活,感知这世间的美好。

让我们一起回味,艺术带给我们的感动……

比如,《海的女儿》(图6.5)。

图6.5 《海的女儿》雕像

厄勒海峡西岸的一块花岗岩上,坐着《海的女儿》——人身鱼尾的小美人鱼。远看,恬静娴雅,悠闲自得;走近她,看到的却是一个神情忧郁,苦思冥想的少女。丹麦雕刻家艾瑞克森与童话作家安徒生,一起赋予了这片海域以灵魂。

比如,《神奈川冲浪里》(图6.6)。

《神奈川冲浪里》画面中惊涛汹涌、骇浪滔天,卷起的浪花象征自然界水能载舟亦能覆舟的澎湃力量,浪势有如鹰爪,扑向渺小的船只。至于船上的人们,画家并没有着意描绘他们面部的表情,这样的空白留下无限的想象空间:有人在他们身上看见了人类面对苍天以万物为刍狗的无奈,有人感受到对自然的敬畏崇拜,有人从这些小船奋力抵抗命运永不言弃的韧性中受到鼓舞,也有人因画家的佛教背景而解读出在人生跌宕中随遇而安、看透生死的豁达洞见……

图 6.6　版画《神奈川冲浪里》

2.馈赠——感性的快乐和理性的力量

（1）感性的快乐

在航海生涯中,艺术究竟能带给我们什么?

首先要回答的是:快乐。

冼星海说:"音乐是人生最大的快乐,音乐是生活中的一股清泉,音乐是陶冶感情的熔炉。"同样,我们可以说,艺术是航海人生命中最大的快乐,而且首先是感性的快乐。

艺术与文学不同,她直接诉诸感官,也就是说,她是可听可视、有形体有组织的东西。当面对一件艺术品时,首先感觉到的是它的外形;如果它是一幅画,最先看到的是块面的转折、体积的呈现;如果它是一首乐曲,最先听到的是旋律的起伏、节奏的疾徐;如果它是一段舞蹈,最先感到的是身体的腾跃、脚步的顿挫。

只有诉诸感觉的东西,才能引起人们强烈的感动。一件艺术品想深切地打动欣赏者,首先要求有感官美,通俗地说就是要好听、好看。一件优秀的作品无论具有多么深邃的情感和精神内容,但如果不能在感官上征服欣赏者,这一切都无从谈起了。

比如德彪西的交响音乐《大海》,赋予了"大海"的景色极具动态性的性格,并通过整个乐队的不同音区,极为强烈地表现出"大海"中各种画面的色彩。乐曲在时间和空间上给人以完整的"海"的印象和对海的幻想。

第一段,"从黎明到中午的大海",黎明时刻的海洋静穆、安详,逐渐地似乎大海苏醒了,一片水波懒洋洋地起伏。

第二段,"浪之嬉戏"。海洋开始是非常文静的,后来就转入戏谑的盛怒,彩虹般的色泽出现并消失在喷射的水花之中。

第三段,"风与海的对话"。一个低沉而有威胁性的声音响起,好像预示着暴风雨的接近。一阵预感将有什么事发生而引起的骚动传遍整个乐队。力量在迅速聚集起来,暴风雨似乎即将来临。但是一切猝然沉寂下来,接着是一声仿佛来自远方的充满乡愁的呼喊,喧闹声加强了,在乐队深处奏出前面的第一主题。最后,第一乐章结尾处的赞歌在欢腾的高潮中重现,阵阵骚乱的潮声,犹如风和海的对话。

这部作品不仅描绘出了一幅引人入胜的大海波澜壮阔的景象,同时也表现出作者对大自然景物的歌颂和赞美,使听者无不震动。据说,巴黎有一位从来没有亲眼见过大海的绅士,在欣赏德彪西的交响音乐《大海》时,仿佛真的看到了惊涛骇浪、浪花飞溅的大海景象,这给他留下了不可磨灭的印象。后来,当他到海滨旅游时,见到真正的大海,反而觉得有些"不够劲"了。待他旅游归来,得以再次欣赏德彪西的《大海》时,才找回当初那种感觉。此时他不禁惊叹道:"哦!这才是大海啊!"

试想,如果去掉乐曲中新颖的和声、短小的旋律、丰富的音色、自由的发展等这些印象派手法,那么作品的动人力量不知会打多少折扣!

艺术直接诉诸人的感官,而且具有形象直觉性、联通感想性、参透融合性和自由悦纳性等特点,它最符合人的天性和接受心理,最适合人们抒发、表象、寄托感情。以音乐为例,因为音与音之间连接或重叠,就产生了高低、疏密、强弱、浓淡、明暗、刚柔、起伏、连断等,它与人的脉搏律动和感情起伏有一定的关联。也会对人的心理,起着不能用语言所能形容的影响。换言之,音乐是人类心灵直接而自然的展示,是人类情感的真挚而强烈的流露。热爱、温存、和平、冷酷、喜悦、欢乐、愤怒、悲哀,人类一切微妙的心理活动都可以从音符的跳跃和旋律的流动中找到对应的形式。倘若再加上伴着音乐节奏的舞蹈动作,则所产生的感染力更为强烈。

(2)理性的力量

回到刚才的问题,在对艺术的欣赏中,我们忘情于色之间,眼睛、耳朵得到了最大的满足,体会到了强烈的感官享受。但是,这种视听享受不是愉悦的全部,艺术给予我们更为丰厚的礼物、更深层次的快乐是理性的力量。

第一,雄伟壮阔的英雄情怀。

航海是属于英雄的壮丽事业,船员与狂风、恶浪、激流、险滩为伴,是大海将船员塑造成真正的男子汉。勇敢、坚毅、伟岸、阳刚这些品质并非与生俱来,在艺术作品中我们汲取着源源不尽的力量。

以贝多芬《命运交响曲》为例,贝多芬把音乐从美的境界带入到了崇高的境界,以感人至深的英雄性格对永恒精神世界的崇拜,展示给我们一个异常丰富的领域。在那浩大广阔的音乐中,一切都令人难以预料,微弱的、低沉的,时而又若有若无的音乐渐渐积蓄出来,然后突然爆发。

听,在那里又孕育着某种巨大的能量,他的火花在迸发、在闪烁,再度熄灭……这种能量仍在孕育着,一旦爆发就会沿着自己的轨道滚动起来,如气势磅礴的巨流,一泻千里,势不可挡。

感受着这样的作品,欣赏者接受的是一种心理上的鼓动和激励,感情上的投入和默契。精神境界的提升,就叫作崇高感。正如康德所说:"我们就欣然把这些对象(压倒人的陡峭的悬崖,密布在空中迸射出迅雷疾电的黑云,带着毁灭威力的火山,势如扫空一切的狂风暴,惊涛骇浪中的大海汪洋以及从巨大河流投下来的悬瀑之类景物)看作崇高的,因为它们把我们心灵的力量提高到超出惯常的无庸,是我们显示出的另一种抵抗力,有勇气去和自然的这种表面的万能进行较量。"这里所说的"另一种抵抗力"指人的勇气和自我尊严,是一种英雄情怀。康德所理解的崇高是一种道德情操,是勇敢精神的崇高,是生命的阳刚,这正是艺术赋予欣赏者、赋予远洋船员的力量。

第二，美好真挚的感情追求。

航海职业具有迥异于路上职业的时空环境和社会心理环境特点：长期离开陆地、家园和亲人，航海周期漫长，活动空间局限在船上，人的视野只有天空、海面和钢铁的船体，极其单调；航海职业具有艰苦性、枯燥性乃至危险性。以上种种往往使得船员的情感空虚无所寄托、心里抑郁无法排遣、身心能量无法释放、业余时间无法利用，因此会更加渴望用真挚的感情生活来填补精神领域，提高人生品味，充实情感世界。而唯有丰富的、多姿多彩的艺术，才能带给船员美好、真挚的体验，构筑强大的精神家园。

艺术作品有一个永恒的主题，那就是——爱。

这里以东方的爱情故事为例，共同来体验人世间的至爱真情。

爱情是什么？有人用科学的理性的观点给予解释，认为爱情是男女之间荷尔蒙的化学反应，最长时间只能持续 18 个月。显然，具有浪漫的情怀的中国人不喜欢这个解释。"问世间情是何物？直教生死相许"，在我们看来，爱情是一种可通达三界六道，让人、鬼、妖、仙都无可奈何的神奇之物。与其他文化相比，东方的爱情传说，在人文关怀的同时，更充满了一种神奇和魔幻的色彩。如《梁祝》和《青蛇》这样的爱情传奇惊天地、泣鬼神，让在生活中被柴米油盐所浸泡的男欢女爱自惭形秽，它们寄托着我们对人间真爱的最美好的愿望，而且随着时代的发展，人们不断给予它们新的内涵。

1994 年，香港导演徐克用现代的思维和手法拍摄的影片《梁祝》，为这个古老的故事赋予了现代趣味。影片中，祝英台是一个无拘无束、顺应天性、渴望自由，在威严的父母面前靠仆人和小聪明蒙混过关的年轻女孩。因为祝英台的顽劣，母亲决定让他男扮女去读书。在一路的朗朗笑声中，祝英台就这样走来，充满了奔放的青春，与梁山伯宿命般地遥望了一眼，她虽然知道男女授受不亲，却按捺不住心中的好感，而梁山伯只把祝英台当好兄弟一般爱护。学院的生活是一段甜蜜而"暧昧"的时光，喜剧是主色调。梁山伯与祝英台同榻而眠的情节，虽然较传统叙述中显得现代前卫了很多，不过却因为两个人童趣般的演绎，传递的依然是纯洁美好的情愫。祝英台接到父命，要回家成亲。在传统故事中，依依送别的时刻，祝英台借景寓情，不断地暗示梁山伯自己是女儿身，愿与他共结连理，相伴一生。但性情木讷老实的梁山伯始终没有明白。这种安排既为之后的情节做了铺垫，又反映了传统文化含蓄的审美情趣。而在徐克的版本中，梁山伯与祝英台没有这么含糊朦胧，两人的拥抱表现的是对自由爱情的渴望和对人性的解放，这是时代对这个古老故事所做出最合理、最恰当的改编。故事的结果是令人唏嘘的，由于专制社会的等级制度和腐朽、虚伪的思想，梁祝二人双双死去，但是人们赋予他们一个美好的结局：化作蝴蝶比翼双飞，所到之处，花开满地。让人不禁感叹：传奇之所以能流传，并非在于其故事的离奇古怪，而在于能够反映最普通人民最美好的情怀和愿望。正如二人死后化蝶一般，这种美景不是我们对爱情的想象和祝福吗？

徐克的另一部爱情片《青蛇》则从人性的角度，用天生的、赤诚的情爱来解释一个被时间和美层层包裹的爱情传奇。潜心修炼的白蛇和青蛇由于吃了吕洞宾恶作剧的"七情六欲丸"开了窍动了情，想要体验一番世间男欢女爱的快乐，才找到了许仙。但是不管是出自什么动机，白素贞对许仙的情却是真的，她使出浑身解数也要让许仙爱上自己。美色的诱惑、殷勤的照顾、善意的谎言，这都是一个女人自发的天性与想要得到男人的努力，和她是妖并没有太大的关系。她以坚强的毅力经受着层层考验，一次次把许仙从流言蜚语、从和尚手中,甚至从鬼门关中抢了回来,殚精竭虑只为和许仙长相厮守。而许仙,这个在故事中有些懦弱没有主见的男人,表现出了人类情感的复杂和虚伪、自私和犹疑不定。在妖看来,这是人类最恐怖也是最厉害的地方。电影《青蛇》通过对许仙这一人物的解构,充满了创意地通过妖的视觉来反思人性,用人的阴暗多变反衬白素贞和小青感情的单纯真挚、顺应天性。对白蛇传这一爱情传奇做这样的叙述置换,并非颠覆经典,而是呼唤真情、解放天性,抛开那些虚伪的道德禁锢。白素贞虽然是妖,但是她比人更忠于爱情、更全力以赴、无所保留。只是为了爱一个人,她付出了自己的所有,最后被压在了雷峰塔下遭受无穷的痛苦。这样一段纯粹的感情,已经超越了妖与人的界限。这个故事将被长久地流传下去,因为对真情的推崇是我们永恒不变的追求。

人间的真情种种,被艺术家以至情至真的才情展现在欣赏者面前。沉浸在艺术家打造的情感世界中,我们每一个人走过了太多的人生路,我们替梁山伯活过,替祝英台活过,替白素贞和小青活过。在这样的感情历程中,有一种精诚魂魄以隽永的方式留下来,穿越时空的藩篱,走到我们的心里。换言之,在那些不朽的艺术珍品之中,往往包含着人类对真挚爱情的亘古有之的探索:剔除人性中假、恶、丑的东西,而留给我们真、善、美的魂魄。去追求至爱真情,去求真、向善、爱美,用友情、亲情、爱情充实我们的人生,这是艺术给我们人生的忠告,也是艺术给予我们最珍贵的礼物。

第三,百炼成钢的坚强意志。

人生的道路百转千回,对于船员来讲,面对的考验不仅是自然的风浪、单调的工作,更多的还有情感的挫折、家庭的负担、生活的压力。总有一瞬间,我们是那样的无助与无奈,总有一些时候尽全力争取只能感叹命运不济、前途多舛。当不得不面对这一个必须接受的结果,我们到哪里寻求信心、勇气和力量? 到哪里找到光明、温暖和希望? 此时此刻,又是艺术成为我们力量的源泉、精神的家园。

一起看一看艺术作品中经历磨难的人们,听一听他们的回答吧!

电影《贫民窟的百万富翁》讲述了这样一个故事。贫民窟出身、处于社会最底层的贾马尔,参加了印度版的《谁想成为百万富翁》直播节目,一路顺利答对问题,直达 1 000 万卢比①的奖金阶段。在主持人的怀疑和陷害下,还没来得及回答最后一个问题,他就被带到警察局。在经历了拷打和折磨后,贾马尔向警察坦陈自己知道答案的原因,每一个题目事实上都对他有着特殊的意义,都能勾起一段回忆。破碎的回忆残片,拼起来的不仅仅是他的生命历程和印度的时代变迁,更是他人生最重要的目的——找到自己心爱的姑娘。

贾马尔告诉我们,他成长于一个充满泥污的现实世界中,但泥污中长大的他向我们展示了一个极致的爱情故事:故事中有第三世界的贫民窟,等级森严的阶级划分,悬殊的贫富分化。在时代变迁下大背景下,充斥着成长与现实、暴力与不公、黑帮与性、青春与荷尔蒙、谎言和背叛,还有最后的爱情童话。贾马尔最终猜对了答案,而他的哥哥和黑帮老大同归于尽。最后,贾马尔和爱人拉提卡重逢相约的车站,他们历经各自的坎坷之后终于拥抱在了一起。拉提卡的脸上是逃亡换来的刀疤,它提醒着每个观者,这个世界固然残酷得超出每个人的想象,但仍有很多东西值得我们去坚持、去追寻。

《肖申克的救赎》讲述了一个穿越地狱重新回到阳光下的故事。故事中,主人公安迪蒙

---

① 卢比,印度、巴基斯坦、斯里兰卡等国所使用的货币的名称,1 卢比 ≈0.085 人民币。

冤入狱,狱友里德对他说,希望是危险的东西,是精神苦闷的根源。在重重挤压下的牢狱里待了三十年的里德的确有资格这么说。然而安迪告诉他:"记住,希望是好事——甚至也许是人间至善。而美好的事永不消失。"于是,安迪能够用二十年挖开里德认为六百年都无法凿穿的隧洞。当他爬出恶臭的污水管道,站在瓢泼大雨中情不自禁展开双臂的时候,我们仿佛看到了信念刺穿了重重黑幕,在暗夜中打下一道夺目闪电。亮光之下,我们懦弱的灵魂纷纷在安迪展开的双臂下现行,并且颤抖。

艺术仿佛是天边的一线曙光,在海上与我们相逢,为我们打开一个光彩夺目的世界,呈现着那些感人的故事、那些不屈的奋斗、那些不朽的传说。在这绚丽的光影中,其实蕴含着直达人性的温暖,并照亮了我们前行的路。

那么,让我们收拾心情,与艺术携手,向未来出发!

3. 起航——怀着信仰和希望

船员,一个伟大的称谓,一个直面风浪、挑战孤独,同时又参悟人生的职业。茫茫大海,慢慢航程,那广阔的海洋,滔天的巨浪,蓝色的天空,绚丽的朝霞,迎风搏击的海鸟,包含着大自然荡人心胸的壮美;上岸后,又会领略到世界各地奇异瑰丽的自然风光和风土人情。航海过程中时时、处处存在的美,对于我们的精神熏陶有极大作用,它会使人深刻理解自然、人生和社会,思索天、地、人、物的和谐,追问人的价值、人生意义等终极问题,而这正是艺术欣赏的宗旨所在。艺术欣赏的最终目的是维护、追求,关怀人的价值、人的尊严、人的命运。一部浩瀚而无穷尽的艺术史,就是一部人类不断地"认识你自己"的心灵历程和形象化的历史。我们究竟应该从何认识自身?这里仍然用经典的艺术作品来做出回答。

2012年,华人导演李安为全世界奉献了一部杰出的影片《少年派的奇幻漂流》,那是一个用美好来分析残酷的故事。少年派的父亲开了一家动物园,在派17岁那年,举家移民加拿大。茫茫大海中,暴风雨吞噬了货船,派却奇迹般地活了下来,搭着救生船在太平洋漂流,神奇的冒险旅程就这样意外开始了。与派同处一艇的还有一条鬣狗、一匹斑马、一只母猩猩,以及一只成年孟加拉虎理查德·帕克。在漂流中,鬣狗咬死了猩猩,活吃了斑马,老虎又杀死了鬣狗,只剩下派和老虎相处。他们历尽各种挑战和磨难后,在墨西哥的海滩获救,而那只老虎却头也不回地消失了。

影片最有深意的部分在接近结尾处,剧情急转直下,派讲出那个所谓杜撰出来的第二个故事。救生艇上并没有动物,只有一个厨子、一个水手、派和他的母亲,厨子杀害并吃掉了水手,然后又杀死了派的母亲,派忍无可忍,同样地杀死并吃掉了厨子,最终活了下来。整个故事串联起来,打破了原本的和谐和奇幻,残酷无情的血淋淋的第二个故事展现在观众眼前。影片最后,派提出问题:"你选择相信哪个故事?"作家回答:"第一个。"而派的评价是:"谢谢,那么你选择了信仰。"

影片结束了,李安把无尽的思索与感叹留给了我们:哪一个故事更真实?

"理查德. 帕克"这个名字像一把钥匙为我们打开了残酷之门:1884年,英国发生了一起震惊世界的海难食人案——"(英国)女王诉杜德利和史蒂芬斯案"。这是一起影响深远的刑事案件,它涉及在一场海难后食人的行为,能否依据海事惯例进行辩护。此案最终判决——危急状态无法构成对谋杀指控的合理抗辩,即便在危急状态下,也不可轻犯他人的生命权。

这一判决是人类遵循内心良知的选择,它代表了我们的信仰。人性皆有善恶,而人之所以能够成为宇宙的精华、万物的灵长,在于人能够遏制自己的欲望,在心中有所敬畏,选择向善、选择爱,这就是人的价值与尊严的根本所在,这也是我们的信仰所在。

再次回到开始的问题:在航海生活中,艺术究竟能给我们带来什么?

她带给我们感性的快乐和理性的力量,最终使我们的感情得以熏陶,心智得以充实,灵魂得以净化,品格得以完善。

她捍卫和守护了人性的完整,使我们成为求真、向善、爱美,具有完整人格的大写的"人"。

她为我们新一代的船员构建了丰盈充实的精神家园,陪伴着我们去开创属于自己的、壮丽的航海人生。

专题 2　海洋艺术赏析

泰坦尼克号是人类美好梦想达到顶峰时的产物,反映了人类掌握世界的强大自信心。她的沉没,向人类展示了大自然的神秘力量,以及命运的不可预测。到泰坦尼克号沉没那天为止,西方世界的人们已经享受了近一百年的安稳和太平。科技稳定地进步,工业迅速地发展,人们对未来信心十足。泰坦尼克号的沉没惊醒了这一切。这艘"永不沉没的轮船",继埃菲尔铁塔之后最大的人工钢铁构造物,工业时代的伟大成就,因为对自然的威力掉以轻心、满不在乎,导致在处女航中就沉没了。泰坦尼克号将永远让人们牢记人类的傲慢自信所付出的沉痛代价。人们永远也忘不了这幅画面:泰坦尼克号在海底昂着头,残破和污迹也掩盖不了她的高贵,这就是她的归宿,历史就这样演变成了传奇。

电影《泰坦尼克号》虚构的爱情故事,感动了每一个看过的人,成为历史上的经典作品之一。本片采用倒叙的叙事方法,探险家寻找泰坦尼克号和船上的财宝时,意外发现了一幅画,而正是这幅未完成的草图,带我们进入了这个感人至深的爱情故事里。一个是不得志的穷画家,一个是衣食住行都有人打理的贵族小姐,奠定了这个影片的框架。《泰坦尼克号》对每个人来说,都有各自独特的视角,可能是人性在生死面前的无比丑陋,也可能是壮烈唯美的浪漫爱情,还可能是对于希望的永不放弃……但纵使它从 2D 到 3D 的升华,又或是过去很久很久,只要那首经典的音乐响起,只要那句经典的台词出现,都会带我们再次进入那个故事之中。

1. 主题音乐的艺术美

《My Heart Will Go On》(《我心永恒》,亦译《我心依旧》或《爱无止境》)是电影《泰坦尼克号》的主题曲。演唱者是加拿大著名女歌手席琳·迪翁,由美国音乐创作人詹姆斯·霍纳作曲,韦尔·杰宁斯作词。这首歌让席琳·迪翁在第 41 届格莱美颁奖仪式上独拿两项大奖——最佳年度歌曲和最佳流行女歌手,并获得第 70 届奥斯卡最佳电影歌曲奖。同时《泰坦尼克号》也获得第 70 届奥斯卡最佳影片、最佳导演、最佳音效、最佳摄影等十一项大奖。

Every night in my dreams	每一个夜晚,在我的梦里
I see you, I feel you	我看见你,我感觉到你
That is how I know you go on	我懂得你的心
Far across the distance	跨越我们心灵的空间
And the spaces between us	你向我显现你的来临
You have come to show you go on	无论你如何远离我
Near far whenever you are	无论你离我多么遥远
I believe that the heart does go on	我相信我心已相随
Once more you open the door	你再次敲开我的心扉
And you're here in my heart	你融入我的心灵

And my heart will go on and on	我心属于你,爱无止境
Love can touch us one time	爱每时每刻在触摸我们
And last for a lifetime	为着生命最后的时刻
And never let go till we're gone	不愿失去,直到永远
Love was when I loved you	爱就是当我爱着你时的感觉
One true time I hold you	我牢牢把握住那真实的一刻
In my life we'll always go on	在我的生命里,爱无止境
Near far whenever you are	无论你离我多么遥远
I believe that the heart does go on	我相信我心同往
Once more you open the door	你敲开我的心扉
And you're here in my heart	你融入我的心灵
And my heart will go on and on	我心属于你,爱无止境
There is some love that will not go away	爱与我是那样地靠近
You're here there is nothing I fear	你就在我身旁,以至我全无畏惧
And i know that my heart will go on	我知道我心与你相依
We'll stay forever this way	我们永远相携而行
You are safe in my heart	在我心中你安然无恙
And my heart will go on and on	我心属于你,爱无止境

《My Heart Will Go On》尽显悠扬婉转而又凄美动人。歌曲的旋律从最初的平缓到激昂,再到缠绵悱恻的高潮,一直到最后荡气回肠的悲剧尾声,短短四分钟的歌曲实际上是整部影片的浓缩版本。正因为电影是部震撼人心的悲剧,所以在音乐的表现方面也突出了凄凉和惋惜的感情。整首歌的节奏舒缓而轻盈,给人以无限的遐想和回忆。席琳·迪翁的演唱也将乐曲中那泯灭了的爱情重新燃起灼灼的光芒。虽然大海淹没了一切,但是却淹没不了彼此刻骨的爱恋。是爱让生命有了美丽的延续,是爱让承诺变成永不褪色的执着。当心与心交织成一片汪洋,再尖锐的冰峰都会在顷刻间融化。

听着熟悉而令人神往的旋律,不禁让人想起第一次看见大海的开阔与豁达,这音乐又仿佛让人置身于浩渺的寂静之中,安心地想念,放心地回味。在虚幻与真实的爱情故事里寻找那番属于恬静的温存。即使时隔多年,依然会使人热泪盈眶。不仅仅是为了主人公凄美的爱情,更是感叹人性和生命的奇迹。

音乐可以让大家直面美好,旋律也能够安放飘忽未定的心。当永恒的经典响在耳畔的时候,大家也会应着这爱情的执着去感受自己生命中的唯美。

2.电影本身的艺术美

一部电影,一种现象,带给我们视觉的盛宴的同时,更是给予我们心灵的震撼、美的享受。

一部电影,一世经典,承载的不只是一代人的追求,更是人性的回归,完成的是大家在现实的世界里无法实现的一个梦,一个美丽的、刻骨铭心的关于生死爱情的梦。

一部电影,也就是这部电影,十几年了至今仍是经典,或许只因它出色的拍摄技巧,只因它的歌声是悠扬而令人回味,只因它演绎的是震撼心灵的对人性的礼赞、对爱情的绝唱。

（1）出色的拍摄技巧

《泰坦尼克号》是当时"有史以来制作费最高的电影"，更是一件展示当代科技发展水平的佳作。"真实再现"不仅是这部电影的卖点，更是与观众达成一致的心灵契合点。

为了能让观众达到身临其境的感受，导演卡梅隆不惜耗巨资，用尽电影各种特效。从内部看，一切都以当时的历史资料为据，包括船舱陈设、餐厅布置、餐具杯盘、人物服饰等都按当时的原样复制，真实再现当年泰坦尼克号的原貌，突出了历史的真实感和现场感。

影片镜头的技巧更是行云流水，创意非凡。尤其是旋转镜头与蒙太奇手法运用，更是绝妙无比。如杰克与露丝两人站在船头，露丝兴奋地喊着："I am fling!"而此时脚下的大船正在高速前进，不时有鱼儿跃出海面，身后是苍茫的天空，镜头以两人为中心进行旋转拍摄，力求突出爱的激情和自由的力量，整个画面给人以动感。那一刻，仿佛是摄影师用镜头告诉我们，"泰坦尼克号"就是一座与世隔绝的、脱离虚伪喧嚣的自由的岛，而杰克与露丝便是这座岛的自由之神，是美、爱与自由的象征。而蒙太奇手法的运用，让我们看到半个世纪过去了，白发苍苍的露丝的记忆依然是那么鲜活，感受到杰克在她的一生中无人取代的地位。更让过去与现在、生与死发生激烈地碰撞，让每一个善良、心存悲悯的人都无法回避思考。

因此说，出色的拍摄技巧再现了历史、塑造了人、复原了人的情感。也正是因为塑造了人，复原了人的情感，才使沉没的泰坦尼克号蜕去斑斑锈迹，抛弃了沉睡海底多年的积尘，焕发出生机，让观众对一百多年前的海难产生了情感上的共鸣。

（2）美妙的主题音乐

如果说花儿的美丽是因为有绿叶的陪衬，那么一部经典的影片必定少不了美妙音乐的相随。

片中那首《My Heart Will Go On》主题曲，舒缓缠绵的旋律，深情款款的歌词，淋漓尽致地表达出了露丝对自己爱人刻骨铭心的怀念，悠扬凄婉，无时无刻不在触摸观众易感的灵魂。随着这首歌获得了1999年"金球奖"的最佳主题曲奖，第41届"格莱美奖"的最佳年度歌曲奖和第70届奥斯卡最佳原创歌曲奖，无疑增添了它的价值与人们对它的喜爱。

听着这首歌，你会油然生出一种激动，一种莫名的感动，一种不经意间心灵的震撼。让观众不仅记住了人类历史上一起空前的海难，更是有感于男女主角杰克与露丝的生死爱情而为之怆然一掬的眼泪。无可否认，音乐在这部影片中起到不可替代的作用，它配合剧情时而欢快时而悲凉，时而高昂时而忧郁，时而急速时而缓慢，巧妙地诉说喜悦、激情、死亡与重生，是使该片成为经典的经典。

（3）人性的礼赞

当"永不沉没的轮船"泰坦尼克号在大西洋撞上冰山时，显得那么脆弱，轮船很快就沉没了，泰坦尼克号的处女航变成了绝唱。而在撞上冰山后的短短几个小时，漆黑的夜，泰坦尼克缓缓下沉，危难时刻人类本性中的善良与丑恶、高贵与卑劣更加分明。面对生与死的选择，妇女儿童先被送入救生艇上逃生；花白胡子的老船长与资深设计师安德鲁宁愿与船同归于尽，把生的机会留给了别人；连平时贪财的船警也义正词严地拒绝了大把金钱的诱惑而认真把守通向生命的关口；一直贯穿《泰坦尼克号》的是那四个音乐人，在人群骚动之时，他们固执从容地拨动琴弦，用音乐安抚人们的灵魂，奏出一曲曲生命之歌。危难时刻人们舍生取义、保护弱小、恪守职责的人性，与杰克、露丝这对青年人凄美的爱情故事相映生辉。

电影中的很多细节都显示出人性光辉的一面，显示了人性在大难压顶之时变得如此淡定。在灾难来临时，音乐师们在甲板上演奏最后一曲《Nearer My God to Thee》；穿着盛装的老绅士坐在晚宴大厅里静静地等待潮水涌来；老妇人躺在床上有些不安，丈夫从后面轻轻地抱住她，好让她安然入睡；年轻的妈妈安慰着快睡着的孩子，让他在睡前少些烦躁与不安……这些场景仿佛一瞬间静止了，静到我们只能听到自己的心跳，让我们在致敬的同时感受到那份对死亡的坦然。

"You jump, I jump."这就是人性的宣言。当船沉的时候，那块漂浮在水上的木板就是人性的试金石。为什么只有一块只承受得起一人的木板呢？杰克是最不应该被世界抛弃的。有人说智慧是一种痛苦，而高贵又何尝不是呢？当露丝的未婚夫，这位匹斯堡的钢铁大亨安坐在救生艇上，特别是在一群妇女儿童中间的时候，他的心灵是否会安宁呢？只有天知道了。像霍利这种只顾逃生不顾他人的低劣卑鄙之人，隐喻的是人的内心世界的某些本能和黑暗。本能与人性的光辉，是影片的主旋律，也是影片成功的重要因素。

（4）爱情的绝唱

一个是贵族小姐，一个是生活在社会底层的小人物，他们甚至原本就不认识，但仅仅几天的时间，却因为机缘巧合而走在一起，本是一个"门不当，户不对"的爱情，但是他们之间高尚、纯洁、无私的爱情之美却尽显无遗。因为共同的爱好走在一起，也能够为彼此放弃自己的身份地位，甚至是生命。"在天愿为比翼鸟，在地愿为连理枝"，他们的爱情虽然没有"执子之手，与子偕老"的美好结局，但他们在危难面前表现出来的那种海枯石烂、永不变心的爱情着实让观众动容。

从他们身上，我们看到了：

爱是信任的。当杰克被诬陷后，露丝仍然相信杰克，踩着冰凉的海水一步步去寻找并最终解救了被困的杰克。在灾难来临的时候，露丝放弃了生还的机会，选择和杰克共进退。

爱是奉献的。当泰坦尼克号沉没了以后，杰克把生的机会留给了露丝，并一直鼓励她要勇敢地活下去，而他自己却永沉大西洋底，"赢得船票，坐上这艘船，是我一生中最美好的事情，让我与你相逢，我很感激"。为了心爱的人而死，在他生命停止的那一刻，他是幸福的。

爱是救赎。永远不忘的是那一句："你可以脱险，你会活下去，生一堆小孩，然后看着他们长大，你会长命百岁、寿终正寝，不会死在这里，不会是今晚这样。"深陷海中却依然能够激励露丝，也是这句话，一直鼓励着露丝，带着与杰克的记忆勇敢地活着。

爱是珍贵的。年老的露丝故地重游，把无价之宝——"海洋之心"的项链抛进大海，让它永远陪伴杰克，陪伴他们那短暂而又美好的爱情。

爱是……

3.电影背后的人性美

大家都知道《泰坦尼克号》中杰克和露丝的感人爱情故事，但你对"泰坦尼克"号还有更深的认识吗？它的背后究竟还发生了什么事呢？

1912年4月14日那个恐怖的夜晚，"泰坦尼克"号上共有710人得救，1 514人罹难。

38 岁的查尔斯·莱特勒是船上的二副,他是最后一个被拖上救生船的、职位最高的生还者。

他写下了 17 页的回忆录,讲述了沉船灾难的细节。莱特勒回忆道:"只要我还活着,那一夜我永远无法忘记!"

面对沉船灾难,船长命令先让妇女和儿童上救生艇,许多乘客显得十分平静,一些人则拒绝与家人分开。

我高喊:"女人和孩子们过来!"然而我根本找不到几个愿意撇下亲人、独自踏上救生艇的女人或孩子!

在第一艘救生艇下水后,我对甲板上一名姓斯特劳的女人说:"你能随我一起到那艘救生艇上去吗?"

没想到她摇了摇头:"不,我想还是待在船上好。"

她的丈夫问:"你为什么不愿意上救生艇呢?"这个女人笑着回答:"不,我还是陪着你。"

此后,我再也没有见到过这对夫妇……

亚斯特四世(当时世界第一首富)把怀着五个月身孕的妻子送上 4 号救生艇后,站在甲板上,带着他的狗,点燃一根雪茄烟,对划向远处的小艇最后呼喊:"我爱你们!"

泰坦尼克号一副曾命令亚斯特四世上船,被他愤怒地拒绝:"我喜欢最根本的说法(保护弱者)!"

然后,把唯一的位置让给三等舱的一个爱尔兰妇女。

几天后,在北大西洋黎明的晨光中,打捞船员发现了他的遗体,他的头颅已被烟囱打碎……

他的资产可以建造十几艘泰坦尼克号,然而亚斯特四世拒绝了可以逃命的所有理由。

为保卫自己人格而战,这是伟大男人的唯一选择。

著名银行大亨古根海姆,在危难关头换上一身华丽的晚礼服,他说:"我要死得体面,像一个绅士。"

他在给太太留下的纸条上写着:"这艘船不会有任何一个女性因我抢占了救生艇的位置而剩在甲板上。我不会死得像一个畜生,我会像一个真正的男子汉。"

施特劳斯是当时世界第二巨富,美国梅西百货公司创始人。

无论他用什么方法劝说,太太罗莎莉始终拒绝上救生艇,她说:"多少年来,你去哪儿我去哪儿,我会陪你去你要去的任何地方。"

八号艇救生员对六十七岁的施特劳斯先生提议:"我保证不会有人反对像您这样的老先生上小艇。"

施特劳斯坚定地回答:"我绝不会在别的男人之前上救生艇。"

然后他挽着 63 岁罗莎莉的手臂,蹒跚地走到甲板的藤椅上坐下,等待着最后的时刻。

纽约市布朗区矗立着为施特劳斯夫妇修建的纪念碑,上面刻着:"再多再多的海水都不能淹没的爱。"

六千多人出席了当年在曼哈顿卡耐基音乐厅举行的纪念施特劳斯晚会。

一名叫那瓦特列的法国商人把两个孩子送上了救生艇,委托几名妇女代为照顾,自己却拒绝上船。

两个儿子得救后,世界各地的报纸纷纷登载两个孩子的照片,直到他们的母亲从照片上认出了他们。不幸的是,孩子们永远失去了父亲。

新婚宴尔的丽德帕丝同丈夫去美国度蜜月,她死死抱住丈夫不愿独自逃生。

丈夫在万般无奈中一拳将她打昏。丽德帕丝醒来时,她已在一条海上漂浮的救生艇上了。

此后,她终生未再嫁,以此怀念亡夫。

在瑞士洛桑的幸存者聚会上,史密斯夫人深情怀念一名无名母亲:"当时我的两个孩子被抱上了救生艇。由于超载我上不去了,一位已经坐上救生艇的女士起身离座,将我一把推上了救生艇,并对我喊了一声:'上去吧,孩子不能没有母亲!'"

这位伟大的女性没有留下名字。后来人们为她竖了一个无名母亲纪念碑。

死难者还有亿万富翁阿斯德、资深报人斯特德、炮兵少校巴特、著名工程师罗布尔……他们把救生艇的位置让出来,给了那些身无分文的农家妇女。

泰坦尼克号上的五十多名高级船员,除了指挥救生的二副莱特勒幸存,全部牺牲在了自己的岗位上。

凌晨二点,一号电报员约翰·菲利普接到船长的弃船命令,要船员各自逃生。但他仍坐在发报机房里,保持着不停拍发"SOS"的姿势,直至最后一刻。

……

当船尾开始沉入水下,你是否听到在那最后一刻,在生死离别的最后一刻,人们彼此呼喊的是:我爱你! 我爱你!

它,在向我们每一个人诠释着爱的伟大! 我要让你知道,我有多么地爱你!

在1912年泰坦尼克号纪念集会上,白星轮船公司对媒体表示:没有所谓的海上规则要求男人们做出那么大的牺牲,他们那么做只能说是一种强者对弱者的关照,这是他们的个人选择。

《永不沉没》的作者丹妮·阿兰巴特勒感叹:"这是因为他们生下来就被教育:责任比其他事情更重要!"

在生命面前,一切都是平等的。如果因为放开了爱人的手,选择一个人守着一堆散发着铜臭的遗产苟且地活着,人生还有何意义? 不管是面对生死,还是生命中的任何磨难,相爱的手永远都不会放开。

模块七

哲学篇——海员的思考智慧

古代哲人的思想缘于仰望天空,如果他们也曾经历过航海,那么哲学的起源或许还要多一层注解,因为大海同样可以成为哲学的摇篮。

黑格尔在《历史哲学》里说过:"大海给了我们茫茫无定、浩浩无际和渺渺无限的观念,人类在大海的无限里感到他自己的无限的时候,他们就被激起了勇气,要去超越那有限的一切。"

诗人普希金也深情地呼唤:"再见吧!自由的元素!在我的眼前,你的蓝色的浪头翻滚起伏,你的骄傲的美闪烁壮观。"

诸如此类的思想火花不断激发着人们向往大海、依恋大海,追逐着靠海而居、春暖花开的生活。

海员,身处异国他乡,在浩瀚的大海上,在苍茫的宇宙间,拥有着得天独厚的叩问天地、叩问自然、叩问人生的条件和机会,每当这时,我们便可以用哲学的光辉来引领自己正确对待人与自然、人与社会,正确对待生与死、退与进、得与失、名与利。哲学让我们在反省中自律、在幼稚中成长、在挫折中成熟。

只有海员最能深刻地体验大海、感悟大海,海员是大海的灵魂,大海浸润着海员的哲学人生。

案例导入

海船宽广的心胸

有一天,小华气呼呼地从学校跑回来。

爸爸看他一脸不高兴,便问他:"你怎么了?"

"怎么了? 小明说话气我呀! 我快要受不了了。"

"他说你什么?"

"他说我个子矮呀!"小华很气愤地说,"虽然我个子很矮,可是我心胸很大呀!"

"你的心胸很大,是吗?"

爸爸拿着一个脸盆,带小华到大海边去了。

爸爸先在脸盆里装满一盆水,然后往脸盆里丢了一颗大石头,只见脸盆里的水统统溅了出来;接着,他又把一颗更大的石头丢到大海里,但海面仅仅起了一个小小的涟漪后,又恢复平静。

"你的心胸很大,是吗?"爸爸问,"可是,为什么人家只是在你的心里丢下一块小石头,而你却像脸盆里的水一样,统统溅出来了呢?"

专题1 海洋哲学的启迪

1. 海洋对中国古代哲学的影响

虽然中国古代哲学思想主要是内陆文明的产物,但海洋对中国古代哲学思想的构建也产生了不小的影响。杨光熙先生对这一问题做出初步探索。

(1)海洋对中国哲学中的宇宙论影响最大

所谓宇宙论,即是思考宇宙的构成和产生问题。中国古代关于宇宙构成的观点比较多,其中多家宇宙论都以海洋为核心或以海洋为重要元素来设计和结构其宇宙观。战国时期的邹衍就提出"大九州"的说法。《史记·孟子荀卿列传》中有,"以为儒者所谓中国者,于天下乃八十一分居其一分耳……中国外如赤县神州者九,乃所谓九州也。于是有裨海环之,人民禽兽莫能相通者,如一区中者,乃为一州。如此者九,乃有大瀛海环其外,天地之际焉"。毫无疑问,邹衍之所以提出这样的理论,显然和他是齐人,对海洋的辽阔无垠有充分的认识有关。一个对海洋没有认识或者说认识不足的人是提不出这样的观点的。

除了邹衍的"大九州"之说,汉代以来,中国关于宇宙结构的理论还有"三家六说"之说。《晋书·天文志》记载:"古言天者有三家,一曰盖天、二曰宣夜、三曰浑天。"除此之外还有虞喜的"安天论"、虞耸的"穹天论"、姚信的"昕天论"等三种观点。这几家理论中,"浑天说"和"穹天论"都认为海洋是构建宇宙的重要组成部分。"浑天说"说天就像一个鸡卵,天是浑圆的外壳,地则如蛋黄被天包裹其中,天地浮于水上,天之内外都是水,也就是说天地在水中,而天地内部也充满了水。既然天地都能浮于水上,那么这水自然是无比广阔之水,自然也不会是江河之水,而只能是海水。晋代天文学家何承天在宣扬"浑天说"的宇宙结构模式时就明确指出这一点:"天形正圆,而水周其下……四方皆水,谓之四海。"这就是把天地看成一个半浮在巨大面积的海洋之上的内部充满了水的球体。

"三家六说"之中,"穹天论"也将海洋作为构建宇宙的一个重要组成部分。这种观点理解的宇宙是:"天形穹窿如鸡子,幕其际,周接四海之表,浮于元气之上。譬如覆奁以抑水,而不没者,气充其中故也。"与"浑天说"稍有不同的是,它增加了"气"这一物质内容。这主要是因为"浑天说"无法解释天地为何不下沉的问题。"穹天论"增加"气"这一物质内容,认为天地之中充满气,所以不下沉。这个解释现在看来当然是错误的,但从当时人的认知能力来看,这个答案还是可以接受的。"穹天论"虽然增加了"气"这一物质成分,但海洋仍然是其中重要的物质内容,只不过与"浑天说"相比,海洋在其中的地位有些下降而已。

到了宋代,学者开始主要从气的角度而不是从水的角度来解释宇宙的构成,著名哲学家朱熹是其中最为杰出的代表。

他描述天的形状"圆如弹丸,朝夜运转",天和地的关系是"天积气,上面劲,只中间空,为日月来往。地在天中,不甚大,四边空"。在朱熹看来,天和地都是气,而且其周围都是气,也就是说朱熹理解的宇宙结构就是密度大的气团,即天(其实也就是日月星辰等天体)

和地,浮在密度较小的气上面这样一种结构。但密度大的天体和地为什么不掉下来呢? 朱熹说这是因为气高速旋转,产生一种托举力,"地则气之渣滓,聚成形质者,但以其束于劲风旋转之中,故得以兀然浮空,甚久而不坠耳"。朱熹以气解释宇宙,似乎与海洋无关。其实不然。我们且看他关于宇宙生成的理论:"天地始初混沌未分时,想只有水火二者。水之滓脚便成地。今登高而望,群山皆为波浪之状,便是水泛如此。只不知因甚么时凝了。初间极软,后来方凝得硬。问:想得如潮水,涌起沙相似? 曰:然。水之极浊便成地,火之极清便成风霆雷电日星之属。"天地初始,一片汪洋,这水是什么水呢? 当然只能是海水了。

由此可见,朱熹的"宇宙论"中海洋也是一个重要的构成要素。这些从海洋角度构建的宇宙论无疑大大丰富了中国古代宇宙论思想。

除了学者的哲学思辨的宇宙论深受当时海洋观念的支配之外,神话传说之中关于天地的解释也深受海洋观念影响。马王堆汉墓曾有一幅土帛画,是一裸体者双脚踏在两条相交的鱼身上,双手上举,托着一长案形物体。学者萧兵、叶舒宪的解释是"裸体的海神禺强,人的脑袋,鸟的身子,脚下踩两条赤色小蛇,耳朵上挂两条青色小蛇站在他自己的'化身'大交鱼之上托住大地(图7.1)"。有人认为大交鱼是海神的化身,这个说法未必正确,但也有一定根据。《史记·秦始皇本纪》记载秦始皇东巡时"梦与海神战,状如人"。问占梦博士,占梦博士说:"水神不可见,以大鱼蛟龙为候。"萧、叶将大交鱼解释为海神的化身,其依据很可能即是《史记·秦始皇本纪》中的这条记载。撇开大交鱼化身不论,萧、叶将这幅画释读为海神肯定是准确的。首先,学术界一致认为这幅画反映的是海洋神话世界,其中的男子当然是神话人物,男子裸体和两条交鱼显示是水神话,而交鱼身形极其硕大,则表明应当是海洋神话,男人手中托一长案形物体,除了理解为大地而外,恐怕没有其他更合理的解释。所以萧、叶的解释是有说服力的。马王堆帛画是神话思维中的宇宙论,是从海洋角度想象和构建的世界。它的产生当然也是海洋观念支配下的产物。

图7.1　裸体的海神禺强站在大鱼之上托住大地

(2)海潮与中国哲学思想也有很强的联系

海潮,即海洋水面发生周期性涨落的一种海洋现象,其产生原因在于月球和太阳的引力作用。海潮周期性发生,且强度大,是海洋最能引人注意的自然现象,因此对其产生的原因历代很多科学家和思想家都有过思考,不少科学家和思想家关于海潮产生原因和发生过程的解释对中国古代哲学思想也产生了影响。

从现存文献来看,东汉王充是第一个理性探讨潮汐生成原因的人,他已经注意到潮的大小和月亮盈亏之间的伴随关系,认为潮汐系因水道浅狭,水体互相激荡而成。不过王充并没有进一步展开与深入论析其上述观点。

到了唐朝,人们对海潮产生的原因给予了更多关注,认识在前人基础上有了进一步深入。例如,封演在其笔记《封氏闻见记》中即收有《说潮》一条,记载他对海潮现象的观察和产生原因的思考。封演对海潮和月亮盈亏之间的伴随关系的观察比王充要详细得多,但解释海潮产生原因时,则归之于月亮与水相感使然。他说:"月,阴精也;水,阴气也。潜相感致,体于盈缩也。"这是用传统的同类相感相应来解释海潮的发生,这种观点当然不正确,稍晚于他的卢肇即对此提出批评,卢肇在《海潮赋》序中说:"潮之生,因乎日也;其盈其虚,系乎月也。""殊不知月之与海同物也。物之同,能相激乎……天行健,昼夜复焉。日傅于天,天右旋人海,而日随之。日之至也,水其可以附之乎? 故因其灼激而退焉。退于彼,盈于此,则潮之往来,不足怪也。"他认为海潮的发生并非由于同类相激,因为同类不能相激,只有相反的异类才能相激。海潮巨浪滔天,是两种相反力量相激的结果。他用锅中水加热沸腾类比海水激荡成潮,水加热沸腾缘于火的烧灼,水火相济。海水激荡成潮也是因为有火的烧灼,水火相济。哪里有这样巨大力量的火呢? 自然只有太阳才有可能,所以卢肇得出海潮产生的原因是太阳激灼。卢肇对海潮的解释也受到很多后来者的嘲笑,但是卢肇的思路对中国古代辩证思维其实是一种丰富。

中国古代辩证思维比较发达,老子说:"有无相生,难易相成,长短相形,高下相倾,音声相和,前后相随。"已经讲到事物的对立统一,而且这种对立统一不仅仅局限于上述范围,"万物负阴而抱阳"是任何事物都具备的。但老子又说万物"充气以为和",这说明老子认为对立的双方并不发生对抗,而是处于和谐的状态之中。同时,虽然老子也提出"一生二,二生三,三生万物"的观点,认为新事物是旧事物对立统一双方共同的产物,但旧事物对立的双方是如何产生新事物的,则没有进一步论及。

到了汉代,《淮南子》的作者在解释雷电产生的时候注意到对立双方的斗争性,有"阴阳相搏为雷,激扬为电"的说法,将雷电的产生视为阴阳二气互相激荡的结果。也就是认为新事物的产生是对立统一的旧事物双方共同斗争的结果,这无疑是古代辩证法理论的一大进步。卢肇继承了《淮南子》的这一思想,但又和《淮南子》有一定的区别。《淮南子》中阴阳相搏击而为雷电,其中的阴和阳即阴气和阳气,属于同类异性,或同体异性,而卢肇的水日相激成潮中的海水和太阳则并非同类,而是异类异性(当然如果公约到终极层面而言,也是同类)。阴阳相搏击而为雷电,是微观层面的对立统一,表达的哲学意味是任何一个存在个体都是对立统一的。而水日相激成潮是宏观层面的对立统一,表达的哲学意味是不同的存在个体与个体之间也可以构成对立统一体。显然,卢肇的海潮原因论在一个层面丰富了中国古代辩证法思想。

五代时期的邱光庭则从气的角度对海潮产生的原因做了解释,他在《海潮论》中说:"地之所处于大海之中,随气出入而上下。气出则地下,气入则地上。地下则沧海之水入于江河,地上则江河之水归于沧海。"邱光庭的海潮论虽然也没有能正确解释海潮产生的原因,但对中国古代哲学思想产生的影响更大。李申说他"用气的出入、地的升降解释海潮的成因,为哲学中的气论提供了一个支持。"而且邱光庭的理论对北宋著名哲学家张载的"气本论"产生了重要影响。"张载接受邱光庭的意见,认为阴阳二气在地中升降的证据,一是寒暑变迁,二是海潮进退,它们都证明了气的普遍存在和不断运动。"

（3）海洋"满而不溢"抽象出"天之道满而不溢"

先秦时期的思想家已经总结出天道"满而不溢"的法则。《管子·形势解》说:"天之道满而不溢,盛而不衰。"《国语·越语下》也有相同表述,文字与此基本相同,只是《管子》中是"满"字,这里是"盈"字:"天道盈而不溢,盛而不骄,劳而不矜其功。"《越绝书》中也有这一句,它与《国语·越语下》文字完全一样:"天道盈而不溢,盛而不骄者,言天生万物,以养天下。"

这样一个辩证法法则是怎样产生的呢?

我们知道,哲学原则都是一般原则,但这个一般并非凭空产生的一般,它们都是由具体经验事实抽象而来的。那么,"天道满（盈）而不溢"是从什么经验事实抽象得来的呢?

我们且从文字入手来分析这一问题,"满而不溢"的"溢"在《说文》中的字形是左边为一水偏旁,右边为一盛得太多而往外冒的盛物容器,《说文》解释:"溢,器满也。从水,益声。"形旁即义符"溢"字从"水",说明含义跟水有关,也就是说,满而不溢是指水的满与溢。水性是满则溢,所以不能盛得太满,也就是不要达到极点。很显然,满而不溢是从盛水这样的经验事实抽象而来的。不过,既然上升到天道的层面,这样一个细小的经验事实恐怕未必与天道相称,它应该有更加有影响的经验事实支撑,这个经验事实是什么? 它应该就是海的满而不溢,海为天下万川所汇,但海却并没有满而溢出的时候,很显然,只有海这样一个阔大的物象才能圆满地支持"天道满而不溢"这一法则。

另外,先秦文献中提到"天道满而不溢"这一法则的著作只有《管子》《国语·越语》和《越绝书》,这说明"天道满而不溢"这一法则应该是齐文化或吴越文化的产物,而这两种文化都深受海洋的影响。因此,最大的可能是齐地或吴越之地的思想家根据海的特性提出了"天道满而不溢"的法则。当然,从其他思想渊源来看,老子的"壮则老",孔子的"过犹不及"都和它比较相似,应该也受到了老子思想和孔子思想的影响。

与此同时,我们要注意的是满而不溢应该从两个方面理解:一个方面是从主体的角度理解,其含义是要求主体节制,不能过度,防止物极必反;另一个方面是从客体角度的理解,那样势必会对海洋满而不溢的现象产生疑问并展开探讨。

屈原《天问》即提出"东流不溢,孰知其故?"的问题,很多人企图给出合理的答案。例如《列子·汤问》就给出这样一个答案,说:"渤海之东,不知几亿万里,有大壑焉,实惟无底之谷,其下无底,名曰归墟。八纮九野之水,天汉之流,莫不注之,而无增无减焉。"认为东海有一个地方叫归墟,乃是无底之壑,河流里的水都流进这里,既然海里有这样一个无底的地方,自然海就不会被灌满了,但是却没有交代水最终到了什么地方。列子给出的答案其实是《山海经》中的答案。《庄子·秋水》也给了一个解释,"天下之水,莫大于海。万川归之,不知何时止而不盈;尾闾泄之,不知何时已而不虚"。认为海之所以不溢,乃是因为虽然海纳百川,但它也有尾闾这样的排水口,这和列子的观点其实是一样的。真正在这个问题上有突破的是唐朝的柳宗元,他在《天对》中对海洋满而不溢原因进行了探讨,他认为海洋之所以满而不溢是因为海水"东穷归墟,又环西盈。脉穴土区,而浊浊清清。坟垆燥疏,渗渴而升。充融有余,泄漏复行。"江河之水东入大海,但到达归墟这地方后又从地底下向西行,到了西边再从地下冒出来形成河流,这样构成一个封闭的循环系统,海水始终在这个封闭的循环系统内流动,水不会多也不会少,自然就不会溢出了。柳宗元的解释虽然也不正确,但是他提出的循环系统思想却是科学的。

毫无疑问,上述关于海洋满而不溢的解释,都是在天道满而不溢原则支配下的思考。但是,通过对海洋的观察,也会发现相反的事实,这就是海溢,海洋也会因满而溢的。当然这种情况今天我们知道其实就是海底地震或火山爆发等地质灾害引起的海啸,但古代海水泛滥被长期冠以"海溢"的称谓,直到元朝才有所更正,这一方面有可能说明人们认为海洋也应当遵循满则溢的法则,海溢是正常的,海满而不溢是不可能的;另一方面也有可能说明人们认为海洋满而不溢才是常态,海溢是不正常的,是灾异,是上天示警。但无论哪种情况,其实都反映了人们对海满而不溢这一现象的积极思考。这种思考其实也是对天之道满而不溢的思考。

(4)海洋观念对中国哲学思想的影响

海洋观念还体现在一些哲学家在进行哲学命题论证时,利用海洋的特殊性从不完全归纳的角度反证命题的正确。

哲学命题的论证是演绎和归纳的结合,除了推理,更需要经验事实予以证明,陆上经验事实比较容易取得,但海外则无法取得经验,这是不利的一面。但有的学者在论证其观点时,反而利用这一不利,从不完全归纳的角度,利用演绎法则证明自己的观点。例如程颐在论证物之气化时就说萤火虫是腐草所化,虱子是人身上气所化,最早出现的人也是由气所化,并不像现在这样夫妇相合而繁衍。而现在之所以没有气化为人这样的事例发生,是因为已经有人了,所以气化为人的过程才停止,但是在海中的荒岛上仍然可能有气化为人的情况发生。

最后,老子、庄子等思想家运用海洋、海神、海鱼、海鸟等物象和形象阐述自己的哲学思想,则给中国哲学思想的话语表达增添了一些浪漫的色彩。海岛的与世隔绝和海上仙山的传说吸引人遁世、求神仙长生不死,也丰富了中国古代人生哲学、生命哲学的内容。

2.航海活动带来的哲学思考

人类的历史是一部不断探索和发现自然的历史,也是在探索和发现自然环境中不断发现和认识人类自身的历史。地球是一个71%的面积被海洋覆盖的星球。自远古以来,人类为了生存与发展,不断地向海洋挺进,探索和发现海洋的秘密,寻找通往未知陆地的通道,推动着人类认识世界和文明进程。人类认识这个星球的历史,就是不断向海洋挺进的历史。航海探险活动充分体现了人类征服自然和认识世界的勇气。

(1)航海是人类改造自然、挑战自我的伟大实践

航海是一项人类古老的征服海洋的活动,是人类最早的对海洋的探险认识活动,是从近海先民开始的。从公元前6世纪,腓尼基人进行环绕非洲大陆沿海的探险航行开始,人类便向神秘的自然界发起了勇敢的挑战。古希腊人、古罗马、中世纪时的阿拉伯人、北欧人等在接连不断地探索发现和开疆扩域中,积累了大量珍贵的天文气象和海洋地理知识,体现了人类探索自然和征服世界无所畏惧的拼搏精神、冒险精神。公元前210年的徐福东渡、1405—1433年郑和七次下西洋、哥伦布发现新大陆、麦哲伦的首次环球航行,以及在对西伯利亚、北太平洋、澳大利亚及南太平洋岛屿以及非洲内陆的探险和发现活动中,葡萄牙、西

班牙、英国、法国、荷兰、俄国、丹麦以及挪威等国家的航海家们,都取得了突破性的成果。尤其在对地球的神秘的顶点——南北两极的地理探险和科学考察中,无数探险家、科学家不畏险途,挑战自我,完成了人类的伟大使命。

人类在这样一个未知或充满无限可能的海域中探索与挑战,这样的历程创造了世界航海史上一个又一个奇迹。郑和以毕生精力,致力于海洋探险,他发现了许多当时中国人所不知道的国家,直接替中国人民在南阳与非洲一带开辟了一个新的世界,间接扩大了中国人的地理知识。麦哲伦环球航行的成功,使地圆学说得到了强有力的证据,显示了人类认识自然和征服自然的伟大能力,树起了航海历史上的丰碑。从此,西半球和东半球,旧大陆和新大陆连接了起来,世界才开始真正地成为一个整体,中世纪狭小的世界被彻底打破,哲学和科学的发展进入了一番崭新的天地。西方航海家们努力探索世界,增进知识,以科学破除迷信,打破神权论,加速了科学发展,生动地诠释了实践是检验真理的唯一标准,由实践到认识,由认识到实践,以至无穷的波浪式前进、螺旋式上升的认识论和辩证法。

(2)航海不断激发着人类改造自然的能动性

大海航行,对人类是一种冒险和挑战,更是一种刺激的诱惑。人类在探索与驾驭海洋的过程中,主观能动性得到的淋漓尽致的发挥。航海历史的发展离不开航海科学技术的进步,人类征服海洋的过程,也是人类发挥聪明才智推动航海技术不断创新的过程。

早在新石器时代晚期,中华民族的祖先从"刳木为舟,剡木为楫"掌握原始的造船技术开始,到火药、造纸术、印刷术、指南针四大发明对世界航海史的贡献,再到郑和七下西洋,充分展示了当时处于世界顶尖水平的中国在天文、地理、航海技术与造船技术方面的智慧。世界其他沿海民族,从"大洪水与挪亚方舟"的传说,到太阳运行轨道的定位,到大帆船的建造与驾驶,再到哥伦布、达·伽马、麦哲伦等一大批航海冒险家的出现,无不显示了人类的勇气和智慧。在当今世界的远洋运输中,船舶定位方法从传统的陆标定位、天文定位、无线电定位发展到现在的 GPS 全球定位系统;识别物标手段从普通的雷达,发展到现在的自动识别系统,海洋资料从纸质到电子,尤其是电子海图与信息系统的使用,为船舶自动导航奠定了基础;传统的车钟纪录簿、航海日志、航海作业与电罗经记录仪等航行记录形式,由集成记录的航行记录仪所取代;驾通合一、机电合一和驾机合一的设想已经基本实现;航行值班要求可由原来的驾驶台多人值班改为单人值班,船舶配员不断减少;地空航海服务与支持系统功能不断增强。正在使用的无线电航警告显示、船舶定线制、船舶报告系统、船舶交通服务和全球海上遇险与安全系统等正在发挥安全保障作用。

(3)航海促进了人类文明的发展

流通的海洋具有全球化的原始属性,而航海活动勾画了人类发展的轨迹。15 世纪初开创的"世界大航海"运动,标志着人类活动开始走向海洋,实现了全球性的地理大发现,开阔了人类的全球视野和对地球环境的认识。

随着航海的发展,一些沿海先民为探索新世界,离开本土,漂过海洋,推动了世界性的航海移民,进行了空前规模的"人类大迁徙"。正是通过航海移民,建立了许多国家,奠定了全球性的人类分布格局。东方航海的"西进"同西方航海的"东来",交汇于非洲的好望角,开创了人类活动舞台向海洋的大转移,突破了区域文明,实现了东西方"文化大交流",奠定了世界、地区文化的交融性、多元性格局。

历史证明,航海是人类最早的认识、征服、开发、利用海洋的先驱事业。没有海洋,就没有生命和人类;没有航海,便没有现代的文明世界。然而,由于各国对海洋的认识、利用的差异,航海事业在各国所处的地位不同,决定了世界发展的不平衡性。

"面海而兴,背海而衰",凡是海洋发达、坚持海洋活动的国家都富强了,而所有漠视海洋、实行闭关锁国的国家都落伍了,大多成了列强的殖民地。

航海是人类社会进步的推动力,是一个国家综合国力与对外开放的体现,是先进科技的集成与综合应用。航海更是经济交流的主要载体,航海的发展催生了港口业。船舶云集港口,随即带动造船、建筑和出口等临港产业的发展,进而推动了物流、金融、工业的迅速发展,逐渐形成经济、金融、文化中心,成为水路运输的枢纽、对外贸易的门户、文化交流的桥梁,出现了港口城市。

当今世界的发展,对航海提出了各种不同的要求,在共创和谐世界和建设现代文明时,航海便不断扩展和逐渐专业化。当今航海的任务,已经不单纯是传统意义上的"运输",而是根据特定的使命形成各自的系统,在维护主权、发展经济、创新科学、海上执法等方面发挥着重要作用,其活动空间已不限于水面航行,而是从水面、水体到海底的整个海洋的立体空间。21世纪的航海,将在不同的领域各显神通,进入一个崭新的阶段。

3. 海员在风浪中历练人生

"望洋兴叹"一词,本义指在伟大的事物面前感叹自己的渺小,后比喻做一件事而力量不够,感到无可奈何。在海员眼里,"望洋兴叹"恐怕更能够表明作为海之子对人生的洞悉,对生命真谛的领悟。

(1)面向大海,做自己生命的主宰

面对大海,面向汪洋,在眼前无与伦比的境界和气魄中,有谁能够心如止水、波澜不惊?

①顺风而行,逆风而起

人生处处有哲学,而海洋文化带来的哲学思考更是瑰丽多彩。大海是人类文明的起源,俱乐部里放着流行乐,和大伟船长在办公室煮茶谈航海哲学,却别有一番风味:

"航海的哲学对大部分国人而言比较新,还是一个很陌生的领域,其实航海涉及的哲学很多,包括人类根源的探索。其实人类本来就是来自海洋,是从远古的生物进化过来的。所以我们对海洋应该一直存在一个向往,这是个很本能的想法。航海给我们带来的很多思考,其实是由于大海的不确定性和不可控性产生的,而这种思考对我们的生活也会造成一定的影响。

"这些年出海给我很深的感悟。比如帆船在顺风的时候,船当然可以走,但其实逆风的时候依然可以航行。所以当我们处在逆境中的时候,也是可以借助环境的力量,然后得到前进的力量。而没有风的时候呢,很多人就会去抱怨,没有风来推动我,运气不好之类的。其实没有风的时候,你也可以利用这段时间好好地休整、训练,和别人探讨、交流……类似这样大大小小的感悟真的很多,包括小的细节方面也有很多。我们出海的时候所感受到的风向,其实并不是真的风流动的方向。因为你所坐的船在开动的时候,迎风造成了一种视风,但是这种视风并不是真的和你所感受的风是同一个方向。

"每个人开船的方向不一样,那么他感受到的风也不一样,所以就变成了每个人所认为的真实,其实并不是真正的真实。类似这样的航海哲学还有很多。包括你出海的天气,每个人都在说出海的时候什么样的天气最好,其实都不是的。出海时最重要的就是心情。因为每一种天气都不可控,但是你可以控制自己出海时的心情,这也是非常重要的。所以我们经常跟客人讲,其实每一天都是好天气,只要你能出海的天气都好天气。但是遇到你不能出海的天气,就要想我们生活在陆地上,这是我们真正的家园。所以每一种天气情况其实都可以给人不同的感受。"

②感悟大海

那一望无际的博大,天连水、水连天,海天静穆,意境悠远。游弋在一片洁净的至善至美的境界中,你可以细心观察大自然的奥秘,凝神思索万物的生命本质;你可以聆听风的长啸,在浪的低吟中沉醉生命的乐章。那些工作上的烦琐事务、生活中的琐碎将被海水冲刷得一干二净。你会瞬间变得轻松豁达、清新而快乐,精神世界与宇宙的浩瀚无垠顷刻间融为一体。

海水茫茫,波浪翻滚,激流涌动中,每一分钟,你都会看到生命的诞生、生命的蓬勃、生命的归复,以及海的辽阔、海的深远、海的悠闲、海的狂暴。文学界的巨擘泰斗,没有哪一个比得上大自然的造化之手,能将大海这样单一的题材写出百种意境、千样况味。有限与无限,渺小与伟大,沧海一粟与浩瀚宇宙……读着大海这本书,你会突然发现人世间的喜怒哀乐是多么微不足道。

每当在这个时候,我们对生活会有了更深一层的理解:金钱名利都是淡淡的,平安健康才是福! 对人生的缺憾,要少点埋怨与计较,多点体谅与宽容。

踏千层波,破万重浪,把好人生的船舵,将心托付给大海,在波峰浪谷的沉浮中,体验生命的激情、人生的幸福。不盲从、不犹豫,不受外界的干扰,远离生活琐事和社会纷扰,沿着既定的目标扎实地走自己的路。这是一种积蓄力量的过程,厚积薄发、磨炼心智,让人更加沉静,更加懂得生命与大海同等的深沉与厚重。

③坚定自己的选择

今天,我们选择了航海,这是和男子汉与生俱来的敢于冒险、富于挑战精神的绝佳契合。对此,很多同学都充满了激情和自信,但也有些同学感到无可奈何,他们优柔寡断、心浮气躁。孔子在和他的学生谈理想的时候,并不认为理想越高越远越好,真正重要的是一个人内心的定力与信念。

于丹教授说过,无论你的理想是大是小,实现所有理想的基础在于找到内心的真正感受,一个人内心的感受永远比他外在的业绩更重要。成功者之所以成功,有选择正确道路的原因,但更重要的是对选择的坚守。

每一个想成功的人都应该坚信:多一分坚持和付出,就多一分成功的可能。只要不轻易放弃,你随时会等到想要的机会。那些真正的勇士,从来都会不惜一切代价地去实现目标,即使遇到比别人更大的挑战、更多的挫折,他都能矢志不渝地坚持下去。这是对生活的负责,更是对自己人生的负责。这里不能不提及当今航海世界的两个著名的人物:翟墨和郭川。

翟墨,一个年轻的艺术家,为了实现自己环游世界的航海梦想,从日照起航,沿黄海、东海、南海跨越三大洋,在充满惊险、艰辛的航程中,不断挑战自身生存能力的极限。他在印度洋经历了五天五夜的狂风暴雨;连续120小时手不离舵达到虚脱的边缘;他在航行中非法闯入军事禁区被守岛的英国皇家海军突击队压回小岛;他被海盗在海上跟踪了三四个小时……翟墨用力量、意志和智慧与风浪搏击,战胜了死神和孤独。

郭川,"青岛"号帆船船长,他在国际帆联规则要求不能接受任何外来援助的近乎苛刻的条件下,经历 137 个艰辛的昼夜,摆脱渔网阵,与太平洋上的热带风暴持续周旋,冲破赤道地区的高温无风天气,遭遇接二连三的设备故障和船帆破损,利用每次仅 20 分钟左右的饮食补给和每天不超过 4 小时的分散睡眠,绕过水手们闻之色变的"海上坟场"——南美洲最南端的合恩角,最终再度改写中国航海史,成为 40 英尺①级帆船单人不间断环球航行的世界纪录创造者。

无论是翟墨还是郭川,他们都是当之无愧的勇士、壮士,他们身上所折射出的那种"直挂云帆济沧海"的豪情,那种直面生死、极限挑战、无所畏惧、坚忍不拔和在逆境中坚守的壮举,堪称"中国人的一次又一次精神出征";他们的壮举已经超越了行为本身,成为我们这个时代的符号和象征,将永远激励着我们在人生的征程上劈波斩浪、一路高歌;他们更是在用矢志不渝的追求体验生命的本质,感悟人生的真谛。

正像郭川博客中所言:"航行海上,你即将面对的是一段蓝色的生存体验,你即将分享的不仅仅的是蓝色的喜怒哀乐,还有人性中惊人的韧性,非凡的勇气和机不可失的幽默。"

季羡林老先生在谈"人生的意义和价值"时说:"在人类社会发展的长河中,我们每一代人都有自己的任务,而且绝不是可有可无的。……有如接力赛,每一代人都有自己的一段路程要跑。"

我们生活在一个日新月异、蓬勃发展着的伟大时代,从航运大国向航运强国迈进,需要几代人的努力,我们是这一发展链条上不可替代的一环,这是时代赋予我们的重托和崇高职责,我们只有坚定不移地接过历史的接力棒,跑好我们应该跑的一段路,才会无愧于大海的召唤,才会拥有无悔的人生。

(2)同舟共济、追寻共同的梦想

在各行各业中,也许没有哪项职业能像海员这样,能够把集体精神、团队精神诠释得更为充分的了,而"同舟共济"更直白地表达了对海员团结协作的要求。

①同舟共济是团队中的互助与责任

当茫茫大洋上,烟波浩渺间几十条性命系于一叶扁舟的时候,除了对大自然的敬畏,同舟共济已然成为人类本能的彰显。一条船舶就是一个小社会。这个小社会与其他组织不同的是,它更像一个大家庭,因为船上的工作性质决定了每个人要朝夕相处和生死与共。这就要求船上的每一个人都要学会接纳彼此、托付彼此,所以"同舟共济"首先表现为团队中每个人之间的互助。

"同舟共济"还体现为一种团队的协作责任,"同舟"即团队共同的事业、共同的梦想,"共济"就是指团队共同的责任。风雨同舟,这不仅是一种感召,更是一种协作责任,这种责任帮助我们承担风雨、战胜风雨,最后渡过难关,实现梦想。如果同舟不同心,同心不同德,那么这种团队协作不可能形成,风雨同舟也成为一句空话。

生命因梦想而富有激情。"同舟共济海让路,号子一喊浪靠边,百舸争流千帆进,波涛在后岸在前。"《众人划桨开大船》这首歌不仅仅唱出了"团结就是力量",也唱出了同舟共济的团队精神。"众"字的结构就是"人"的互相支撑,"众"人的事业需要每个人参与,虽然

---

① 英尺,英制计算长度单位,1 英尺 = 0.304 8 米。

在大海航行中要靠舵手,但大船的前行必定靠其他海员的力量,大家只有风雨同舟,才能战胜惊涛骇浪,才能峰回路转抵达理想彼岸。

②同舟共济是团队中和谐的人际关系

如何做到同舟共济?这需要我们团队中的每一位成员都能牢固地建起一种团队的和谐和默契。很多成功的人士都得出这样一个结论:管理人员事业的成功,15%由专业技术决定,85%与个人人际关系和处事技巧相关联。人际关系的主要特点就在于它有明显的情绪体验色彩,他会以自己的感情为基础建立。

不同的人际关系所引发的人们的情感体验是不一样的,亲密的关系会引起人们愉快的体验,而对抗的关系会让人烦恼。很多人的疾病都是跟精神紧张有关,如高血压、心脏病、溃疡病、精神错乱等。团队成员的精神不紧张和人际关系良好,就会减轻个人的心理压力,减轻精神负担,也减少疾病的发生。

作为海员,工作性质、条件和环境决定了在船舶上建立良好的人际关系尤为重要。大家来自五湖四海,地域、社会、家庭、个人成长经历、心理素质、认识水平、工作能力以及生活习惯、价值观等存在着较大的差异,在狭小的空间里相聚在一起,不可避免地会产生这样或者那样的摩擦、矛盾或者冲突。当我们因如何调整自己、适应环境、适应他人而感到困惑的时候,看看眼前的大海吧。

大海给予我们的"海纳百川,有容乃大"的胸襟,时刻提醒我们以放开的心态,积极面对人际交往;大海平静深邃、周而复始、潮起潮落,从容而淡定,为我们揭示了"水无争故天下莫能与之争,水不争故无忧"的古老哲理。"月盈则满,水满则溢"则时刻提醒我们在与他人相处的时候,不要过于显示自己的完美,要让他人觉得与你在一起的时候体现出自己的价值,同时不要忘记带着热情和真诚去感谢别人为你做的事,让别人了解到你非常需要他们。

"人生就像一场戏,因为有缘才有聚。"当人生这条船与大海这一实际场景混为一体的时候,生命、梦想与期盼便真真切切地融为了一体。这就是团队,这就是令人生得以辉煌的平台。

你应该永远记住,每个海员都不是一个人在工作,工作也不只是对自己负责,船上的所有人是一个命运的共同体,踏踏实实地做好本职工作的同时,必须彼此帮助、团结协作、少抱怨、少懈怠、多努力、多付出,每个人的生命价值将会因团队的辉煌而变得更加灿烂。每个人都只是一滴水,只有将其汇入大海才能永不干涸,保持旺盛的生命力。

乘风破浪会有时,直挂云帆济沧海。相聚是缘,同乘一条船,追寻同样的梦想,在事业的征程中,在人生的大风大浪里,学会同舟共济。

(3)回归大海,保护人类的家园

①大海是人类生命的摇篮

在中华民族的文字中,"海"的笔画与结构本身就寓意了水是人类之母。海洋是生命的摇篮,生命的演变进化离不开海洋。人类起源于海洋,人类的生存与发展依赖于海洋。海洋对自然界、对人类文明社会的进步有着巨大的影响。

海洋是生命的摇篮。今天地球上有一百多万种动物,四百多万种植物和十万种微生物。地球上的生物约有80%生活在海洋中,如果没有海洋,地球就不会成为这么瑰丽多姿的生命世界。海洋为生命的诞生、进化、繁衍提供了条件,为人类的生存和发展提供了丰富的资源。如海洋底部丰富的油气资源、大量贵重的多金属结核矿,以及利用价值极高的深海热液硫化物等;另外,还有许多尚未被人所认识的海洋物质与现象,如非光学过程所形成的耐高温与耐高压的深海微生物等。

海洋是风雨的故乡,在控制和调节全球气候方面发挥着重要的作用。海洋是交通的要道,为人类从事海上交通,提供了经济便捷的运输途径。海洋是现代高科技研究与开发的基地,为人类探索自然奥秘、发展高科技产业提供了空间。

在人类进入21世纪的今天,海洋作为地球上的一个特殊空间,无论是其物质资源价值,或是政治经济价值,都远远超出人们原有的认识。人们对海洋的需求不再只是人鱼之利、舟楫之便了。科学的高速发展,使人类有条件走向海洋。

然而,不可否认的是,20世纪全球环境的恶化、经济的畸形发展,使能源、粮食和淡水危机的阴影重重笼罩在人们头上。

陆地已不堪重负,在全球资源不到30%的陆地资源被人类大量消耗的今天,海洋有可能是人类第二个生存空间。人类回归自然,必定要回归海洋。

②保护海洋是每个人的责任

我们只有一个地球,地球上只有一捧海水。洁净明亮的海水,对于我们人类,对地球上所有的生灵来说,是何等的珍贵!

但是,在人类驾驭海洋与回归海洋的过程中,面临的是日益恶化的资源与生态环境,越来越多的污染物排入大海,对海洋环境造成了很大的破坏。同时,人类对海洋资源的开发和利用越来越频繁,打破了海洋的生态平衡。海洋环境的好坏直接影响人类的生存环境。如何开发利用海洋,是摆在人们面前刻不容缓急需解决的问题。

从古到今,人类在海洋中的一切活动都离不开航海。航海是人类认识、利用、开发海洋的基础和前提。虽然近几十年来,随着科学技术的飞速发展,航海技术也日新月异。但如何用一种全新的思维去认识现代航海的发展,这是摆在每个航海者面前无法回避的课题。人类拥有较高的智慧、伟大的理想。"人法地,地法天,天法道,道法自然。"早在两千多年前,无论老子的"道法自然"还是庄子的"天人合一",便已经对人类提出了警示和诫勉,与自然和谐相处,让人类回归大海。

可喜的是,21世纪的航海技术将由狭义的航海走向广义的航海,即技术与管理并重,由平面的航海走向水上、水下和立体的航海;更加注重安全和环境、人类和自然非常和谐的航海;与陆上、空中相关人员及设施紧密配合协调;船舶航行系统更加综合与集成化;船舶管理与操纵更加智能化;航海通信将更加高效便捷;船舶与其他海洋工程更加环保;船舶结构可靠性将进一步增强;邮船技术与浮动城岛技术、海洋资源勘探与运输技术、深海航行技术与深海医学、天体信号与仿生航海技术、人的安全意识与主观能动性的研究开发等,都将指日可待。而这一切又都要求航海者的知识面越来越宽,综合素质越来越高。

作为一名海员,海洋养育了我们,我们要感谢海洋。当我们驾驶着万吨巨轮乘风破浪、纵横驰骋的时候,请记住"低碳""绿色""环保""安全""责任"等这些和谐、温馨而又沉沉甸甸的字眼。少一片垃圾,多一片海蓝;少一点跑冒滴漏,多一层生命的空间。"投入大海的怀抱,请不要弄脏她美丽的衣裳。""把美的记忆带走,把美的心灵留下。"

大海是母亲,她钟爱每个诞生于自己的鲜活的生命,她更钟爱于徜徉于自己怀抱中的海员。她不仅用激荡、清爽、咸涩的乳汁滋养、强壮他们的体魄,更用她的广袤、深邃以及亘古不变的磅礴大气,启迪着他们的智慧,幻化着他们的人生。在大海中航行,每一名弄潮儿都将步入一个充满哲学智慧的人生殿堂。

专题 2　海洋哲学赏析

1.一滴水和大海

1960 年 3 月,雷锋在日记中写道:"一滴水只有放进大海里才能永远不干,一个人只有当他把自己和集体事业融合在一起的时候才能有力量。"

一滴水和大海的思想,闪烁着唯物辩证法联系和发展的观点。

在哲学中,联系的观点和发展的观点都是唯物辩证法的特征,世界是普遍联系和永恒发展的。

(1)一滴水和大海的联系之哲学分析

唯物辩证法告诉我们,"联系"指的是一切事物、现象之间,以及事物内部诸要素之间的相互依存、相互制约、相互作用的关系。事物联系是普遍的、客观的、多样的。

第一,二者相互依赖。

一滴水只是浩瀚大海的一分子,正是无数滴水才汇成了大海。水滴离开了大海,就会蒸发成为空气;而没有无数滴水,海也就不会成之海。二者密切关联。

个人和集体也是一样的。在社会中,人不能离群独居,也不能游离于社会之外,要工作、要发展,就必须加入集体,成为其中的一分子。集体是由众多的个人组成的,没有个人就形不成集体。

第二,二者相互影响。

水滴的数量越多,海的面积就会大。一滴水也受海的面积大小而发挥着不同的作用。

俗话说得好,人多力量大。这就是指许多人聚在一起能够移山填海,做到一个人或多人做不到的事,其中齐心协力是关键。但如果大多数人离心离德,那么这个集体再大也难以形成力量,难以做成事。所以,个人和集体是相互影响的。

第三,二者相互制约。

一滴水作用的发挥,会受气候变化、地壳变动等不确定因素的影响。大海也要受水滴的数量寡众的影响。

个人和集体也是如此。个人离不开集体,无论他有多大能耐、多高水平,他也必须依靠集体才能发挥出自己的作用,也必须受集体的纪律约束,按集体的规则行事。集体的战斗力形成,作用的发挥,还要受内部每个人能力素质等的影响。

雷锋正是认识到了这一点,于是两年后,也就是 1962 年 3 月 2 日,他在日记中写道:"骄傲的人,其实是无知的人。他不知道自己能吃几碗干饭,他不懂得自己只是沧海一粟……"这里的沧海一粟,实际上与一滴水和大海的含意是一致的,这说明了此时的雷锋对个人和集体的哲学关系有了更进一步的理解。

第四,二者相互作用。

一滴水与大海是既对立又统一的。一滴水对大海起着披波助澜的作用;大海给一滴水作用的发挥提供了一个广阔的空间。

个人的能力素质、工作积极性和创造性的发挥,受集体的风气、待遇等因素的影响。反过来讲,集体的向心力、战斗力和风气、待遇等情况,对个人的工作积极性和创造力产生直接或间接的影响。一般规律而言,如果一个集体的风正气清、条件待遇也好,那么就会大大激发个人的工作热情和积极性,否则会相反。

（2）一滴水和大海的发展之哲学分析

唯物主义的基本原理告诉我们,发展是指事物从低级到高级、从简单到复杂的运动变化过程。正是由于事物之间与事物内部诸要素之间的相互联系、相互影响和相互作用,才引起事物的运动和变化,导致发展。事物的发展与事物的联系同在,具有客观普遍性。

第一,一滴水和大海相互依存发展。

一滴水离不开大海,离开了海它会很快消逝。大海要变得广阔,必须吸纳和拥有无数的水滴才行。

个人的发展离不开集体,集体的壮大和发展也离不开每个人。

第二,一滴水和大海相互促进发展。

一滴水需要保持自己身处大海中,发挥自身的作用,需要大海这个宽阔的平台来实现。大海需要无数滴水融合成一体,融合的水滴越多,大海越浩瀚,越能形成磅礴的力量。

正如雷锋1962年3月9日在日记中写的那样:"一个人的力量毕竟是有限的,走不远,飞不高,好比一条条小渠,如果不汇入江河,永远也不能汹涌澎湃,一泻千里。"

雷锋日记中说到的一滴水和大海、沧海一粟、小渠和江河,虽然说法不一,但意合理同,都闪烁着唯物辩证法联系和发展的观点,这对于我们正确认识和处理个人与集体的关系,具有重要的指导意义。

"木无本必枯,水无源必竭。"比喻任何事物都有本源,离开本源犹如无本之木必然衰亡,这正如一滴水与大海一样。

2. 海洋带来的"得与失"思考

每年的11月5日是世界海啸日。"海啸"一词由日语单词"つ"（意思是"港口"）和"なみ"（意思是"浪"）组成。发生海啸,是因为海底或海洋附近的地震引发的海底水体扰动,从而造成一系列巨大的浪潮。

"世界海啸意识日"的概念源于日本。由于反复遭受海啸的痛苦经历,多年来,日本在海啸预警、公共行动以及灾后重建、减少未来影响等重要领域,积累了丰富的知识。2015年12月,联合国大会将每年的11月5日定为"世界海啸日"。

海啸较为罕见,但却是所有灾害中最致命、造成损失最重的事件。据联合国统计,2011年,日本东北地区地震造成超过2 350亿美元的损失,是世界历史上造成损失最重的自然灾害。全球有超过七亿人生活在低洼的沿海地区和岛屿,容易遭受海啸等极端灾害。

城市中的人向往大海,因为看似寂静的海洋可以让人们忘记世间的喧嚣。事实上,海洋美丽,但并不总是寂静的,它还隐藏着无数的凶险。（图7.2）

图7.2　美丽蓝色下暗藏着凶险

（1）危险的海洋

哲学家赫拉克利特形容大海是"世上最纯净也最污浊的水源"：对于鱼类，它是可供饮用、维系生命的水；对于人类，它是无法饮用的毒药。

黑格尔甚至悲观地说："海洋不仅是人类的异族敌人，而且它对待子孙也是恶魔心肠。大海没有慈悲、不听从权力，只会握紧自己的力量。无主的海洋占领了全世界，它像一匹失去了骑手的疯狂战马，气喘吁吁，喷出鼻息。"

海洋带来的灾难不止于海啸，哪怕不是这种大型的灾难，当日常的海洋从平静转为汹涌，也夺取了不少生命。

电影《那年夏天，宁静的海》中，男主角茂是个痴迷于冲浪的听障人士，一下班就到海边不停地练习，女友贵子总是坐在海滩上微笑地望着他。一天，如往常一样，茂又到海边练习。贵子因事来迟，却没有看到茂，眼前是一片寂静的海面——茂的生命已经被这片寂静的海面吞噬了。（图7.3）

图7.3　《那年夏天，宁静的海》剧照

类似的电影《若能与你共乘海浪之上》也讲述了被海洋夺去爱人的生命的故事。女主角日菜子是一位冲浪爱好者，对大海有着强烈的感情和真挚的喜爱，只有在风口浪尖处，她才能够感受到自己真正地在活着。她的男友港是一位消防员,甜蜜的日子没过多久,一场海难夺走了港的生命,日菜子无法接受竟然是自己挚爱的大海夺走了她最爱的人,消沉许久。

长久以来,明知靠近海洋意味着危险,仍旧浇不灭人们对海洋的热情。航海家们前途未卜的探险、冲浪者们穿梭于浪花之间,文学家、哲学家和艺术家们也在不断书写、解读着海洋。

美国小说家赫尔曼·梅尔维尔一生都在写作海洋的故事。泰勒斯、尼采、歌德、谢林、黑格尔、伍尔夫、惠特曼,甚至印象派音乐家德彪西也创作出了《大海》,海洋为他们带来无尽创作的灵感。

（2）海洋为何吸引我们

塞壬海妖是古希腊神话中人首鸟身的怪物,拥有天籁般的歌喉,经常徘徊在海中礁石或船舶之间,用自己的歌喉使得过往的水手倾听失神,船舶触礁沉没,船员则成为塞壬的腹中餐。从某种意义上来说,海洋对人类的吸引力,如同塞壬海妖一般,致命但难以抵抗。

《哲思与海》的作者戴维·法雷尔·克雷尔指出,由于海洋对生命,尤其是对哺乳动物施加了引力,因此它们终将归于大海。弗洛伊德提出了"毁灭与死亡驱力"的学说,在《哲思与海》里"毁灭与死亡驱力"被理解为海洋在迫切地召唤我们,唤我们回归本源。

《哲思与海》深受桑多尔·费伦齐的著作《塔拉萨:生殖力理论》一书的启发。费伦齐也是弗洛伊德的追随者,他认为,人类有一种向海洋回归的倾向,万物终将回归大海。似乎,一切都将埋葬在黑格尔的"普遍要素"之中。此外,由于哺乳动物的胚胎是在羊水中生长,而羊水又恰好是胎儿在母体中孕育时所需的生理盐水,据此,费伦齐认为,这是人类在生理发育过程中需要找到海洋替代物的表现。在他看来,海洋不仅是生命的发源地,而且也是最终归宿。

对于作家梅尔维尔始终在写海洋的故事,克雷尔评价道,在与海洋的相识过程中,我们意识到人类并非大海的"异族",我们也是大海的"后代"。如果梅尔维尔在写作中证明了一件事,那就是他不屑于待在背风岸,所以他不计后果地探索公海。然而,说到底,海洋是坟墓,它是听从海洋召唤的溺亡水手的乱葬岗。

（3）海啸与"亚特兰蒂斯"

在文艺作品里常常出现的"亚特兰蒂斯",也有关于海啸这一灾难的传说。

锡拉岛是希腊基克拉泽斯群岛中最南的岛屿,今为圣托里尼岛,在爱琴海西南部。几个世纪以来,锡拉岛上发生的自然灾害有着翔实可靠的记录。公元前1654年至公元前1500年,希腊人称这座岛为"圆岛"和"最美丽的岛屿",当时岛上发生了爆炸,岛的四分之三被炸碎落到了海里。那是人类有记录以来最严重的火山爆发。

位于"最美丽的岛屿"中心的火山锥向空中喷出了大量的熔融物,火山内部逐渐中空,然后火山的外壳坍塌,周围的海水涌入其中,形成了破火山口,像是一口大锅。海啸卷起了15米高的海浪,摧毁了克里特岛和土耳其海岸上的船队和港口。

一些考古学家推测,火山爆发和海啸的发生标志着克里特岛上伟大的米诺斯文明的终结。无论如何,灾难过后,好长一段时间里空气都弥漫着黑色的粉尘,地里的庄稼很多年颗粒无收。据火山学家表示,在地球历史上,这种规模的火山爆发每一万年才可能发生一次。

因此，传说中沉于大西洋的亚特兰蒂斯岛准确地说应该位于希腊的圣托里尼岛。虽然柏拉图是该传说的唯一消息来源，他认为此岛位于直布罗陀以西很远的地方，同时，因其在大西洋上，故得名亚特兰蒂斯。

即便如此，柏拉图对该岛屿实体的描述——亚特兰蒂斯岛被诸多水道环绕——都出自《克里底亚篇》中不完整的对话，且这些描述都与古代锡拉岛的特征相吻合。自从柏拉图描写亚特兰蒂斯之后，有很多文学作品都集中描写了这个古代乌托邦及其灾难性的毁灭。

正如海啸催生了亚特兰蒂斯的故事，海洋在文学、哲学家笔下有无数种变体。海洋在伍尔夫笔下和生命一起起伏兴衰，汇起"时间的水滴"。尼采在一长段随笔的结尾写道："和其他人一样，我生来就是陆地动物。然而现在我必须变成海洋动物！"海洋，长久以来在文字和思想里泛起千百种波光。

海洋使我们"得到"，亦使我们"失去"。借由"世界海啸日"重提海洋的"危险"，希望在此唤醒大家对海啸等海难的危机意识，关注海啸、警惕海啸，尽可能减少在海啸中的"失去"。

3. 海上的人间烟火气

和大海搏斗的第 26 年，他成了"哲学家"。

（1）"大家好，我是老四"

渔民老四是双栖动物，他的人生有一半的时间在赶海，另一半在岸上生活，但即便上了岸，他的心也在海上。

2019 年 9 月 18 日凌晨 4:30，老四一直站在阳台上看天。

前一天海上风平浪静，他在家附近山脚下的海域放了 50 个海鳗笼。那里海珊瑚茂盛，是面包蟹出没的地方。按计划，那天凌晨他该往北边驾船航行一个半小时，将海鳗笼悉数收回。没想到夜里突然起了北风，他有些忐忑。

"捕不到鱼是小事，但网具坏了就会耽误之后（捕鱼）。"老四反复说。

他今年 39 岁，已经有 26 年海上作业经验。

下午一点，大雨突然落下来。阳台外雾蒙蒙一片，树枝被吹得歪歪斜斜。

但在第二天，他在视频网站上发布的 7 分 18 秒的短片中，只有 3 秒下雨的画面。更多的是将收获的海鲜倒进黄色的篓子里，用夹子将石斑鱼、海鳗、螃蟹倒入船舱，将一些过小的海货放回海里……

突然他将一个海鳗笼怼在镜头前，激动地说："这里面有条大的！超大的！爽！"

视频结束时，老四说完再见，突然想起还没自我介绍，于是又腼腆地补了个镜头："大家好，我是老四。"

这就是老四当下的生活。

在海里他是一个经验丰富的渔民，会因突然的天气变化而忧愁，在岸上他是在视频网站拥有 169 万粉丝的短视频创作人，有选择地展示着他和大海相处的日常。

故事的面子，老四持续抓着"猛货"，永远对着镜头笑盈盈地说着俏皮话；故事的里子，是老四曾为生计发愁，一度找不到作为渔民的价值。

他的前半生，靠大海喂养又与之搏斗，他遭遇诸多坎坷，却又靠自己的运气和坚韧化险为夷。他的短视频和他本人的故事，与其说是展示了一个普通渔民的真实生活，不如说是诠释了一个人最朴素的尊严——关于人如何与大自然相处,如何在逆境中守住平凡的生活。

(2)"渔民的生活本来就是这样子啊"

老四最开始有做短视频的想法,是朋友的启发。2018 年 9 月,朋友问他想不想把赶海过程分享给网友? 老四一头雾水:渔民生活平平淡淡,怎么可能吸引人呢? 他觉得拍视频就是不务正业。

朋友向他解释,短视频是现在最流行的互联网传播形式,如果做得好,有机会赚到钱。

老四犹豫了,他确实需要钱。

2016 年他右手手肘得了骨囊肿,原本不是多棘手的难题,但硬生生地被治成了大毛病,等他拖着手术失败的右手到海口大医院时,已经面临截肢的风险了。

"我在路上一直想,如果手废了,以后要靠什么吃饭。"

虽然后来手被治好了,但手臂上却永远留下了一道十几厘米的疤和一个引流脓液的洞,遇到阴雨天或需要用手肘时,老四总感觉力不从心。

那一年他几乎没能正常工作。第二年他结婚生女,肩上有了更重的家庭责任。

更不可挽回的是渔业的萧条。

"我们的下一代不会再做渔民了。"老四总这样感慨。他说,虽然现在海南有明确的休渔期,但总有大型渔船在外海铤而走险。"小渔民带网具去抓鱼,每天取走的东西造不成对生态的伤害。但那种大渔船,会连海珊瑚都一起拖走,那是海洋生物生存的天堂……所以小渔民只能走向灭绝。"

"现在没有哪种作业方式能一年四季抓到鱼了,每条船都得配几种网才行。"老四清清楚楚地记得,26 年前他在海里下刺网,数量只需现在的三分之一,获得的鱼量就是现在的十倍。好光景一去不复返。这两年每次去海里,他心里都七上八下,要是收获不好,连开船的油费都赚不回来。

"内忧外患"下,老四决定试试。

最开始,老四在朋友的建议下展示了最原始但也最不实用的捕鱼方法:徒手捞鱼或者用竹子、棍子在浅水区插鱼。

不过,现在渔民已经不会这样捕鱼了,这样的内容更像是老四日常生活以外的表演。观众很快识破了这样的谄媚。有人留言说他虚假,老四委屈也不安。他说自己要在捕鱼之外花时间拍摄和剪辑,七八分钟的视频经常得熬七八个小时。"完全耽误了我的正常工作。"

做到快一个月时,老四差点放弃。但迫于生活压力,以及这份"兼职"第一个月就带来了几千块的收益,他才咬牙坚持了下来。

但老四总结了第一个月的得失,他决定还是得拍真实的渔民生活,这样既不耽误正常捕鱼,也可以在镜头中表现得更自然。

这之后,老四的视频拍得越来越顺利。遇到有意思的事情,他能像对朋友一样对镜头说话;遇到很难用学名表达的鱼,他就索性叫它们漂亮鱼、翠花鱼;遇到收成不好的日子,他就拍一些自己日常生活的素材。

他对妻子好,是宠妻狂魔;他爱唱歌,视频里常哼几句;他还会给几条鱼安排"剧情",称它们"海神五叉戟"。

他的质朴、幽默和偶尔灵光乍现的生活智慧使他成了赶海界的网红。

2019年春节,老四正坐在码头渔船上修补渔具,突然有两个游客模样的人指着他问:"你是那个视频网站上的老四吗?"老四尴尬得不知所措。他想,握手吧,手上脏兮兮的,不握手吧,又很不礼貌。他还不适应被当成偶像。

做短视频之前,他从小到大拍过的照片没超过十张。对于自己为什么能被这么多人喜欢,老四也说不清原因。"渔民的生活本来就是这样子啊。"老四说,"有时候抓不到鱼,能怎么办呢? 我就自我调侃、自嘲一下,别人就觉得挺搞笑。"

不过他不喜欢"粉丝"这个说法,觉得那样不平等,他更喜欢将屏幕另一端的观众称为"网友"。

(3)"谁都是靠双手去创造生活"

"我就是个普通人。"老四说,这是他的自知,"渔民的生活不追求浪漫不浪漫,只要肚子饱,就是我们追求的东西。"

从十三岁做渔民开始,老四就一直在和命运搏斗。

他家兄弟姐妹六人,全靠父亲在渔港船厂做出纳会计的微薄薪水养活。八岁时,老四第一次跟村里的渔民出了海。小学毕业后,老四没再上学。那是1993年,在经济尚不发达的海南,年轻人的工作机会很少,要么去广东打工,要么学泥瓦匠、木工,要么就是做渔民。当时海洋环境比现在好,老四就跟着大哥上了船。

最恐怖的一次是在西沙群岛作业,回程时遭遇暴风雨,几米高的巨浪仿佛随时都能把小船吞没。

后来每当有人问老四"在海上遇到的最刺激的事情是什么"时,他都会想:"什么刺不刺激? 又不是蹦迪!"他说遇到风浪最要紧的是在控制损失的前提下平安归来。

"渔民在海上只有两种心情,一种是提心吊胆,一种是抓到好货的愉悦。我在与这条鱼搏斗时,心里想的只有这条鱼的价值。"老四说。

和大部分去海边度假的人不同,渔民在海上求的不是娱乐,而是生活。

但过去二十多年,随着渔业的衰落和海南经济的发展,陆地逐渐提供了比海洋更广阔的就业环境。

对于自己本就是个渔民,老四表现出了不自信。"脏兮兮的,身上味道很浓,皮肤被太阳烤得很黑,因为摸柴油机,手指甲里黑黑的,别人一看就知道是渔民。"这让他在现实中遭受过不少冷眼,他试图摆脱渔民身份。

1997年,老四决定上岸碰碰运气。他先到一家水泥厂打工,做了几个月,最后薪水还没在船上高。"我的生活没有选择。"老四又做回了船工。

2000年前后,鱼类丰盛,老四在船上给老板打工,一年能赚四五万,但那个时间点也是老四最想离开渔业的时候。当时他和三哥在一艘灯光船上工作,老板对员工非常苛刻。十多个年轻力壮的工人就吃几盘连肉末都没有的菜,犯了一点小错,轻则打骂,重则人身攻击,还经常被拖欠工资。

虽然老四做事踏实,算是其中没被"重点照顾"的人。但那种"人生没有希望"的感觉还是时时笼罩着他。衡量之后,耐受度更高的老四决定先帮衬三哥离开渔业。彼时开出租是一份体面的工作,哥俩就用打工的积蓄开始了这个生计——不过令老四失望且略微讳莫如深的是,他最终还是孤身一人留在了海上。

之后的日子里,老四一度在"认命"和"不甘心"之间自我怀疑。一方面,他觉得自己这辈子可能只能做个渔民了,另一方面,他又想继续寻找着出路——这个出路,不是他在休渔期做过的水电工或泥瓦匠,而是真正有成就感的事。

　　那段时间有朋友开地种果树,找他投资,他也拿出几万元的血汗钱,结果什么都没种出来。

　　随着船老板生意愈发惨淡,老四工资从鼎盛时期的四五万降到了两三万。

　　2012年,老四回到家乡。他对其他行业失望,决定开始实践一个渔民最古典主义的梦想:有一艘自己的船。

　　他借了六万五,买了一艘适合两个人作业的船——靠开出租车每月只能赚1 800元的弟弟原本会成为老四的搭档,但他太晕船了。老四找不到新的合作伙伴,那艘两个人的渔船也就闲置了下来。

　　可债还是要还的。老四唯一的生存技能就是捕鱼,于是他只好又借两万五买了一艘一个人的渔船。那两年,老四白天黑夜地工作,别人赶完早市坐在码头堤坝上聊天了,老四会再去附近的海域撒一波网。直到两年后还清借款,他才感觉人生重新获得了尊严。

　　他想通了,"天上不会掉馅饼,别人都是救急不救穷。你不要觉得老天不公,躺着靠别人来救济。你的选择就是你的选择,谁都是靠双手去创造生活。只要有劳力,我们不缺胳膊不缺腿,总能把日子过好。"

　　渔民生活艰苦,需要根据潮汐的变化和当天网具的不同调整工作时间。下地笼的日子,凌晨两点就得出海,如果下刺网,那可以等到凌晨四点。收网了,也要在开市前把一筐筐海物扛向市场。

　　不规律的作息给老四带来了一些职业病:三餐不定导致肠胃不好,过了午夜十二点每小时会起床一次。

　　即便这样,捕鱼还是从职业变成了热爱。"就好像两个人相处久了总有感情。"他说,相比于岸上复杂的人际关系,他更喜欢大自然的单纯。

　　"那么多年,那么黑的夜里,只有我自己。"大海让他放松,"就好像城里人喜欢到KTV买醉唱歌,捕鱼也是释放压力的一种方式。"

　　老四最喜欢早晨和傍晚,那也是渔民作业的最佳时机。坐在船上欣赏一望无际的天空和海水时,老四能感到无人打搅的自在。他说自己虽然文化程度不高,但很喜欢那种诗化的感觉。"天上有云彩在变化,很幽静,人就好像有了无尽的想象力。"老四时常幻想有一天能牵着妻子、孩子的手在沙滩上散步,静静地躺着看星空——老四说这是他的白日梦。

　　(4)"大海给予你什么,你就会得到什么"

　　短视频第一次让老四人生中的陆地和海洋完成了某种意义上的连接。

　　拍视频这一年,他的生活压力缓解了不少。每月在视频网站的收入几乎是他做渔民收入的三倍。老四说,做短视频几乎算是他唯一成功的副业。妻子没生第二个孩子前是主要摄影师,现在这个角色由侄子、外甥轮流担任。

　　对于如何拍出好的短视频,老四已经有了自己的创作理论:"得换渔具,比如今天搞了地笼明天就可以放海鳗笼,今天去了外海明天就可以去山脚下的海域,总之得保持新鲜感。另外观众喜欢看大货,所以得拍丰收的镜头。"不过题材只能随机应变,因为"你连明天会捕到什么鱼都不知道"。

有的时候老四也会焦虑:接下来应该给大家看什么呢？160多万的关注,有人每天都在等着看视频,老四感到了压力。他总结过网友的需求:"他们就喜欢看我胡乱吹牛、嘻嘻哈哈、很生活化的(视频)。"

但不管有没有镜头,他现在赶海的状态都是松弛的。多次转型失败后,老四有了新的感悟:"不管做什么工作,都要投入进去,像我以前脑子里都是转型,但如果现在这份工作都做不好,也谈不上转型不转型了。我现在拍视频,全部融入进去,就觉得这份工作也挺快乐。"

短视频从经济上改变了老四的生活近况,也从精神上改变了他对渔民身份的认知。前二十年他在陆地与海洋之间兜兜转转,始终觉得自己是低人一等的社会底层。"以前吃再多苦都不怕,就怕别人不尊重的眼光。"老四说,是网络上网民的拥戴让他意识到了自己并非一无是处。"以前换不同的工作,但其实都是劳力……这个工作给了我一种存在感和成就感。那么多人喜欢你、支持你、你就觉得自己还有点价值。"

2012年从三亚回家乡后,老四疲于奔波,除了用手机看感兴趣的军事新闻和拳击视频,老四几乎断绝了与外界的往来。直到开始做短视频,他才重新恢复了与社会的联系。

"他们喜欢看我,我也喜欢看他们。"老四说,他和网友交流,也从中得到过有效的生活建议。比如视频中有小孩拿着筷子,就会有网友提醒老四这样很危险。"得到陌生人的关心,我有时会感到尴尬,但还是很欣慰的。"

老四现在很享受平静的乡村生活。屋外的树上有鸟叫、有松鼠出没,每天一边捕鱼,一边拍视频,下了工和其他渔民在码头上聊聊今天捕到了什么。

他说:"大海养育了我。"虽然他有时会担心老去之前,这个行当就会消失,不过他很清楚,无论如何,他这辈子都不会离开海了。

"大海给予你什么,你就会得到什么。"老四时常畅想,要是不靠捕鱼为生的话,他就能享受纯粹的捕鱼的乐趣了。他这样描述那种主动性和兴奋感:"和鱼角力,融合速度、力量,再不断把它拉上来。"

到那时他也不用再管收获是否丰盛,鱼多了到市场上卖掉,鱼不多就自己吃掉。"这么做可能会辛苦一些,但是吃自己劳作的成果,也是掏钱买不到的快乐啊！鱼还可以给家人吃,有些还能给老人做药引子,何乐不为呢？再说钱的用处不也就是这样子吗？"最近妻子生下了第二个孩子,老四承包了所有家务,他一边煮鱼汤一边说。

其实,老四心里一直装着一个安居乐业的梦:房子建在海边,院子里有果树和菜地,自己捕鱼,妻子不需承担很多家务,孩子茁壮成长。不过,很多人不知道——13岁入行时的老四其实也是晕船的。

模块八

文化篇——海员的价值追求

水是生命之源。

有水的地方大都是人类文明的发祥地。

人类自诞生以来,沿着江、河、湖,一直走向大海。

如果说,海洋以其波澜壮阔、浩渺深邃为我们的地球赋予生命、赋予蔚蓝,那么人类创造的文化,又何尝不似海洋般包罗万象、千姿百态呢?

海洋文化、和海洋有关的文化、缘于海洋而生成的文化,是人类对海洋本身的认识、利用和因有海洋而创造出来的精神的、行为的、社会的和物质的文明生活内涵。

海洋文化的本质,就是人类与海洋的互动关系及其产物。

在海洋文化中,

有的独具特色,独领风骚,独占鳌头;

有的互相汲取、互相借鉴、互相包容。

异彩纷呈的世界海洋文化,

是一个民族一路走来串起的足迹,

是全人类共存共生的精神家园,

是不同国家和地区在频繁的国际交往中必须了解的人文常识。

案例导入

有两则关于"海"的新闻,请大家瞧瞧。

海洋文化蓝皮书

据东南网报道,2021 年 5 月 28 日,由福建省海洋与渔业局、福州大学、福建省海洋文化研究中心、社会科学文献出版联合主办的《海洋文化蓝皮书·中国海洋文化发展报告(2021)》启动暨中国海洋文化建设论坛在福州举行,本活动同时也是 2021 年世界海洋日暨全国海洋宣传日配套活动之一。来自政府、高校、科研单位、媒体的三十余名代表参加会议,并就"海上福州"建设三十年、中国近代海军史、世界文化遗产"送王船"、中国海洋史发展、中国邮轮文化发展等议题展开研讨。

据介绍,此次发布的《海洋文化蓝皮书·中国海洋文化发展报告(2021)》将对中国 2020 年的海洋文化事业发展情况进行全面分析和总结,完整记录与展现当代中国海洋文化发展成就,该蓝皮书不仅是各级涉海部门与企事业必备的文献资料,是文化爱好者的良师益友,是建设海洋强国的文化记录,更为中国建设具有中国特色的海洋文化体系积累了不可或缺的学科资料。

福州大学教授、福建省海洋文化研究中心主任、首席专家苏文菁表示,有史以来,闽人就是中华民族中"最擅操舟者"。无论是在造船、航海、捕鱼、移民、海洋贸易的活动中,还是在海洋社会经济中升华出的海洋信仰、海洋文化系统,闽人都有了不起的贡献。

苏文菁表示,深厚的海洋文化积淀,造就了当代改革开放的试验区落地闽粤;党的十八大以来治国方略中"陆海统筹、海洋强国"的源起也在福建。从"海上福州""海洋强省"到"海洋强国"以及"海洋命运共同体""人类命运共同体",可以清晰梳理出治国理念的发展,更可以感受到中央政府对国内外形势与时俱进的新的研判。梳理"海上福州"建设三十年是 2021 年的海洋文化蓝皮书的最重要的专题。

据悉,《海洋文化蓝皮书·中国海洋文化发展报告(2021)》是我国首本关于海洋文化的蓝皮书,2019 年起由中华人民共和国自然资源部宣传教育中心、福州大学、福建省海洋文化研究中心共同研发与主编。蓝皮书以落实中央建设"海洋强国"的号召,弘扬中华民族优秀海洋文化传统,提升全民族的海洋意识为宗旨,致力于对当代中国海洋文化发展情况进行连续性的跟踪研究及总结,为中国特色海洋文化理论建设做好基础性工作。本书为连续性的年度出版物和智库载体,每年对中国海洋文化发展经验作阶段性总结,并以此为基础构建中国特色的海洋文化理论体系。目前,该蓝皮书已连续出版两年。

全国大中学生海洋文化创意设计大赛

据海洋大赛组委会介绍,2012 年诞生于中国海洋大学的全国大中学生海洋文化创意设计大赛,经过十届大赛的积淀,已成为国内海洋文化创意设计的盛事。

十年精心打造,十个坚定脚印,十大赛事主题,汇聚海洋梦想,受到各界高度评价,在国内外产生积极影响,成为我国海洋文化创意、教育、传播的最大交流平台。

十届赛事磨砺,十年心血付出。大赛组织者以执着的公益之心,怀揣着对海洋的敬畏精神,把大赛打造成为国内有影响力的赛事。

十届大赛,数十万件作品,如百川归海,展示着国内青年一代对于海洋的妙想奇思。创意的风帆在海面恣意徜徉,设计的笔端如舰舷劈波斩浪! 大赛融会贯通新时代海洋繁荣理念,紧密围绕国家海洋发展战略命题。

未来,大赛将继续秉承"创新、协调、绿色、开放、共享"的发展理念,把握时代脉搏,聆听时代声音,强化"海洋文化"内涵,为我国实现"海洋强国"做出贡献。

专题1　海洋文化的启迪

1. 世界海洋文化

海洋文化与所在区域的海洋环境、资源特点及经济发展水平密切有关,具有时代的特征、区域的特征,以及当代全球一体化发展的特征。

第一,海洋是全球联通的,海洋文化的发展具有开放、传播以及全球交流的特点。

世界海洋文化的发展,与人类生存密切相关,因生产力的发展水平不同,而具有明显的时代特色。

①原始社会、石器时代是海洋文化的萌芽期,最初的人类从海岸地带捕捉鱼、虾、贝、蟹;以鱼骨为箭弩猎取禽兽为食,进而饲养与种植稻粟等。考古学家在太平洋两岸发现砖石质网坠、岩浆岩质石臼等;在我国周口店、辽宁、河北、浙江河姆渡以及海南岛、北部湾等处的古海岸阶地上均发现有绳纹瓦器皿的残片及早期以渔、猎、耕、稼活动为特点的古文化遗迹。

②发现新大陆、航海事业发展,对非洲掠夺及贩奴热、殖民地占领与土地分割、贸易与军事争夺,是封建时期及资本主义早期与海洋相关的活动。奴隶是经大洋贩至欧美的,《鲁滨孙漂流记》《基度山伯爵》等著作,就反映了当时海洋文化的特点。15世纪后,葡萄牙、西班牙、英国、荷兰的崛起便是凭借海上争霸发家的。

③18世纪中叶,英国工业革命,开始了开拓海外市场、发展英国海洋经济的历程。经过约一个世纪,英国成为世界贸易大国。借助海洋,其势力、文化与宗教传播至世界各地。

19世纪后,美国实现工业化,形成沿海与五大湖区工业化城市带:大西洋海岸的波士顿、纽约、巴尔的摩、华盛顿;太平洋沿岸的西雅图、旧金山、洛杉矶与圣地亚哥。海外贸易带动海洋经济与区域发展,美国文化、美国生活方式,在20世纪40年代以后在亚洲、欧洲获得广泛的传播。

④20世纪50年代后,亚洲经济发展,日本发展海岸工业、海外贸易和海运事业,促进经济腾飞,形成东京—大阪—神户和名古屋的深水港群与大城市群。20世纪60年代到70年代后,亚洲四小龙(新加坡、韩国、中国的香港与台湾)的崛起,便是借助海港与海外商贸,从而发展海洋经济的。

⑤21世纪,海洋经济高度发展,2000年世界海洋总产值超过15 000亿美元。当代全球化战略,与能源、水资源、矿产资源的争夺,海疆与海峡通道的纷争等有关。北海油气资源开发,促进了荷兰、丹麦等北欧诸国的经济又一轮繁荣。俄、加、美对极地与北冰洋的争夺,核心是对导弹、潜艇活动基地的争夺,反映出全球化的海洋资源、环境、疆域纷争,构成当代海洋文化的新特点。

第二,海洋文化具有区域性。

即使是在全球一体化的发展进程中,区域海洋的文化烙印仍然明显。这缘于广阔的海洋长期是人类迁徙与交通的障碍。太平洋两岸的人类迁徙始于第四纪大冰期、白令海峡成为陆桥时，从亚洲大陆生存的古人向美洲迁移。美洲东岸土著人，均为黑发、黄肤、高颧骨、狭长眼，与蒙古人种类似，而农舍、摇篮、大蒜挂等生活习俗与亚洲民俗相近似。太平洋东岸有亚裔、印第安裔与欧裔人种之复式结构与多元文化的结合，这是该区域的特点。大洋的阻隔和漫长的历史，形成了明显的区域海洋文化特征。

①大西洋文化：渔猎、航海、15世纪至16世纪地理大发现、宗教传播、移民与港口城镇建设、海洋贸易、现代科技与油气开发等，组成大西洋海洋文化的特色内容。

②地中海文化：航海发现、掠夺与海外开拓，多语种与殖民地文化、宗教、文艺复兴，多民族结构、农耕、田园与酿酒文化构成其独特之处。

③太平洋文化：早期是西部的亚太文化——秦、汉、唐、明之儒家文化与佛教文化，向日、韩、东南亚诸国传播；东南亚地处太平洋与印度洋之交汇，具有周边移民所带来之多元文化（语言、文学、习俗），佛教、伊斯兰教与印度教交汇之特色。20世纪后期兴起的亚洲四小龙海洋经济文化，以及21世纪中国制造业与海外贸易影响加大所兴起的，以京、沪、穗为中心的中国文化效应。太平洋东部的文化是亚欧移民与美洲土著的结合，其海洋文化以渔业（如大马哈鱼与金枪鱼捕获、加工、外销），牧业（牛、羊、驼畜牧），肉、毛、皮加工、制造与贸易，海啸、地震灾害与宗教祈福等结合，成为具有特色的南美太平洋文化。

海岛文化是太平洋海洋文化的重要特色，从北向南众多的海岛跨越不同的气候带，受不同陆地国家的政治经济影响，在人种、语言、文化、宗教与艺术活动等方面各有特色，诸如大和文化、朝鲜族文化等，夏威夷太平洋群岛与澳洲、新西兰等海岛移民文化等。海岛文化具有倚海繁衍、安居、自力更生的蓝色海洋文化之特色。

第三，中国海洋文化具有亚洲—太平洋边缘海文化的特点。

先民沿海聚居早，但发展缓慢，主要为陆地文化。先秦统一中国，派遣三千童男、童女赴海上寻找长生药，促成了海上移民与汉文化东传。盛唐与明朝的丝绸、瓷器、香料、药材贸易与移民，经海路至东南亚及东非，伴随贸易传播了语言、文字、中医、宗教、艺术以及耕作、工艺技术，活动限于第一岛弧以西的渤海、黄海、东海、南海海域。

20世纪以来，中国经海上与欧美交往增加。当代中国海洋贸易以能源、原材料、机械制造、轻工业、小商品以及餐饮等居多，船舶吨位居世界前列，贸易范围遍及欧、美、非、拉。

中国海洋文化另一特色，是自1980年改革开放以来派遣留学生至海外学习促进了中国科技与海外交流。国家海洋局组织领导我国科技界，完成了查清中国海的使命，并进军三大洋。在南极洲与北冰洋建立科考站，持续地进行海洋、大气、地质地貌、矿产、能源与水产等考察。海洋文化内涵日臻丰富，科学著作、报告文学、影视、歌舞艺术已与世界海洋文化发展潮流一致，具有环球交流的特点。

但是，陆地聚居与农耕为中心的传统思想影响仍很深，国人的海洋意识，我国的海洋科学、文化及国防力量仍需极大地增强，这应成为我国当代海洋文化发展的新起点。

随着时代的发展，必须注入新的时代元素，让传统的海洋文化为新时代的海洋事业服务，在继承中创新发展，同时还必须吸收国外先进的海洋文化，体现"古为今用，洋为中用"，让海洋文化建设更紧跟时代的步伐，为海洋事业的发展做贡献。

在海洋文化中，最主要和最常见的是体现着航海人的精神与向往，那是坚定地抵御风险的信心。

2. 中国海洋文化

我国提出的"一带一路"倡议的具体实施,不仅为开展海上丝绸之路沿线各国的文化交流活动提供了有效的政策支持,更提高和拓宽了中国海洋文化国际传播的水平与渠道。正如习近平总书记在2014年11月召开的"加强互联互通伙伴关系对话会"上所强调的,以人文交流为纽带,加强"一带一路"务实合作,深化亚洲国家互联互通伙伴关系,共建发展和命运共同体。

在汲取、借鉴唐宋时期海洋文化对外传播经验的基础上,将中国海洋文化国际传播与"一带一路"倡议结合起来,以新发展搭建新桥梁,以新角度加强新合作,以新声音宣传新内容,以新精神弘扬新理念,努力传播中国海洋文化。

第一,整合资源、协调发展,焕发中国海洋文化传播的新魅力。

千百年来,中国海洋文化在历史大潮的涤荡考验中为世人存留下了宝贵的资源与财富,它们是凝结着古人智慧的结晶,也是中国海洋文化发展的历史根基。在当今世界经济全球化的背景下,传播中国海洋文化必须要与时代相融合,发挥"一带一路"倡议的独特优势,积极整合海洋文化资源,并使之协调、可持续发展。同时,还要充分汲取唐宋时期中国海洋文化国际传播的历史经验,全方位、多领域、深层次紧跟世界海洋文化发展步伐,旨在协调发展、共同进步。

在海洋文化对外传播过程中,唐宋两朝依托海上丝绸之路与中华文化的对外影响力,在地域上分工明确且各具特色,最大限度地发挥区域文化的传播效应。

譬如,唐朝即通过著名的"广州通海夷道",将沿海地区的丝绸、奢侈品、瓷器、先进的航海技术等传播至亚欧各地,并吸引了众多的留学生、留学僧、商人来华定居。当时有代表政治、文化、经济集大成的都城长安,代表繁荣的海洋经济贸易的港口城市广州,代表发达的海洋产业制造基地的江浙区域,代表海洋文化学术思想交流前沿的鲁苏等地,从而形成海洋文化优势区域集聚、海洋文化资源平衡发展、海洋文化对外传播分工明确等特点,促进了唐朝海洋文化的对外交流与国际传播。

及至宋朝,海洋对外贸易已成为当时重要的经济支柱,海陆网络构架初步形成,东京汴梁更是成为"八荒争辏,万国咸通。集四海之珍奇,皆归市易;会寰区之异味,悉在庖厨"(《东京梦华录·序》)的国际大都市。海洋文化传播也从以沿海城市为主逐渐转变为海陆一体传播,并且当时的人们更加深刻地认识到海洋文化发展对于国家富强的重要性。宋朝以商联通、官民结合的海洋资源发展模式也逐渐深入到内陆各地,将宋朝内陆各具特色的物产与沿海的航海技术、商贸理念、特色加工产业等资源结合起来,从而形成陆海联动的文化交流传播的基本构架。同时在当时强大的航海技术与造船技术的支持下,依靠海上丝绸之路航线的不断拓展,不但有外商移居宋朝,更有海外诸国与宋朝建立友好关系,也在客观上不断促进中国海洋文化的国际传播与交流。

如今,虽然我国在海洋文化国际传播过程中取得了一些可喜成绩,但海洋文化发展的空间仍有待提升、汲取和借鉴唐宋两朝海洋文化对外传播的历史经验,通过"一带一路"倡议积极整合海洋文化资源,探索各地海洋文化国际传播的发展优势,重点推广具有时代价值且能代表中国海洋文化理念的文化资源,以商联通、政商结合,形成海陆同构、以陆促海、以海推陆的文化发展模式,从而促进中国海洋文化的国际传播。

第二，与时偕行、积极参与，共同促进世界海洋文化传播的新发展。

随着世界海洋文化的发展与进步，对中国海洋文化的保护与国际传播也提出了更高的要求——不仅要做到海洋资源的整合、开发与综合利用，而且还要做到与时俱进、紧跟世界发展潮流，使新时代的中国海洋文化与世界海洋文化的发展趋势相一致，与世界海洋文化的国际传播潮流相适应、相契合。同时，还要积极推广具有中国特色、代表中国立场、反映中国发展的海洋文化，与国际社会一道共同促进海洋文化传播的发展。

由于造船技术与航海技术的进步，唐朝时的海上丝绸之路已经成为我国对外交往、进行海外贸易的主要通道，广州、泉州、杭州等更是一跃成为当时世界上颇为繁华的大都市——不仅商旅云集、物资丰富，每天来往船只络绎不绝，更有许多外国使节常驻于此，以保护本国侨民权益，加强两国政治沟通，促进经济文化友好交流。及至南宋，海上丝绸之路也已成为封建朝廷的主要经济来源之一，而当时鼓励海外贸易的重商政策和文化上自由宽松的氛围，在一定程度上促进了海外贸易的发展和对外文化交流范围的扩大。"诸儒相望，有出汉唐之上者"的宋朝在以指南针为代表的航海技术、以中医药剂为代表的海洋药学、以赵汝适《诸蕃志》为代表的海洋地理文学、以"妈祖"为代表的海洋宗教文化信仰等方面的对外交流与国际传播都做出了一定的贡献。在"市舶之利，颇助国用，宜循旧法，以招徕远人，阜通货贿"思想的指导下，宋朝一直秉持友好交流、和平共处的外交态度，自由宽松、活泼开放的文化传播氛围，以及积极参与世界政治、经济、文化交流的大国姿态，"所以晖赫皇华，震慑海外，超冠古今"，成为当时世界上文化繁荣、经济强盛，令海外诸国无比向往的神州大地。由此可见，唐宋两朝在利用海上丝绸之路进行海外贸易的同时，又能凭借自身的国际影响力与时俱进，紧跟世界海洋文化的发展步伐，广泛参与到世界海洋文化交流的大潮中。不仅将本国的文化产品、贸易理念推广至沿线各国，更将中国海洋文化中互利共赢、和平友善、锐意进取、多元崇商的基本精神宣介到了沿线各地，从而在中国海洋文化国际传播过程中留下浓墨重彩的一笔。

在现今"一带一路"倡议的背景下，我们应继承和弘扬唐宋时期我国重视海洋文化对外传播的优秀传统，学习古人积极参与世界海洋文化交流互鉴的历史经验，找准当代中国海洋文化的发展定位，丰富海洋文化国际传播宣介活动的内涵，加强与世界各国在经济、文化等方面的深入交流与沟通。做到既要汲取古人智慧，也要与时偕行；既要打造能够代表中国海洋文化的符号标识，也要创建与中国国力相适应的现代海洋文化产业品牌，同时着力传播中国海洋文化步入新时代后的新思想、新内容，在建设世界海洋强国的道路上，不失时机地将具有中国特色的海洋文化推广传播出去。

第三，以人为本、开放包容，形成中国海洋文化传播的新理念。

唐宋两朝通过"海上丝绸之路"，将沿线各国纳入自己的商贸和文化交流的范围，并始终秉承和谐友善的原则，通过与各国友好的交往与互动，增信释疑，以人为本、开放包容，旨在搭建彼此间沟通的桥梁，形成海洋文化传播的良好局面。

据史书记载，唐朝时就已有唐人移居海外，至宋朝，随着海上贸易规模与海上文化交流范围的不断扩大，宋朝百姓举家移居到真腊、高丽、爪哇、龙牙门等地的情况已是屡见不鲜，"男女兼中国人居之"，形成了著名的华人城市——新加坡。这些海外移民不但保留了自己的文化习惯与生活方式，更进一步加强了中国同海外各国的沟通与交流，使中国海洋文化借助于海洋贸易、海洋移民等载体远播到世界各地。

与此同时,随着海外商贸以及各国文化交流活动的日益频繁,来华旅居甚至永久定居的外国人也逐渐增多。"诸国人至广州,是岁不归者,谓之住唐",从而形成唐宋时期独特的"蕃坊""蕃市""蕃学"等现象,并且形成了"蕃人治蕃、蕃坊自治"的管理体制。自由的人口流动与开放包容的精神,使得中国精美的手工艺品及制作技术逐渐流传海外,甚至影响了多国的文字创造、建筑样式及普通民众的生活习惯。沿海人民共同的"妈祖"信仰在宋朝时日渐兴盛起来,朝廷曾先后14次对"妈祖"进行加封,将这一代表沿海人民勤劳、勇敢、无畏的女性形象逐渐定性为海洋守护神,并随着海上丝绸之路不断传播到沿线各地,成为如今东南亚地区平民百姓心目中颇具影响力、号召力的宗教信仰。而"妈祖"代表的博爱为民、勇敢坚强、不屈不挠、尊礼重孝的中华民族优秀思想品质也逐渐深入人心,她既代表着海外华人和沿海地区人民对生活的美好期盼,也是对中国海洋文化精神内涵的丰富表达。

因此,在中国海洋文化国际传播的过程中,我们仍须不断加强与世界各国之间的文化交流和沟通,共享经济发展成果,始终保持和谐友好的交往理念,因为只有相互尊重,才能共赢共存。既要在"一带一路"倡议的基础上开展丰富的跨境文化交流活动,也要从我国自身做起,构建国际化、多元化的以人为本的较为宽松的文化传播氛围。遵循开放包容的理念,在挖掘中国海洋文化丰富资源的基础上,对内加强民间思想的政策引领,对外传递具有中国海洋文化鲜明特色的声音,拓宽海洋文化国际传播的渠道,从而架设起以政治导向为基础,以经济推广为手段,以和谐共处、文化交融为目的的友好桥梁,以推动中国海洋文化在国际上的进一步传播。

党的十九大报告指出:"中国特色社会主义文化,源自中华民族五千多年文明历史所孕育的中华优秀传统文化,熔铸于党领导人民在革命、建设、改革中创造的革命文化和社会主义先进文化,植根于中国特色社会主义伟大实践。"

在当前中国海洋文化国际传播的进程中,我们既要继承和汲取中华民族的优秀传统和历史经验,借鉴古人在中国海洋文化对外传播中的成功方法和理念,夯实和丰富中国海洋文化的历史底蕴与时代内涵,也要紧跟世界海洋文化发展的潮流,在新时代努力讲好海洋文化发展的中国故事,构筑起中国海洋文化国际传播的新桥梁,从而谱写出中国海洋文化对外发展的新篇章。

3. 中国航海文化

中国是一个幅员辽阔、历史悠久、位居东亚大陆、濒临西太平洋的文明古国。中国有着960万平方千米的陆域国土和300万平方千米的海洋国土,有着18 000千米的漫长海岸线和七千多个岛屿。从地理条件来看,中国应该是一个大陆性与海洋性兼而有之的国家。

然而,观中国航海史,为什么我们这个从公元前3世纪起就长期引领世界航海潮流的国家,到了15世纪后期就开始急剧滑落而辉煌不再呢?为什么自鸦片战争以来,中国的近代航海业始终处于仰人鼻息、进退维谷的悲惨境地呢?

问题是严峻的,也是必须回答的。要科学回答上述的问题,必须透过表象深究内核,而内核就是隐藏在中国历史长河中的航海文化,因为只有文化才能揭露事物的本质。

(1)航海文化的定义和内涵

从结构上看,航海文化属于亚文化范畴,它是文化的次层结构。因此,要厘清航海文化的定义和内涵,首先必须弄清什么是文化的定义和内涵。从理论上考察,文化这一概念可分为狭义文化和广义文化。前者特指精神财富,如文学、艺术、教育、科技等;后者则泛指人类在社会历史发展过程中所创造的物质财富和精神财富的总和。

国际学术界一般认为,被称为人类学之父的英国人类学家泰勒是第一个在文化定义上具有重大影响的人。他在所著的《原始文化》"关于文化的科学"一章中说:"文化或文明,就其广泛的民族学意义来讲,是一个复合整体,包括知识、信仰、艺术、道德、法律、习俗以及作为一个社会成员的人所习得的其他一切能力和习惯。"在这里,泰勒将文化解释为社会发展过程中人类创造物的总和,包括物质技术、社会规范和观念精神。

然而,近年来流行的文化定义,则是由美国社会学家戴维·波普诺提出的。他在《社会学》第三章"文化"中,对文化作了如下定义:"文化是一个国家、一个民族或一群人共同具有的符号、价值观、规范及其他物质形式。"据本人理解,这里作为行为表达方式的符号是文化的基础,作为行为追求目标的价值观是文化的核心,作为行为活动依据的规范是文化的准则,而作为行为技术寄寓的物质形式是文化的表现。

鉴于此,可以对航海文化的定义与内涵做出如下理论描述,即航海文化是一个国家、一个民族或一群人在航海实践过程中所共同具有的符号、价值观、规范及其物质形式。

所谓航海文化符号,是指人们表述航海活动的文字、语言和数字,它是航海文化的基础。

所谓航海价值观,是指人们对通过航海活动所追求的某种利益或价值的认知,它决定了航海文化的本质取向,是决定航海活动规范和物质形式的本源。

所谓航海规范,是指人们进行航海活动所须遵循的行为准则,多体现为航海政策、法规与惯例,它是航海文化的重要内容,是航海价值观的具体体现。

所谓航海物质形式,是指人们在航海活动中形成和拥有的航行工具与航海技术等表象形态,它是航海价值观与航海规范的时空产物,是对航海文化和科技发展水平的评判标准。

(2)中国航海文化的主要特征

①航海文化符号的主要特征:民族性

源自甲骨文、金文的中国文字与数字,在秦统一中国实行"书同文"之后,就形成了相当稳定的汉民族特征。与西方的拼音字母和阿拉伯数字或罗马数字相比,以笔画结构为主要特征的中国象形文化符号,虽表述方法较为复杂,但在达意与美学上与西方的文化符号有异曲同工之妙。因此,文化符号只是航海文化的表述手段,并非考察中国历史上航海文化先进还是落后的主要对象。

②航海价值观的主要特征:功利性

纵观中国航海史,在进入阶级社会后,航海活动的价值取向主要体现在各个不同历史时期统治集团的功利性上。从春秋战国时期齐、吴、越三国的海上争霸,到秦皇、汉武的江海巡游;从汉使远航南亚的外交航程,到唐代贾耽所记的广州通海夷道;从元世祖忽必烈的海外征战与外交活动,到明初郑和的七下西洋,中国古代历史上这类主要的大规模航海活动所追求的价值观无一不是满足统治集团的政治与经济需求。

从政治上看,一是对内统一海疆,扩大版图,镇压各类叛乱,确保封建专制统治;二是对外树立"中天下而立"的大国形象,追求"万邦来朝"的国际威望。从经济上看,主要是为了取得本国大陆所没有或缺乏的各类奢侈品,如珍宝异兽、香料药物和海外特产及工艺品等,以满足上层统治集团的特殊物质需求。

虽然从事航海实践活动的主体是广大船员,但是决定航海价值观的主体却不是这些"芸芸众生",而是那些高居宫廷庙堂的最高统治集团。马克思和恩格斯曾经深刻指出:"统治阶级的思想在每一个时代都是占统治地位的思想。这就是说,一个阶级在社会上占统治地位的物质力量,同时也是社会上占统治地位的精神力量。支配着物质生产的资料。"那些在思想上受统治阶级支配的普通航海者,其航海价值观无非是一种最低层次的谋生手段,而航海活动的深层次动因与归宿则完全取决于雇佣或征用他们的上层统治集团。

③航海规范的主要特征:高控制性

第一,中央直接控制,重大的国内外航海活动由最高统治者亲自决策实施。

为实现一定历史时期的航海价值观,占统治地位的集团必然要实施一定的政策法规作为规范航海行为的准则。虽然中国历代的航海政策与法规有着各自不同的个性,但从主要层面上看,其有着基调相同的共性,这就是中央统治阶层的高控制性。

在长达两千多年的中国封建专制统治时期,历代帝王都把重要的航海活动作为实现其政治、军事、经济与外交的功利手段,因此许多重大的航海活动均由其亲自做出决定。例如,秦始皇示威海内、封禅泰山的环山东半岛航行;汉武帝征讨东瓯、闽越、南越,统一疆域的军事航海;吴主孙权遣卫温、诸葛直率万人求夷洲(今台湾岛)的探险航行;唐太宗收复辽东故土的军事航海;元世祖忽必烈经略日本与爪哇的近洋航行;明成祖派郑和七下西洋的远洋航行,莫不如此。

第二,对国内的航海活动,最高统治集团也通过行政系统严加掌控。

一般来说,军事、外交航海均会由中央统治集团直接做出决定,而国内漕运之类的航运活动也会由专门的官方机构加以管理,如隋代的舟船、津梁、公私水事等航运活动,就由"水部"这一职能机构执掌,机构内还有诸如都水监、都水丞等各色官吏。因此,从航海政策上看,官方航海、特别是中央级别的官方航海,是没有任何限制的,只要统治者认为有需要、有价值,就可以组织全国的人、财、物予以实施。

第三,对各级官吏的航海活动严加监控,不许擅自出海。

中国历史上航海规范的高控制性还表现在,除了最高统治阶层外,其他涉及航海的中央与地方官员决不许私自下海,牟取利益。例如,明成祖在组织开展郑和下西洋的同时,即诏告天下,凡泛海出洋人员,非受钦命不许迈出国门。如"私自下番,交通外国",即着"所司以遵洪武事例禁治"。这里所谓的"洪武事例",就是指洪武四年(1371年)"福建兴化卫指挥李兴、李春,私遣人出海行贾"违禁一案。明太祖当时曾"谕大都督府臣"对"滨海军卫""惑利而陷于刑宪"者,要"论如律",严惩不贷。又如,元代倡导并操持北洋漕运的主要官吏朱清与张瑄,虽在组织船队与开辟航路中建功至伟,但因在掌管漕运的同时,插足了朝廷直接垄断的海外贸易,触犯了"凡权势之家皆不得用己钱入番为贾"的禁令,终遭杀身之祸。

第四,对民间航海基本实行海禁政策。

在官方垄断航海的同时,历代封建王朝大都对民间航海活动实行严格的"海禁"政策。如唐代,虽日本来华的"遣唐使船"络绎不绝,但却严禁中国人出海。唐代高僧鉴真东渡日本,之所以"凡六次始得成功",关键就在于民间的海上私渡为唐廷所不许。据《唐律疏议》称,"诸私渡关者,徒一年;越度者,加一等"。因此,鉴真只能潜搭材料工艺极为简陋、航行技术相当稚嫩的日本"遣唐船",犯难于波涛汹涌的东海之中。而至明清时期,这种"海禁"政策更趋严酷。洪武三十五年(建文四年,1402年)九月,朱棣登位未久即宣诏,"凡中国之人逃匿在彼(指东南亚一带)者,咸改前过,俾复本业,永为良民;若仍持险远,执迷不悛,则命将发兵,悉行剿戮,悔无及"。永乐二年(1404年),又针对"福建濒海居民,私载海船,交通外国"的违禁行为,再次诏令"禁民间海船,原有民间海船悉改为平头船,所在有司防其出入"。清朝在立国之初,更是颁布"迁海"政策,"迁沿海居民,以恒为界,三十里以外,悉墟其地"。到所谓康乾盛世时,也是执行"海禁宁严毋宽"的政策,对出海民众和船舶加以严苛限制,禁止"打造双桅五百石以上违式船只出海"。

当然,在某些特殊的历史时期,封建统治者曾对民间实行过一些较为积极的航海政策。如南宋时期,中原与北方的大半壁江山陷于金人之手,朝廷农税不足、国库匮乏,为维持国家正常运转,统治者被迫转向重视民间航海的权宜立场。当时,宋高宗就直言不讳地说:"市舶之利最厚,若措置得当,所得动辄以百万计,岂不胜取之于民?"由之,南宋历届政府鼓励豪家大姓以私商身份打造海船、购置货物、招聘船员,前往海外经营,凡能"招诱舶货"的本国纲首(即船长)与积极运货的外国海商,都"补官有差";凡"亏损蓄商物价",影响航海贸易者俱以降职处办。同时,宋朝政府还于隆兴二年(1164年)制定了加快船舶周转率的"饶税"政策,规定:"若在五月内回舶,与优饶抽税之,如满一年以上,许从本司追究"。然而,从本质上看,这些鼓励民间航海贸易的政策不过是中国封建统治集团在特定的历史时期维护自身利益的应急措施,并不能说明其航海价值观发生了根本的变化。

第五,通过指定的"市舶司"口岸,严密监控中外航海贸易活动。

中国大陆海岸线漫长,可以停泊船舶的港湾和浅滩众多。为使航海活动、特别是中外航海贸易活动处于严密的监控下,朝廷规定了一些港口作为船舶进出和人货上下的场所,并自唐代起在广州(岭南)设立了市舶司机构(相当于今天的口岸综合管理部门,具有类似海关、海事、行政、征税等管理职能)。中国历史上的主要航海口岸,唐代有交州、广州、泉州、明州、扬州、登州等;宋元时期有广州、泉州、明州、扬州等;明代有太仓、宁波、福州、泉漳、广州等;清代在有限开禁后,航海口岸变化甚多,厦门、宁波、广州、上海、天津、牛庄等均曾在列,然到乾隆二十二年(1757年),因严控外商来华航海贸易之需,规定以广州为独口通商口岸。

④航海物质形式的主要特征:实证性

航海物质形式是航海活动赖以进行的物质技术基础,主要体现在造船技术与航行技术的物质形态(例如船舶及其设备、航海图书及仪器等)。从这方面考察,中国古代历史上的航海物质形式是相当先进的,如中国的尾舵技术、水密隔舱技术和指南针导航技术都是领先于世的。但同时,这些航海物质技术形式又是实证性的,它注重经验性、实践性,缺乏理论性、逻辑性,因而发展到一定的历史阶段,当社会生产力发生重大变革时,往往由先进转向落后。

从航海工具来说,中国的木帆船曾独步世界近两千年,如九桅十二帆的郑和宝船"体势巍然,巨与无敌",但一旦进入工业革命时期,当西方发明火轮船、铁甲船后,中国传统的航海工具旋即"无可奈何花落去"了。中国历史上传统的航海技术形式也是难逃此等宿命,最典型的案例就是举世闻名的《郑和航海图》,虽然它曾是15世纪上半叶世界上最实用的航海图书,但其所包含的所有物质技术形式都是实证性的经验总结或感性记载,并不是建立在几何投影与数学逻辑基础上的理性升华,如其中的针路记录的就是预先考虑到风流、洋流等航行因素影响后的实践记录,而非像西方《航路指南》那样,先有计划航线,再将外界干扰因素加进去修正,并在标有经纬度和比例尺的墨卡托投影海图上进行作业。因此,一旦面临开辟未知的海上新航路时,这类实证性的航海物质形式的内在缺陷就显露出来了。

（3）中国航海文化的本源动因

①地缘上：中国拥有辽阔的陆域并面临开放性海洋

从地理形势看,中国地处在东亚大陆,西南环山,北临广漠,东至大海,基本上构成了一个与世隔绝的封闭性地理环境。从航海条件看,中国面临的是西太平洋的开放性海域,风急浪高,航行风险很高,与波平浪静、基本上处于封闭状态的地中海完全不同。因此,在历代封建统治者心目中,这万里海疆不啻为一道可以囚民于国门之内和御敌于国门之外的天然屏障。

从历史上看,中国的边患主要来自北方,因此自秦始皇起,历代封建统治者都着力修筑长城,再加上东部之万里海疆,把整个中国包围成一个对外封闭的社会经济体系。而"天朝大国,无所不有"的自给自足经济,也足以维系封建社会生产力发展和国计民生的运行,根本不需再与海外进行贸易交往。

在这种地缘结构的制衡下,整个中华民族形成了一种内向型的大陆思维,严重缺乏走向海洋、走向世界的外向型发展意识。同时,更值得注意的是,在由春秋战国走向国家统一的过程中,内陆文化战胜了海洋文化,由地处内陆的诸侯国——秦国扫平齐、吴、越等航海实力较强的诸侯国,建立了中央集权制的封建帝国。此后的历代政权虽多有更迭,但始终都是由起自北部、西部和中原的封建集团和少数民族执掌国家统治大权,而在地缘上接近海洋的集团与民族从未在逐鹿中原的政治与军事较量中取得上风,这就不难理解何以航海理念无缘成为整个国家的主导思想了。

②经济上：崇本抑末的小农经济抵制航海贸易

在古代生产力低下时期,中国大陆型的地缘特征决定了生产力的发展方向。中华民族起源于黄河流域和长江中下游流域,向陆地发展要比向海外发展容易得多。居民依靠陆地耕种就可以安居乐业,因为古代的农业比畜牧业和海洋渔业的劳动生产率更高,更容易从自然界取得相对稳定的物质财富。由是,古代中国人一开始就形成了以土地为本的生存与发展理念。这种"以农为本"和"以农立国"的小农经济,建立了一个以小农业和家庭手工业相结合的、一家一户为生产和消费单位的社会结构,把广大劳动力紧紧地束缚在一小块一小块自给自足的土地上,而封建统治集团则从财政上通过徭役和赋税来确保和维护国家机器的运转。

在这种自然经济体制下,封建统治集团必然以"崇本抑末"为国策,奖抚农桑,限控商业,禁止"引贾四方,举居舟居,莫可踪迹"的航海活动,因为此类航海贸易活动,必然会引起"户口耗而赋役不可得而均,地剥削则国用不可得而给",严重冲击封建经济的稳定。

同时,还须注意的是,这种"崇本抑末"的经济,导致了中国人以大陆和农业理念来看待海洋和航海存在的价值,即"以海为田",而不是"以海为商"。中国历代封建统治集团对海洋的利用主要是制盐、捕捞与养殖等,将沿海水域的开发和利用仅仅作为陆地耕种的自然延伸,从来没有认真想过将海洋与航海作为打破封闭自然经济、获取海外资源的有效渠道。正如明太祖朱元璋在制定"片板不许下海"的海禁政策时所说,"四方诸夷,皆阻山隔海,僻在一隅,得其地不足以供给,得其民不足以使令"。因此,航海贸易纯属多余,只要"厚本抑末,使游惰皆尽力田亩"足矣。

"以海为田"的另一种重要表现是,即使是那些曾经从事过合法或非法航海贸易的大海商,也只是将"以海为商"作为一种权宜行为,他们最终仍是将航海贸易所得作为广置田地和楼宇等不动产以及入仕求官的手段。如明末清初的大海商郑芝龙,他在成为东亚航海贸易巨擘后,先是"增置庄仓五百余所",成为"田园遍闽广"的大地主,继而拒绝手下弟子谏其海外发展的请求,"以鱼不可脱于渊"为由,降清为官,充分展露了其"以海为田"的封建经济的人生理念。

③政治上:大一统的封建专制统治

恩格斯曾经深刻地指出,"远洋航行最初是在封建和半封建的形式中进行的,然而它毕竟在根本上与封建制度格格不入""航海事业是一种毫无疑义的资产阶级企业,这种企业的反封建的特点也在一切现代舰队上打上了烙印"。中国历史上的航海文化之所以有如此特征,关键就在于历代王朝均从维护大一统的封建专制统治出发,处心积虑地压制航海贸易活动。

历代统治集团、特别是晚期封建统治集团对中外航海贸易在本质上持一种消极和排斥的立场。唐以前,除官方航海外,几无中外航海贸易可言。盛唐时,朝廷虽对中外文化交流持开放态度,但仍禁止中国民间对外航海贸易。对外国来华的航海活动,也主要是接待遣唐使与遣唐僧之类仰慕中华文化的官员与学人,而对于航海贸易活动,则不但专设市舶司严加管理,且允其进奉之物亦多为奇淫机巧之奢侈品,于国无甚大补。宋元时期,虽因特殊国情而被迫开放海外贸易,但对贸易物品、船舶与人员进出、税规征收等均有严格规定。及至明清时期,则以闭关锁国为基本国策,使海外航海贸易几无立足之地。在封建朝廷心目中,对外航海贸易会引起"洋商杂处,必致滋事",为免除危及封建王朝政治稳定的后顾之忧,制定"中外大防"的航海政策就势在必行了。

同时,在官方航海活动中,封建朝廷也是以谋取最大的政治利益为目标。中国历代的"朝贡贸易"航海活动,一向"厚往而薄来",重政治,轻经济,根本不在乎从海外获取有益于国计民生的经济利益。用清乾隆帝的说法是,"天朝物产丰盈,无所不有,原不藉外夷货物,以通有无"。封建朝廷所关心的只是"帝王居中,抚驭万国,当如天地之大,无不复载",因此"远人来归者,悉抚绥之",而中国遣使远航者,也无非是"示富耀兵",展天朝大国之威仪,并"宣德化而柔远人"。从汉使远航南亚到郑和下西洋,成百上千次的外交航海活动,都是为了扩大中华帝国的国际影响,营造"日月所照,无有远近"的国际和平环境。

再者,历代统治者之所以禁止民间航海,也主要是着眼于维护政治上的集权统治。这是因为民间航海活动可能造成以下几类令封建统治者寝食难安的后果:一是受迫害和剥削的人民巨岛聚众,举行海上起义,直接威胁封建统治的政治稳定;二是华夷杂处,滋事生非,引发文明冲突和国际纠纷,直接伤害封建帝国的国际形象,对闭关锁国的统治格局形成冲击;三是民间犯禁下海贸易,渐而形成如明清时期的陈祖义、王直、郑芝龙之类的大型海上武装走私集团,直接威胁封建集团的政治利益。有鉴于此,中国历代的航海文化才会深刻地体现出封建统治集团的价值取向。

④文化上:保守内向的儒家文化

在春秋战国诸子并存、百家争鸣时期,中国的各种文化思潮相当开放与活跃,相互竞争,相互渗透,不一而足。然在秦始皇统一中国后,到汉代已是独尊儒术、罢黜百家,使得以维护封建专制统治秩序与道德为宗旨的儒家文化成为主导整个社会生活的指导思想。在此氛围下,作为亚文化的航海文化当然避免不了受它的规范与制约。

儒家文化内涵丰富,然其核心内涵可用"保守内向"一言蔽之。儒家崇尚"天人合一""大一统""和为贵",主张顺应自然与社会,反对改造自然与社会;强调安分守己与中庸之道,鼓吹"父母在,不远游""动一动不如静一静",不提倡冒险犯难和开拓进取。这种文化思想训导人们满足于"耕者有其田",满足于"学而优则仕",不鼓励向海洋进军,否认以航海贸易作为生存与发展的取向。这与西方海岛型海洋文化所倡导的探险、开拓、征服的思想内核完全不同。

因此,盛极一时的郑和下西洋虽展示了15世纪上半叶世界上最壮观的航海场景,但也不过是对宋元时期航海技术遗产做一次总检阅罢了。相反,15世纪下半叶至16世纪初叶,由达·伽马、哥伦布和麦哲伦所进行的远洋活动,虽其船队规模远不如郑和船队,但却以开拓海上新航路的旷世业绩,揭开了地理大发现和资本原始积累的序幕,从而对整个人类的历史进程产生了巨大的影响。

(4)主要结论

①虽然从海陆自然条件观察,中国应该或者可以成为一个大陆性和海洋性兼而有之的国家,但由于长期以来封建主义的大陆性政治制度、经济体制、科学模式和文化思想始终占统治地位,因此,历史上的中国基本上是一个以大陆性文化为本、海洋性文化为辅的国家。换言之,历史上的中国基本上是一个站在大陆立场上来观察、理解和认识海洋的国家。

②中国历史上对海洋的应用基调,是"以海为田",而不是"以海为商"。对海洋的开发与利用只不过是作为对陆地开发和利用的一种自然补充和延伸。

③中国大陆性的航海文化,既造就了农耕时代古代航海事业的辉煌,也导致了工业时代近代航海事业的衰落。

(5)主要启迪

①历史可以成为一面镜子,让我们知兴替而奋进;但历史也可以成为一种梦魇,让我们在祖宗的庙堂中徘徊。二者取舍之关键,在于能否以科学发展观洞察历史,引领未来。

②当今世界已是资源与市场融为一体的世界,中国的现代航海文化必须立足于全球和海洋,以此作为思维之本。

③在这样一种现代航海文化中,航海是中国走向世界、世界走进中国的必由之路;航海是中国参与和优化全球资源和市场配置的必由之路;航海可以使中华民族重振雄风,和平发展成为世界强国的必由之路。

④如果说,六十多年前新中国的航船刚刚展现在东方的地平线上,那么,今天中国的巨轮应该昂首破浪地驶向广阔无垠的蔚蓝色海洋。

专题 2　海洋文化赏析

1.海上丝路

"The Silk Road of the Sea."(海上丝绸之路),一个不管是在现在还是在历史上都闪耀于华夏大地,甚至闪耀于全世界的名字。

根据《汉书·地理志》的记载,海上丝绸之路的雏形在秦汉时期便已存在,但是在唐朝中期以前,中国对外主通道是陆上丝绸之路,所以"The Silk Road of the Sea."一直声名不显。然而,由于战乱及经济重心转移等原因,海上丝绸之路翻身做主人了,它已经取代陆路成为中外贸易交流的主通道。

海上丝绸之路的第一个名字是"广州通海夷道",这条航线全长 1.4 万千米,是当时世界上最长的远洋航线,途经一百多个国家和地区。在宋元时期,这个"广州通海夷道"可视范围覆盖大半个地球,是东西方文化经济交流的重要载体。

之后,它的名字几经变化,这条海上通道在隋唐时运送的主要大宗货物是丝绸,所以后世把这条连接东西方的海道叫作"海上丝绸之路"。到了宋元时期,瓷器出口逐渐成为主要货物,因此它又被叫作"海上陶瓷之路"。同时,由于通过这条海上航道输出的商品有很大一部分是香料,因此也称作"海上香料之路"。

最终它之所以被叫作"海上丝绸之路",是因为大家约定俗成地对这条海上航道的统称。

2.海洋和平女神

中国福建湄洲岛,形似美人额头上的一撇蛾眉,妈祖的祖庙圣殿就是蛾眉下的那颗明瞳。

岛上景色秀丽,绿树成荫,天蓝水净,有号称"天下第一滩"的黄金沙滩九头尾,有"天然盆景"之绝的日纹坑,有鬼斧神工之妙的鹅尾山,还有如倾如诉千古绝唱的湄屿潮音。

妈祖(图 8.1),这位神奇女子,在人间只活了 28 个春秋,可她的名字却被人们传诵了一千多年。中国福建莆田湄洲岛,如今成了全世界两亿多名妈祖信众的朝拜地。

妈祖祭祀、孔子祭祀、黄帝祭祀已被并称为中国三大传统祭典。每年农历三月二十三日妈祖诞辰日和九月初九妈祖升天日期间,湄洲祖庙演绎的祭典场面气势磅礴,恢宏壮观,世人盛誉其为朝拜之"东方麦加"……

福建民间最精美的建筑一定是妈祖庙。"海上拜妈祖,山中信太姥",妈祖女神信仰在中国沿海久已流传,千百年来早已成了航海船工、海员、旅客、商人和渔民共同信奉的东方神祇。

(1)14 位皇帝敕封妈祖 36 次

穿过浓郁翠绿的巨榕辉映下的圣音牌坊,拜谒仡立于岛北部最高峰的祖庙山。

图 8.1　"妈祖"纪念邮票

妈祖姓林,名默,是闽南莆田人。传说她自出生至满月,不啼不哭,默默无闻,家里人和乡亲们称她为默娘。她生前兰心蕙质,聪明好学,8岁能诵经,10岁能释文,13岁学道,她在海边成长,少年即可踩浪渡海,懂医术,识星象,通航海,终生未嫁。在她短暂的一生中,经常在海上抢救遇险渔民,还曾高举火把,把自家的屋舍燃成熊熊火焰,给迷失的商船导航。她矢志不嫁,把救难扶困当作自己一生的终极目标。

自她在湄洲岛归化升天后,人们敬仰她行善积德、救苦救难的精神,为了缅怀这位勇敢善良女性,人们在湄屿峰上她升天处,建起圣殿,尊她为海神灵女、龙女、神女。宋元明清历代皇朝,14位皇帝对她敕封了多达36次,使她成了万众敬仰的"天上圣母"和"海上女神"。

妈祖庙始建于宋初,当时称"神女祠"。其后的各个朝代,特别是郑和、施琅等奏报朝廷后,历经修缮扩建,日臻雄伟。它依山势而建,形成以前殿为中轴线布局,纵深300米,高差40米的主庙道。茂密的大榕树疏影斑驳,拾级而上的人流不多,给人以超然、安详的感觉。进入祖庙之地,只见香烟缭绕,祈福阵阵。绵延的香火,燃烧着世人的愿望,透过轻薄空气,蜿蜒攀爬上祖庙古朴的花窗,丝丝缕缕穿过年月,记录下世人对妈祖女神的虔诚膜拜!

(2)庙群构成壮美的海上圣殿

从庄严的山门、高大的仪门到正殿,由三百多级台阶连缀两旁五组建筑群,坐拥16座殿堂楼阁,99间斋舍客房。攀登之际,人们禁不住回首远眺,远处山海茫茫,水天一色,山下整个庙群画梁雕栋,金碧辉煌尽收眼底,构成了一幅瑰丽壮美的"海上圣殿"。

(3)妈祖文化随郑和下西洋传开

清康熙年间,施琅大将军把妈祖神像供奉在澎湖的天后宫。之后,它成了台湾历史最悠久的妈祖庙。妈祖的塑像面容着色,有红面、乌面妈祖之别,唯独澎湖天后宫是钦封"天上圣母",赐以独一无二的金面,成为首尊妈祖金身。此后,台湾有许多妈祖庙内的妈祖神像,均从此圣庙中分灵出去。

15世纪,中国伟大航海家郑和率世界最庞大的船队七下西洋,历时近三十载,往返于太平洋、印度洋和阿拉伯海域,凌波渡海万余里,到达三十多个国家,他虔诚祭祀妈祖,祈求海神天妃神明护航。妈祖文化也随着郑和的航海壮举传遍全球,在各地扎下根来。

有旅人到过湘西,竟发现在芷江也有一座天后宫——中国内陆地区最大的妈祖庙。它背靠雪峰山麓,依偎潕水,位于湖南芷江侗族自治县境内。闽南人千百年前逆流而上,一路经闽江、赣江、汉江,穿越洞庭湖,入湘江再从沅江潕水来到芷江。最早在这儿建起闽南客家会馆,乾隆十三年(1748年)才把占地3700多平方米的会馆改建成妈祖庙。整个妈祖庙融古代建筑、浮雕艺术于一身,其前坊后宫的石坊上刻有50幅浮雕,栩栩如生,雕刻技艺精湛,有"江南第一坊"之称……

(4)澳门名字与妈祖有关

人们登上湄州妈祖祖庙,会知道澳门的名称由来竟与妈祖息息相关。1533年,葡萄牙人在澳门妈阁庙近旁登岸(为闽南渔民所建,称为"阿妈阁")。他们向当地渔民询问,这地方叫什么?渔民答:"妈阁"。葡萄牙人以为是地名,便称澳门为"Macau",自此,葡萄牙人称澳门为"Macau",英国人称它"Macao",而华人称之为"澳门"。澳门,竟成了世界唯一以妈祖命名的城市。

当人们攀上湄屿巅顶时,眼前一片秀峰奇石、幽洞静林,眺望茫茫大海,不时舟楫穿梭间有白鸥掠波,山海一线相衔接。岩岸海床的绿岩,受风涛冲蚀,形成天然凹槽。潮涌潮退,吞吐之声,由远而近,初似隐隐细响,继如钟鼓齐鸣,再若龙吟虎啸,终则像巨雷震天,这就是闻名遐迩的"湄屿潮音"。身旁,那巍然屹立的妈祖雕像,面朝大海,雍容慈祥,好像在不知疲倦地守护着远方的航船,与湾峡中那高高耸立的灯塔一样,穿越着惊涛骇浪,闪烁着射出光亮,指引着人们航行的方向……

(5)妈祖文化播向苍穹广宇

"湄洲供海神,四海祭天妃",人类最早的文化是从原点慢慢扩散出去,跨越空间,活像涟漪一圈又一圈推动一样,文化终于传播到世界各地。妈祖文化,不仅早已融入湄岛的一草一石,还播撒向苍穹广宇。

下山时,夕阳渐坠。夕阳下的湄洲海湾,豪情诗意绝不逊世上的大江大河。眼前苍穹下的景色,仿佛是被世俗遗忘的仙境一般。此刻,湄洲湾里碧波、峭岩、蓝天、绿波、沙岸,渐渐被造物主镀成一片金黄。潮水渐退,礁岸下,沙滩露出一片腘腆、羞涩,大海安静下来,海湾里,船、锚、沙滩,静静地守着余晖落下帷幕。

在湄屿妈祖这一方乐土上,用心聆听,用爱感受:一座古老妈祖庙,一段悠长历史,一个奉献人类航海的故事,一缕红衣灵女的魂魄,给世人留下一种信仰,让人们在历史中穿梭,去寻觅妈祖留下的启示,让和平插上翅膀,伴随着妈祖女神永远飞翔在沧海苍穹下……

3.心有大海,浪就是一种别样人生

大海,广阔无垠,是神秘和未知的象征。航海,是踏上冒险的征途,征服风雨和海浪,到达新的彼岸。海员,是拥有着坚强意志的勇士,携着智慧,突破自我的极限。一成不变的日子是不是已经厌倦了? 那就一起去征服大海吧!

(1)方向与指南——GPS 出现之前,人们靠什么指路

在大航海时代开始之前,人们对于方向的定位全依赖于大自然——太阳或者月亮和地面的夹角。但是这一招局限性很大,如果下雨就基本没用,而且靠长期直视太阳来观察方位也会带来严重的伤病。

为了更加精确地定位,计时工具得到了改良:一方面出现了计时为半个小时的沙漏,虽然其旋转沙漏的时间仍然有着比较大的误差;另一方面开始借助数学的力量,先是星盘的出现,后来是六分仪(图8.2)和经纬线的诞生。

图 8.2 六分仪

随着海图技术的发展,地图和尺规也开始在海上方位测定中占有一席之地。于是在那个时候,一个罗盘,一张海图,一块钟表,一个六分仪,一副尺规以及一个训练有素的水手成为海上航行测定方位的五大工具。

首先利用六分仪确定纬度和太阳高度,然后利用太阳高度、航海天文历和航海天文钟上的时间与这个时候伦敦的当地时间之差计算出经度,随后用尺规画出舰船之后的大圆航线(以地球最大的切面圆为航线),等角航线(按照与地轴之间等夹角的螺旋线为航线)或者是混合航线(二者混合,适合在有浮冰的地方航行),最后根据现在舰队的航速预计将在什么时候抵达。

当硫酸纸和透明纸出现之后,航线的规划就在这两种纸上进行规划,既不会弄脏海图,也可以重复使用。虽然到了现在,海军有了卫星和 GPS 系列的导航,但是六分仪与航海钟,加上纸质海图,虽然看似简单,但是极其可靠的定位方式依旧被保留了下来。

(2)食物与饮料——不吃饱,怎么和大海搏击

麦哲伦在 1519 年 8 月 10 日离开西班牙本土,开始人类第一次环球航海。在这个航程中最艰难的一段,即离开麦哲伦海峡进入太平洋后,98 天的时间里,他们都在海上,最后,他

们把船上的老鼠一只不剩地吃掉；缺少淡水，用海水煮饭，结果让 20 个人丧生，因为淡水的储藏是有期限的，在炎热的太平洋，淡水很快发臭、长虫；稻米吃完后，他们甚至用包在桅杆底部的牛皮混合木屑和盐煮了充饥。

缺乏营养和维生素而导致的牙龈出血、牙齿脱落、坏血病（维生素 C 缺乏病）等情况实属常见，直到伟大的库克船长在饮食中增加了蔬菜和水果，将淡水换成啤酒，船员们出海后的健康状况才得到大大的改善。（图 8.3）

图 8.3　船员（手绘卡通画）

出海时有一种很重要的食物是"biscuit"，也就是现在所称的饼干。提起"biscuit"，大家可能会想起乖巧的下午茶小点心。

然而实际上，"biscuit"最初是一种烘烤两次而成的储备粮，干燥坚硬，易于保存储藏，不易变质，专供旅行尤其是航海使用，有称为"seamen's bread"（海员面包），又叫"hardtack"（硬面包）。（图 8.4、图 8.5）

图 8.4　在丹麦的博物馆里
展示的标准航海饼干

图 8.5　祖传的海员饼干

在没有冰箱的年代，这种饼干可以保存多年，为了让饼干更加干燥脱水，厨师会烘烤四次，而不仅仅是两次。这种饼干是非常理想的军用和航用粮，相对地——它非常难吃，很难直接食用，只能泡在水、咖啡或者汤里，泡软了再吃。

1588 年，西班牙无敌舰队的海员出海供给是每天一磅①饼干一加仑②啤酒，英国人还会在海员饼干上印维多利亚女王的头像。在 1814 年罐头正式上市之前，饼干一直是海员重要的食物。

---

① 磅，英制质量单位，1 磅≈0.453 6 千克。
② 加仑，容（体）积单位，1 加仑（英）≈0.003 8 立方米。

（3）"tattoo"（文身）与精神力量——不让自己丢失！

当代的西方文身（图8.6）可以追溯到15世纪，当时欧洲的朝圣者为了纪念他们拜访过的地方，纪录他们的家乡，或者为方便在途中死后好辨认尸体，开始了在自己身体上做标记。

现代文身的复兴乃至到今天在世界范围的流行，是从大航海时代开始萌芽和发展的，这里必须要提到一位历史人物——库克船长。

库克船长被认为是将文身和航海旅行联系到一起的那个开拓者，文身的英文单词"tattoo"，实际上来源于库克船长旅行时停留的一座南太平洋岛屿 Tahiti（大溪地），是塔希提语"Tahitian"的

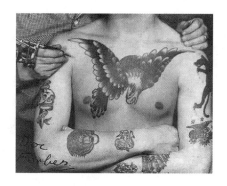

图8.6　文身

"tattau"，意思是"做标记"。Tahiti岛上的原住民有着文身的传统，库克船长将这种见闻带回了英国，推荐给了当时的乔治国王和英国皇家学会的成员，引发了人们对人体艺术广泛的关注。随着越来越多的文身土著们被带回到英国，这些文身艺术反而得到了欧洲女人们的喜爱，并将文身作为一种装饰艺术来装扮和炫耀自己。

根据历史记载，库克船长的船员率先选择文身作为他们旅行到日本、中国和太平洋岛屿的纪念，这一现象一直持续了两百年。

18世纪之后，文身在水手中渐渐流行起来，这些人周游世界，总会想要带些纪念品回来，而满载货物的船舱通常没有太多空间让他们带纪念品，于是自己的皮肤就变成了画布，记录下他们在海上漂泊的日子。每一次出航，水手们都会带着新文身返回家乡，这逐渐成了水手们的传统。

对水手们来说，文身不仅仅是一种旅行记录，它还代表着一种精神寄托，海上生活充满危险，许多船员都非常迷信，他们会用文身来缓解这种焦虑，表达自己的信仰，甚至还有人把基督文在自己背上，他们认为在遇到困境的情况下这种文身可以使他们避免危险。

每一种设计的图案都对应一种风险。例如，有的人会在脚上文猪或鸡以防落水；有的人会在手指上文"hold fast"（抓紧）的单词，为了在遇到风浪时绳子抓得更紧；有的文铰链在自己的胳膊肘，以免得风湿病和关节炎……各具意义的文身还有很多，例如脚上文十字架是为了躲避鲨鱼，文燕子与安全航行有关，文航海星是为了精确导航……

模块九

发展篇——海员的前进梦想

对于一个人来说,如何走过今天,走向明天,在很大程度上取决于自己人生的定位。

正如有位哲人所说的:"一旦投入江河,便是波涛的一生。"

那么,你是怎样看待人生定位的? 你是怎样定位自己的人生的?

设定明确的目标,是所有成功的出发点。成功就是逐步实现一个有意义的既定目标。

人能走多高取决于是否找准自己的目标,有目标就有动力,没有目标的人生就像一艘轮船没有舵一样,只能随波逐流,无法掌握,最终搁浅在绝望、失败、消沉的海滩上。

航海事业是一项"阳光事业",海员正在为世界经济的发展、文化的交流和航运事业的进步做出巨大的贡献;海员胸怀宽广、坚韧不拔、吃苦耐劳;海员团结合作、恪尽职守、同舟共济;海员爱岗敬业、诚实守信、乐于奉献。在未来,海员具有无限发展的潜力。

有志于航海事业的各位同学,你们是未来的航海家,选择了航海事业,就展开了人生绚丽的画卷。

凭海临风,一路欢歌,为自己的航海梦想而奋斗吧!

梦想是石,敲出星星之火;

梦想是火,点燃熄灭的灯;

梦想是灯,照亮夜行的路;

梦想是路,引你走向黎明。

案例导入

中国航海家郭川

2016年10月28日,央视新闻网新闻频道发表了一篇文章——《要等到什么时候,你才肯做自己人生的船长》。

"中国航海第一人"郭川26日失联至今,牵动无数人心。他,站在航海文明的突破点上,始终为自己的人生掌舵。谨以此文,致敬这位老船长,海水太冷,我们等你回家。也向所有敢为天下先的勇士,致敬。

我恐惧过、绝望过、崩溃过,

但从没放弃过。

来到这里,我不能让祖国蒙羞。

——郭川

船在人失!正在驾驶帆船进行单人穿越太平洋的"中国航海第一人"郭川,在航行至夏威夷西约900千米海域时,与岸上团队失去联系。中方紧急协调搜救,美方派军舰搜寻,但郭川依然音信全无……

郭川团队随后确认,郭川于北京时间10月26日15时至15时30分,因突发事故落水,落水时"有最大可能"穿着救生衣。落水原因,很可能是在阻止大三角帆落水或挽救落水的大三角帆时,因突如其来的海浪或船剧烈晃动而被甩出了船。

郭川此次航行于北京时间10月19日5时24分11秒从美国旧金山金门大桥出发,以上海金山为目的地,希望创造单人不间断跨越太平洋航行的纪录。

1965年1月出生的郭川曾是北京航空航天大学飞行器控制专业的硕士,后在北京大学取得MBA学位,过去任职于中国长城工业总公司,参与过国际商业卫星发射工作。33岁时,他爱上了帆船运动,此后一心投入职业帆船领域,创造了许多中国甚至世界"第一"。

2013年4月5日,48岁的他历时138天,驾驶"中国·青岛"号帆船荣归母港青岛,成为第一位完成单人不间断环球航行的中国人,同时创造了40英尺级帆船单人环球航行的世界纪录。

2015年9月16日,郭川和他的国际团队又驾驶"中国·青岛"号帆船冲过白令海峡的终点线,用时12天3个多小时横穿北冰洋驶入太平洋,创造了人类第一次驾驶帆船采取不间断、无补给方式穿越北极东北航道的世界纪录……

第一位完成沃尔沃环球帆船赛的亚洲人、第一位单人帆船跨越英吉利海峡的中国人、第一位单人帆船横跨大西洋的中国人……太多太多的纪录被郭川甩在身后。但有谁知道,航行的危险一直笼罩着他,飓风、撞船、抑郁症甚至海盗,随时可能成为终结航行、终结航海者生命的不确定因素。

郭川这次挑战横跨太平洋航行,是想给中国人再争口气。这位和大海孤独搏击的勇士曾说过:"我恐惧过、绝望过、崩溃过,但从没放弃过。来到这里,我不能让祖国蒙羞。"

世之奇伟,瑰怪,

非常之观,常在于险远,

而人之所罕至焉,

故非有志者不能至也。

——王安石

一位普通的中国人,告别妻儿,独自驾驶着一叶孤帆,没有任何外界援助,在波涛汹涌的大海上颠簸磨难,不断挑战航海的世界纪录。虽然对于不少国人来说,他的选择近乎"疯狂"。

执着的人是幸福的

作者/郭川

总被问一个问题:你为什么要做这样的挑战?

今天是我完成单人不间断环球航行上岸两周年的日子。上岸后,我接受了很多媒体的采访,他们都会问我同一个问题,就是你为什么要做这样一个挑战?虽然大部分人对我做的事情表示钦佩,但是也会有人对我的冒险表示不理解,认为我太自我。

如果我是一个法国人或者英国人,我不会遇到这样的问题,更多的人可能会对我如何完成这样的挑战的细节感兴趣。

事实上,从你为什么要做这件事,到你如何做到这件事,问问题的角度不同,而观念之间的距离却是一个几十年的差距。

在过去的二十年,我们在物质上的进步可谓神速,然而精神上的追求却似乎陷入了迷茫和困惑。

2013 年 5 月 10 日,正在美国旧金山参加美洲杯帆船赛训练的瑞典船队的"阿特米斯"号意外倾覆,船上北京奥运会帆船星级赛冠军、英国人安德鲁·辛普森不幸身亡。当年 36 岁的辛普森是两枚奥运奖牌得主,除北京奥运金牌外,他还在 2012 年的伦敦奥运会上获得一枚银牌。国际奥委会主席罗格当年曾代表比利时参加过奥运会帆船比赛,他在一份声明中说:"辛普森是一位非常有成就的帆船运动员和奥运选手,他是在对帆船运动的激情的追求中离世的。"

独立的思想,自由的精神,始终是我追求的一个境界。

挑战自我极限,拓展生命外延,填充生命空白。

从我的履历看,我与常人的想法并没有什么不同:获得北京航空航天大学飞行器控制专业硕士学位,我有自己的学术追求;考取北大光华管理学院,我也有向职业经理人跃升的职业规划。如果不是因为帆船,或许在我接下来的个人简历上,会写上某某公司总经理、首席执行官之类的头衔。

然而,突然有一天,这种单调的生活让我厌倦,我开始拼命拓展生命的外延,因此我去学开滑翔机、学习潜水、学习滑雪……用一切可能的方式挑战自我极限,用常人难以想象的意志力和"与年龄不符"的热情疯狂填充自己生命中的空白。

应该说,是帆船改变了我的后半生。感谢帆船,让我自由的灵魂得以释放,而我放荡不羁的内心也找到了皈依的地方。十五年来的帆船生活,让我对人生有了全新的思考,但这一切都要基于一个科学的态度和方法!

有人说中国人传统,习惯沿着父母或者社会铺就或者认可的人生轨迹前行。在与内心深处那个真实的自我纠结多年之后,我没有选择背叛梦想、背叛个性。

在这个传统的循规蹈矩的社会,我的所作所为更像是个另类:放弃富足的生活和成功的事业,投身于自己热爱的充满风险和挑战的高危竞技活动,而这一切,除了帆船的魅力,就是因为忠实于自我的勇气。

我在法国训练的这几年,生活非常简单。每天吃的东西都是千篇一律,我的团队到法国来看我的训练,非常吃惊。而我却感觉不到是在吃苦。因为我非常享受这个过程,这种做自己喜欢的事情,全情投入的感觉。

保住真实的自我,人生本该立体而多彩。

有人说中国人保守,什么年龄便做什么事情。我已过不惑之年,似乎应该循规蹈矩。但是在我看来,人生不应是一条由窄变宽、由急变缓的河流,更应该像一条在崇山峻岭间奔腾的小溪,时而近乎枯竭,时而一泻千里,总之你不会知道在下一个弯口会出现怎样的景致和故事,人生本该立体而多彩。

我也想对所有心怀梦想的人说:我今年五十岁,十年前开始改变自己的人生,只要想改变,什么时候都不算晚。只要内心保留住真实的自我,保留住那份对生活的执着。

希望我激励更多国人:不要轻易被安逸生活所困。

茫茫大海,漫无边际,在长达数月的航行中,我需要忍受着孤独、抑郁、恐惧和煎熬,我的冒险行为,在常人看来无异于"疯子"。而我和别人的不同就是多了一些执着。所谓执着,就是不怕吃苦,不怕前面是未知还要把它当作追求的目标。我认为我是一个幸福的人,因为执着,我成就了我的梦想。

好奇与冒险本来就是人类与生俱来的品性,是人类进步的优良基因,我不过遵从了这种本性的召唤,回归真实的自我。

希望不久的将来,中国人在精神上的进步会像物质上的增长速度一样快,也希望我的所作所为能激励更多的中国人,走向海洋、勇于冒险,不要轻易被安逸的生活所困,让我们共同努力,重塑中国人的民族精神!

郭川说·致真正的弄潮儿

为什么喜欢航海?

因为海就在那里。

我们应当慎用"征服自然"这样的说法,大自然的力量无边无际,我们人类应该利用自己的智慧去探索了解大自然,探寻大自然允许我们更好生存的方式。千万不能无知者无畏,那样必然会遭到大自然的惩罚。这是我多年极限航海的一个深刻的心得体会。

我想的不是在海上一百多天当个"烈士"或者什么"先驱",我只想十年二十年后能手牵手与妻儿在岸上散步,分享和回忆当年的经历。

Keep calm and carry on. (保持冷静继续前行)

环球航行期间,郭川常用来鼓励自己的话,也送给扬帆的你。

专题1 伟大光荣的中国梦

2012年11月29日,习近平总书记在参观《复兴之路》展览时首次提出"中国梦"。新华社《学习进行时》从习近平的多次重要讲话中摘引出10段话……

1. 民族复兴的梦

每个人都有理想和追求,都有自己的梦想。现在,大家都在讨论中国梦,我以为,实现中华民族伟大复兴,就是中华民族近代以来最伟大的梦想。

——2012年11月29日,习近平在参观《复兴之路》展览时的讲话

2. 代代相传的梦

这个梦想,凝聚了几代中国人的夙愿,体现了中华民族和中国人民的整体利益,是每一个中华儿女的共同期盼。

——2012年11月29日,习近平在参观《复兴之路》展览时的讲话

3. 追求幸福的梦

中国梦是追求幸福的梦。中国梦是中华民族的梦,也是每个中国人的梦。我们的方向就是让每个人获得发展自我和奉献社会的机会,共同享有人生出彩的机会,共同享有梦想成真的机会,保证人民平等参与、平等发展权利,维护社会公平正义,使发展成果更多更公平惠及全体人民,朝着共同富裕方向稳步前进。

——2014年3月27日,习近平在中法建交50周年纪念大会上的讲话

4. 青年一代的梦

中国梦是历史的、现实的,也是未来的;是我们这一代的,更是青年一代的。中华民族伟大复兴的中国梦终将在一代代青年的接力奋斗中变为现实。

——2017年10月18日,习近平在中国共产党第十九次全国代表大会上的报告

5. 植根民心的梦

中国梦不是镜中花、水中月,不是空洞的口号,其最深沉的根基在中国人民心中。

——2015年9月22日,习近平接受《华尔街日报》采访

6. 国泰民安的梦

国泰民安是人民群众最基本、最普遍的愿望。实现中华民族伟大复兴的中国梦,保证人民安居乐业,国家安全是头等大事。

——2016年4月14日,习近平在首个全民国家安全教育日之际做出重要指示

7. 同心同德的梦

团结统一的中华民族是海内外中华儿女共同的根,博大精深的中华文化是海内外中华儿女共同的魂,实现中华民族伟大复兴是海内外中华儿女共同的梦。共同的根让我们情深意长,共同的魂让我们心心相印,共同的梦让我们同心同德,我们一定能够共同书写中华民族发展的时代新篇章。

——2014 年 6 月 6 日,习近平会见第七届世界华侨华人社团联谊大会代表时的讲话

8. 世界发展的梦

中国梦是中国人民追求幸福的梦,也同各国人民的美好梦想息息相通。中国发展必将寓于世界发展潮流之中,也将为世界各国共同发展注入更多活力、带来更多机遇。

——2015 年 10 月 22 日,习近平在伦敦金融城的演讲

9. 追求和平的梦

中国梦是追求和平的梦。中国梦需要和平,只有和平才能实现梦想。天下太平、共享大同是中华民族绵延数千年的理想。

——2014 年 3 月 27 日,习近平在中法建交 50 周年纪念大会上的讲话

10. 必将实现的梦

我坚信,到中国共产党成立 100 年时全面建成小康社会的目标一定能实现,到新中国成立 100 年时建成富强、民主、文明、和谐的社会主义现代化国家的目标一定能实现,中华民族伟大复兴的梦想一定能实现。

——2012 年 11 月 29 日,习近平在参观《复兴之路》展览时的讲话

中国梦是国家情怀、民族情怀、人民情怀相统一的梦。"家是最小国,国是千万家。"国泰而民安,民富而国强。

中国梦的最大特点,就是把国家、民族和个人作为一个命运共同体,把国家利益、民族利益和每个人的具体利益紧紧联系在一起,体现了中华民族的"家国天下"情怀。

实现中国梦,意味着中国经济实力和综合国力、国际地位和国际影响力大大提升,意味着中华民族以更加昂扬向上、文明开放的姿态屹立于世界民族之林,意味着中国人民过上更加幸福安康的生活。

中国梦归根到底是人民的梦。人民是中国梦的主体,是中国梦的创造者和享有者。

我们的人民是伟大的人民,中国人民素来有着深沉厚重的精神追求,即使近代以来饱尝屈辱和磨难,也没有自弃沉沦,而是始终怀揣梦想,向往光明的未来。

实现中华民族伟大复兴,不是哪一个人、哪一部分人的梦想,而是全体中国人民共同的追求;中国梦的实现,不是成就哪一个人、哪一部分人,而是造福全体人民。

因此,中国梦的深厚源泉在于人民,中国梦的根本归宿也在于人民。

中国梦是国家的梦、民族的梦,也是每一个中国人的梦。"得其大者可以兼其小。""宏大叙事"的国家梦,也是"具体而微"的个人梦。

历史告诉我们,每个人的前途命运都与国家和民族的前途命运紧密相连。国家好,民

族好，大家才会好。

如今，中国桥、中国车、中国路、移动支付、共享经济的发展，正汇聚成每一个中国人都看得见、摸得着的中国梦。

这个梦想是真实的客观存在，也是我们深度参与的切身感受，正是这样的"现场感"更加坚定了我们在追梦路上的步伐与信心。

历史的车轮滚滚向前，圆梦的接力棒已经传到我们手中。

时代在变，时代的使命也在变。

2020年我们全面建成小康社会，2035年我们要基本实现社会主义现代化，2050年我们要建成富强、民主、文明、和谐美丽的社会主义现代化强国。

新时代的年轻人，就是中国梦新的接力选手。尽管与一百多年前的年轻人相比，我们有着不同的圆梦方式、奋斗轨迹，但我们对中国梦的信仰、我们内心与祖国同行的热情、我们对于中国梦实现的信心却从来不会改变。

船政文化是船政历史人物创造的物化成就和政治精神文明成果，它包括物质、政治、精神三方面，概括起来，船政文化的内涵可以归纳为：爱国自强（船政创办的目的）、科技人本（船政学习西方先进技术，重在人才培养）、开拓创新（教育理念、模式以及中西文化交流、引进等）、海权意识（兵船建设、新式水师等）。它是一百多年前中华民族处在危亡之际的一代中华儿女为追求国家富强、民族振兴所做出的努力，它的文化内涵与以习近平同志为核心的党中央提出的中华民族伟大复兴的中国梦的思想内涵是相符的。

历史的传承，奋斗的接力，我们终会看到——

中华民族伟大复兴的中国梦必将实现！

专题2　和谐发展的海洋观

1.世界海洋日

（1）设立背景

联合国呼吁世界各国进一步认识海洋对调节全球气候的能力,采取切实措施保护海洋环境,维护健康的海洋生态系统,确保国际航运的安全。人类活动正在使世界海洋付出可怕的代价。过度开发,非法的、未经授权和无管制的捕捞活动、破坏性的捕捞方法、外来入侵物种以及海洋污染,特别是来自陆地的污染等,正在使珊瑚等一些脆弱的海洋生态系统和重要的渔场遭到破坏。海洋温度升高和海平面上升及气候变化造成的海洋酸化,进一步对海洋生命、沿海和海岛社区及国家的经济造成威胁。

联合国环境开发署和海洋保护协会共同发布了一份有关海洋环境现状的报告。报告指出,尽管国际社会和一些国家在制止海洋污染方面付出了不少努力,但这一问题依然非常严重。人类向海洋排放的污染物正在继续威胁着人们自身的安全与健康,威胁到野生动物的繁衍生息,对海洋设施造成破坏,并且也令全球各地的沿海地区自然风貌受到侵蚀。其中,一次性薄膜塑料袋造成的影响尤其严重,塑料袋的使用应当在世界范围内被禁止或逐渐淘汰。为此,联合国环境开发署署长阿希姆·施泰纳专门向全球各国发出禁止使用一次性薄膜塑料袋的呼吁。报告指出,塑料制品,特别是塑料袋和聚酯瓶是最为常见的海洋垃圾,这些塑料垃圾慢慢地变成越来越小的碎片,被海洋生物所吞食,其有毒成分在有机生物体内不断积累,不仅威胁到这些生物本身,也有可能随之进入食物链,造成更广泛的危害。

2008年12月5日,第63届联合国大会通过第111号决议,决定自2009年起,每年的6月8日为"世界海洋日"。早在1992年,加拿大就已经在当年的里约热内卢联合国环境与发展会议上发出这一提议,每一年都有一些国家在这一天举办与保护海洋环境有关的非官方纪念活动(世界上很多海洋国家和地区都有自己的海洋日,如欧盟的海洋日为5月20日,日本则将7月份的第三个星期一确定为"海之日")。但直至2009年,联合国才正式确立了官方纪念日。

（2）世界海洋日的主题

2009年6月8日——我们的海洋,我们的责任

2010年6月8日——我们的海洋,机遇与挑战

2011年6月8日——我们的海洋,绿化我们的未来

2012年6月8日——海洋与可持续发展

2013年6月8日——团结一致,我们就有能力保护海洋

2014年6月8日——众志成城,保护海洋

2015 年 6 月 8 日——健康的海洋,健康的地球

2016 年 6 月 8 日——关注海洋健康,守护蔚蓝星球

2017 年 6 月 8 日——我们的海洋,我们的未来

2018 年 6 月 8 日——奋进新时代,扬帆新海洋

2019 年 6 月 8 日——性别与海洋

2020 年 6 月 8 日——为可持续海洋创新

2021 年 6 月 8 日——保护海洋生物多样性,人与自然和谐共生

2. 中国海洋观

请看 2021 年 10 月 2 日中国海洋发展研究中心节选自张峰教授的文章《中国共产党海洋观的百年发展历程与主要经验》。

近代以来,危机从海上来,有海而无防,海洋成了西方列强长驱直入侵略中国的途径,百年前海上实力的弱小是导致中华民族陷入危机的重要原因。中国共产党成立之初,就开始注意到海洋的重要意义。为了研究资本主义的需要,马克思、恩格斯高度关注海洋在地理大发现、资本主义原始积累、世界市场形成过程中的作用,形成了丰富的海洋观。中国共产党以马克思主义海洋观为基础,在百年的革命建设改革实践中,结合国际与国内背景和经济社会形势,逐渐形成了内容丰富、内涵深刻、体系完备的马克思主义海洋观中国化。

(1)中国共产党成立之初——海洋观的萌芽

中国沦为半殖民地、半封建社会后,被迫割地赔款,海权旁落,航权丧失。马克思曾指出:"满族王朝的声威一遇到英国的枪炮就扫地以尽,天朝帝国万世长存的迷信破了产。"1917 年十月革命后,马克思主义、列宁主义传播到了中国。苦苦寻找民族独立与人民解放道路的中国人接受了马克思主义,并在 1921 年成立了中国共产党。中国共产党成立后,就深刻认识到了海洋在国家安全方面的重要性。在中华人民共和国成立前,中国共产党的海洋观开始出现萌芽。

①海权是维护国家主权的重要保障

随着新航线的开辟,世界各国越来越紧密地联系在了一起,而随着西方国家进入工业革命时代,军舰、大炮等技术也随之迅速发展。他们凭借先进的武器,以海洋为交通渠道,对许多国家进行了赤裸裸的侵略。1939 年,毛泽东在《中国革命和中国共产党》一文中,分析指出造成近代中国命运的外因,在于帝国主义的侵略,他们在中国强行租借甚至占领中国土地,"用战争打败了中国之后,帝国主义列强不但占领了中国周围的许多原由中国保护的国家,而且抢去了或'租借'去了中国的一部分领土。例如日本占领了我国台湾和澎湖列岛,'租借'了旅顺,英国占领了香港,法国'租借'了广州湾"。

②维护航权是海权的重要内容

随着《南京条约》的签订,由原来广州的一口通商,变为广州、厦门、福州、宁波、上海的五口通商。上海由于重要的地理位置,又有着富饶的经济腹地,很快取代广州,成为对外贸易的最重要的港口。随着上海对外贸易的增加,越来越多的西方国家的轮船来到了中国,但是航行在上海港口的轮船多是外国人做船长。

③海关是国家主权的重要内容

海关是一国的门户,对进口商品征收一定的关税是一个国家主权的重要内容。但是由

于晚清和民国政府的软弱,中国的海关权长期被英国把持,陈独秀曾指出,这是一桩稀奇可怕的事。"至于说起税关的税务司来,税关是中国国家所设的,税务司是中国政府所派的,中国政府无论派什么人,都不与别国相干。偏偏中国全国江海关的总税务司,被英国人把持了几十年……这不是一桩稀奇可怕的事吗!"

④要大力建设海军

陈独秀提出要有强大的海权,必须建设强大的海军,建设强大的海军还必须要有良好的港口作支撑;而良好的港口,还需要有经济腹地提供后勤的保障。"想大兴海军,必定要本国沿岸有顶好的海口,才好做海军的根据地。"1944年11月,海军练兵营的卫队长郑道济等率部起义,参加八路军。在毛泽东的指示下,叶剑英在总参第一局设立了海防研究组。毛泽东在《目前形势和党在一九四九年的任务》中提出要建设空军和海军:"一九四九年及一九五〇年,我们应当争取组成一支能够使用的空军及一支保卫沿海、沿江的海军。"1949年4月23日,华东军区海军在江苏泰州白马庙成立,标志着中国人民解放军海军正式成立。1949年9月29日颁布的《共同纲领》提出:"中华人民共和国应加强现代的陆军,并建设空军和海军,以巩固国防。"

(2)中华人民共和国成立初——中国共产党海洋观的初步形成

1949年10月,中华人民共和国的成立标志着近代中国屈辱历史的结束。1950年6月25日,朝鲜战争爆发。6月27日,美国派第七舰队封锁台湾海峡。中华人民共和国成立后,经济相对落后,又面临着西方国家的威胁,中国在共产党的领导下,克服重重困难,自力更生地建立起了独立自主的海防体系。

①收回国家海洋主权

日本投降后,1945年8月22日,苏军接管了旅顺、大连等地区。毛泽东非常重视主权问题,1949年12月访苏,其后签订了《中苏关于中国长春铁路、旅顺口及大连的协定》,约定了交还旅顺、大连的具体时间和办法。1949年10月25日,中央人民政府设立了海关总署,彻底收回了海关关税权。1958年4月,发生了"长波电台事件",苏联要求中苏共建一个长波电台,供两国使用,但是毛泽东提出,应该由中国自己建造,供两国使用。1958年6月,苏联又提出了两国建立联合舰队,但毛泽东认为这也侵犯了中国主权的完整性,予以了否定。

②要建立一支强大的海军

1950年元旦,毛泽东为《人民海军报》创刊号题词:"我们一定建设一支海军,这支海军能保卫我们的海防,有效地防御帝国主义的可能的侵略。"

虽然在中华人民共和国成立前就建立了海军,但仍然不是一个独立的机构,面对来自海上的威胁,毛泽东提出要成立独立的司令部,建设强大的海军。"海军应该是一个战略决策机构,是一个独立的军种,应该单独成立司令部。"

1950年5月,解放万山群岛。1953年,毛泽东明确提出:"为了肃清海匪的骚扰,保障海道运输的安全……为了准备力量,反对帝国主义从海上来的侵略,我们必须在一个较长的时间内,根据工业发展的情况和财政的情况,有计划地逐步地建设一支强大的海军。"

1954年初,解放了江山岛。面对西方国家的核威慑,虽然毛泽东采取了乐观主义的态度,认为帝国主义及一切反动派是纸老虎,原子弹也是纸老虎。但是毛泽东仍然采取了战术上高度重视的态度,他指出:"核潜艇,一万年也要搞出来。"在强大的意志力的鼓舞下,1971年9月,我国第一艘自主建造的核潜艇安全成功地下水。

③打破经济封锁,建设海上铁路和海上长城

第二次世界大战以后,形成了资本主义阵营和社会主义阵营间的对立,世界进入冷战时代。中华人民共和国成立后,采取了一边倒,即倒向社会主义阵营的外交方针。西方国家对新中国采取了封锁、制裁的政策。1951 年 5 月,美国操纵联合国通过了对新中国实行禁运的决议案,共有 43 个国家参加了对中国的禁运制裁。为了打破西方国家对中国的经济封锁,1951 年 6 月 15 日,中波轮船股份公司成立。1958 年,毛泽东在军委扩大会议上强调,要大力发展造船工业,发展远洋航运产业,建设海上铁路"必须大搞造船工业,大量造船,建立海上'铁路',以便在今后若干年内,建设一支强大的海上战斗力量"。

④划定领海宽度

中华人民共和国成立之初,外国的轮船仍然在中国的沿海任意航行,邻国的渔船也进入中国的传统渔场捕捞,损害了中国的海洋利益甚至海洋主权。1958 年 9 月,中共在北戴河召开会议,毛泽东、周恩来等邀请国际法专家刘泽荣等人专题研究领海问题。在充分听取意见的基础上,毛泽东决定我国领海宽度为 12 海里,并发布了《中华人民共和国政府关于领海的声明》,初步建立了中国的领海制度:中华人民共和国的领海宽度为 12 海里,这项规定适用于中华人民共和国的一切领土,包括中国大陆及其沿海岛屿,和同大陆及其沿海岛屿隔有公海的台湾及其周围各岛。

这是一个十分具有远见的决定,1982 年公布的《联合国海洋法公约》规定:"各国有权确定不超过 12 海里的领海。"

(3)改革开放后——中国共产党海洋观逐渐走向成熟

党的十一届三中全会拉开了改革开放的序幕,邓小平基于当时的国际背景做出一个重大的判断,即和平与发展成为时代的主题,要坚持以经济建设为中心。随着改革开放的不断深入,中国逐渐融入世界市场体系,对外贸易主要是通过海运进行的,海洋在经济和社会中的作用越来越大。从国际上看,由于苏联解体、东欧剧变,世界走向多极化,同时《联合国海洋法公约》于 1994 年 11 月生效。在 2010 年,中国经济总量超过日本,居世界第二位,中国制造业产值超过美国,居世界第一位。2011 年,美国宣布重返亚太,推进亚太再平衡战略。

①实行近海防御,建设强大海军

和平与发展成为时代的主题,虽然有局部战争,但世界范围内没有爆发全局性的战争,更没有爆发世界大战。

1979 年 4 月,邓小平提出,我们是防御性的近海作战,中国永远不会称霸。"我们的海军,应当是近海作战,是防御性的,不到远洋活动,我们不称霸,从政治上考虑也不能搞。海军建设,一切要服从这个方针……近海就是边沿,近海就是太平洋北部,再南也不去,不到印度洋,不到地中海,不到大西洋。"

江泽民对积极防御进行了分析,他指出实行积极防御的理论基础是由中国特色社会主义制度的性质决定的,中国是一个社会主义的国家,这决定了不能靠侵略、掠夺其他国家的方式来为自己谋利益。中国实行积极防御的军事战略方针,从根本上讲,是由中国的社会主义制度、社会主义国家的性质决定的。中国对外不搞侵略,也不去控制别的国家。1990年 2 月 5 日,江泽民为人民海军题词,指出要建设祖国的海上长城。1992 年召开的党的十四大提出:"军队要努力适应现代战争的需要,注重质量建设,全面增强战斗力,更好地担负起保卫国家领土、领空、领海主权和海洋权益,维护祖国统一和安全的神圣使命。"

胡锦涛提出,中国加强海军建设,是为了增强自我防御能力,中国永远不称霸,不会武力威胁他国。"不论现在还是将来,不论发展到什么程度,中国都永远不称霸,不搞军事扩张和军备竞赛,不会对任何国家构成军事威胁。包括中国人民解放军海军在内的中国军队,永远是维护世界和平、促进共同发展的重要力量。"随着互联网的发展,信息技术被运用到战争之中,要不断提高装备水平,增强信息化作战的能力。以提高打赢信息化条件下海上局部战争能力为核心,不断增强应对多种安全威胁,完成多样化军事任务的能力。

2008 年 12 月 26 日,中国海军编队三艘军舰赴亚丁湾护航。2010 年国防白皮书提出:"海军按照近海防御的战略要求,注重提高综合作战力量现代化水平,增强战略威慑与反击能力,发展远海合作与应对非传统安全威胁能力。"同时,中国加强海军装备水平建设,购买改装了第一艘航母。2012 年 9 月 25 日,辽宁舰正式编入海军。

②搁置争议,共同开发

岛屿是一国海上权益的重要组成部分,但是中国和周边国家仍然有许多岛屿存在着归属权的争端。面对争议岛屿、领土问题,邓小平一方面强调要维护主权;另一方面,又指出后代子孙比我们要聪明得多,他们终归会找到解决问题的办法,现在可以暂时把争议搁置起来,大家一起来开发利用海洋。

1982 年 9 月,邓小平在会见撒切尔夫人时指出:"关于主权问题,中国在这个问题上没有回旋余地。……主权问题不是一个可以讨论的问题。"但是在主权不让步的前提下,通过共同开发,大家一起获得收益。他指出:"共同开发无非是那些岛屿附近的海底石油之类,可以合资经营,共同得利嘛。"

2012 年 3 月 3 日、9 月 10 日、9 月 15 日、9 月 21 日,中国先后公布钓鱼岛及其部分附属岛屿标准名称、地理坐标、位置示意图和钓鱼岛海域部分地理实体标准名称。2012 年 6 月,设立三沙市,加强对南海岛屿的管理。

③建立经济特区,开放沿海城市

由于长期的计划经济体制和经济的相对封闭,在一定程度上限制了经济的活力,也使中国经济与世界拉开了距离。邓小平提出了要敢想敢试,杀出一条血路来,创办经济特区,学习西方的技术和管理。1979 年 7 月,中央决定在深圳、珠海、汕头和厦门试办出口特区,1980 年 5 月,改为经济特区。1984 年 4 月,决定进一步开放天津、上海、广州、大连、宁波等 14 个沿海城市。1987 年 6 月,海南省成立,也为中国最大的经济特区。1990 年,开发开放浦东,最终形成了全方位、多层次、宽领域的全方位的对外开放格局。

④依法治海,完善海洋法律法规体系

1996 年 5 月,全国人大常委会批准了《联合国海洋法公约》。为了适应《联合国海洋法公约》的要求,不断完善海洋法律体系,中国相继出台了一系列法律法规。1992 年 2 月 25 日,通过《中华人民共和国领海及毗连区法》;1998 年 6 月 26 日,通过《中华人民共和国专属经济区和大陆架法》;2001 年 10 月 27 日,通过《中华人民共和国海域使用管理法》;2009 年通过了《中华人民共和国海岛保护法》。党的十八大以后,《中华人民共和国深海海底区域资源勘探开发法》于 2016 年出台;2005 年 3 月 14 日,十届全国人大三次会议通过了《反分裂国家法》。

⑤加强海洋规划，开发利用海洋

随着中国经济的发展，中国成为重要的出口国，海洋在保障海上交通运输、提供资源和能源方面发挥的作用越来越大，对经济增长的贡献越来越大，海洋经济成为中国经济的重要方面。我们一定要从战略的高度认识海洋，增强全民族的海洋观念。

1991年1月8日，首届全国海洋工作会议召开，会议通过了《九十年代我国海洋政策和工作纲要》。1996年4月，中国发布了《中国海洋21世纪议程》，"有效维护国家海洋权益，合理开发利用海洋资源，切实保护海洋生态环境，实现海洋资源、环境的可持续利用和海洋事业的协调发展"。

2002年11月，党的十六大提出"实施海洋开发"的战略。2003年5月，国务院印发《全国海洋经济发展规划纲要》，这是我国制定的第一个指导全国海洋经济发展的宏伟蓝图和纲领性文件。2008年，国务院印发《国家海洋事业发展规划纲要》，这是我国首次发布海洋领域总体规划。2012年，《全国海岛保护规划》正式公布实施。随着海洋科技的发展，除了传统的航运和渔业、盐业资源外，海洋中越来越多的资源和能源得到开发和利用。2003年5月，国务院印发《全国海洋经济发展规划纲要》提出，开发海洋是推动我国经济社会发展的一项战略任务，要加强海洋调查评价和规划，全面推进海域使用管理，加强海洋环境保护、促进海洋开发和经济发展。

⑥构建和谐海洋，促进世界和平

胡锦涛将和谐社会、和谐世界的理念运用到海洋领域，提出了世界各国要共同努力，加强海上安全合作，共同构建和谐海洋。他在海军成立60周年之际提出，要推动建设和谐海洋，是建设持久和平、共同繁荣的和谐世界的组成部分，是世界各国人民的美好愿望和共同追求……今后，中国人民解放军海军将本着更加开放、务实合作的精神，积极参加海上安全合作，为实现和谐海洋这一崇高目标而不懈努力。

（4）党的十八大以来——中国共产党海洋观的进一步完善和发展

党的十八大以来，中国特色社会主义进入新时代。从国内看，随着经济实力的增强，海洋是重要的战略空间。随着海洋科技的发展，海洋中蕴藏的大量的资源和能源越来越有可能得到有效的开发和利用，海洋在经济和社会发展中起着越来越重要的作用。习近平提出了"一带一路"倡议，构建人类命运共同体，并进一步提出了构建海洋命运共同体。

①维护海洋权益，建设海洋强国

习近平在参与起草党的十八大报告时提出，提高海洋资源开发能力，发展海洋经济，保护海洋生态环境，坚决维护国家海洋权益，建设海洋强国。2013年7月30日，习近平在十八届中央政治局第八次集体学习时强调，要进一步关心海洋、认识海洋、经略海洋，推动我国海洋强国建设不断取得新成就，并提出海洋强国是中国特色社会主义的重要组成部分，建设海洋强国是中国特色社会主义事业的重要组成部分。党的十九大进一步提出："坚持陆海统筹，加快建设海洋强国。"

②建设世界一流海军，保障海上利益

随着外向型经济的发展，中国逐渐融入世界经济体系，经济实力日益增强，中国成为最大的进出口国，需要建设强大的海军保护海上的利益，建设强大的海军保护国家的主权和领土完整。2018年4月12日，习近平在出席南海海域海上阅兵时强调，在新时代的征程上，在实现中华民族伟大复兴的奋斗中，建设强大的人民海军的任务从来没有像今天这样紧迫。

③坚决维护主权,保障核心利益

对于一个经历过半殖民地的屈辱历史的国家来说,中国倍加珍视主权问题。对于钓鱼岛、黄岩岛等岛屿主权,中国采取了绝不让步、坚决维护主权的态度。

国防部 2013 年 11 月 23 日发布了《中华人民共和国政府关于划设东海防空识别区的声明》,维护东海的防空权。做好应对各种复杂局面的准备,提高海洋维权能力,坚决维护我国海洋权益。要坚持"主权属我、搁置争议、共同开发"的方针,推进互利友好合作,寻求和扩大共同利益的汇合点。

④提出"一带一路"倡议,推动 21 世纪海上丝绸之路建设

随着中国逐渐融入全球化,中国在世界经济政治中发挥着越来越重要的作用。2013 年 9 月 7 日、10 月 3 日,习近平分别在哈萨克斯坦纳扎尔巴耶夫大学、印度尼西亚国会发表演讲,先后提出共同建设"丝绸之路经济带"与"21 世纪海上丝绸之路",即"一带一路"倡议。其中 21 世纪海上丝绸之路即是海洋强国建设的重要组成部分,也是构建人类命运共同体的重要渠道。

⑤保护海洋环境,加强海洋生态建设

党的十八大提出了建设美丽中国,美丽海洋是美丽中国的重要组成部分。习近平指出,要保护海洋生态环境,着力推动海洋开发方式向循环利用型转变。要下决心采取措施,全力遏制海洋生态环境不断恶化趋势,让我国海洋生态环境有一个明显改观,让人民群众吃上绿色、安全、放心的海产品,享受到碧海蓝天、洁净沙滩。

2015 年 7 月《国家海洋局海洋生态文明建设实施方案(2015—2020 年)》印发,随后《关于全面建立实施海洋生态红线制度的意见》出台。2015 年 8 月,国务院印发《全国海洋主体功能区规划》。

⑥推动构建海洋命运共同体

在人类命运共同体思想的基础上,国家进一步提出了构建海洋命运共同体。

第一,要合理开发、利用和保护海洋。

要合理开发、保护、利用海洋,要保护海洋生物,防止生物多样性被破坏。以海洋为载体和纽带的市场、技术、信息、文化等合作日益紧密,中国提出共建 21 世纪海上丝绸之路倡议,就是希望促进海上互联互通和各领域务实合作,推动蓝色经济发展,推动海洋文化交融,共同增进海洋福祉。

第二,要维护海上公共安全。

近年来,国际范围内没有大的海战的爆发,但是恐怖主义、海盗等海上威胁仍然存在。这就需要各国相互协作、承担共同而有区别的责任,共同维护海上的安全。中国海军将一如既往同各国海军加强交流合作,积极履行国际责任义务,保障国际航道安全,努力提供更多海上公共安全产品。

第三,要保护海洋生态环境。

海洋是人类重要的家园和未来重要的生存空间,但是随着污染的排放和垃圾的不正确处理,海洋生态问题越来越突出。我们要像对待生命一样关爱海洋。中国全面参与联合国框架内海洋治理机制和相关规则制定与实施,落实海洋可持续发展目标。中国高度重视海洋生态文明建设,持续加强海洋环境污染防治,保护海洋生物多样性,实现海洋资源有序开

发利用,为子孙后代留下一片碧海蓝天。

第四,要建立海洋文明交流机制。

不同国家有强有弱,有大有小,人口有多有少,但是任何国家都是平等的主权主体,在构建海洋命运共同体的过程中要坚持平等协调的原则,建立海洋文明文化的对话交流机制。通过对话交流,不断相互借鉴。两千多年前,中国人就开通了丝绸之路,推动东西方平等开展文明交流,留下了互利合作的足迹,沿路各国人民均受益匪浅。

六百多年前,中国的郑和率领当时世界上最强大的船队七次远航太平洋和西印度洋,到访了三十多个国家和地区,没有占领一寸土地,播撒了和平友谊的种子,留下的是同沿途人民友好交往和文明传播的佳话。

第五,要构建海洋分歧解决机制。

由于海洋是人类共同的通道和公共的领域,不同国家站在自身利益的角度,从自身利益出发,往往会产生分歧甚至矛盾,如果不妥善解决,可能会产生冲突。中华民族的血液中没有侵略他人、称霸世界的基因,中国人民不接受"国强必霸"的逻辑,愿意同世界各国人民和睦相处、和谐发展,共谋和平、共护和平、共享和平。

专题3　坚强闪光的航海梦

1. 世界海事日(国际航海日)

(1)设立背景

1948 年 2 月 9 日,联合国在日内瓦召开海事大会,该会议于 3 月 6 日通过了关于成立政府间海事协商组织的公约,即《政府间海事协商组织公约》,公约于 1958 年 3 月 17 日生效。1959 年 1 月 6 日,政府间海事协商组织在第一届大会期间正式成立(1982 年 5 月更名为国际海事组织)。

"世界海事日"是由国际海事组织确定的,最早出现在 1978 年,由于当年 3 月 17 日正值《政府间海事协商组织公约》生效二十周年,1977 年 11 月的国际海事组织第十届大会通过决议,决定今后每年 3 月 17 日为"世界海事日",因此 1978 年 3 月 17 日成为第一个"世界海事日"。每年"世界海事日",国际海事组织秘书长均准备一份特别报告,提出需要特别注意的主题。

1979 年 11 月,国际海事组织第十一届大会对此决议做出修改,决定具体日期由各国政府自行确立。各国政府自选一日举行庆祝活动,以引起人们对船只安全、海洋环境和国际海事组织的重视。

因政府间海事协商组织从 1982 年 5 月 22 日起更名为"国际海事组织"(International Maritime Organization,缩写 IMO),公约亦更名为《国际海事组织公约》。

中国:自 2005 年起,每年 7 月 11 日为"航海日",同时也作为"世界海事日"在中国的实施日期,以纪念中国伟大航海家郑和下西洋六百周年。

美国:美国的航海节是每年的 5 月 22 日,以纪念 1819 年 5 月 22 日美国蒸汽机船从佐治亚州的萨瓦纳港起航。

英国:英国各地庆祝航海节的日期和名称各不相同,其中,英国大雅茅斯航海节于每年 9 月 6 日至 7 日在大雅茅斯港举行,以纪念当年盛极一时的英国航海事业。

(2)世界海事日的主题

1978 年 3 月 17 日——海员的安全公约、福利与培训

1979 年 3 月 17 日——更安全公约的航行和更清洁的海洋

1980 年 3 月 17 日——为更安全公约的航行和更清洁的海洋进行海事培训

1981 年 3 月 17 日——全球有效履行国际海事组织的技术标准促进更安全公约的航行和更清洁的海洋

1982 年 3 月 17 日——全球合作防止和控制船舶造成海洋污染

1983 年 3 月 17 日——海上无线电通信服务于安全公约、效率和船员福利

1984 年 3 月 17 日——全球合作培训海事人员

1985 年 3 月 17 日——海上搜寻与救助

1986 年 3 月 17 日——全球合作促进海上安全公约保护海洋环境

1987 年 3 月 17 日——为更安全公约的航行和更清洁的海洋进行海事立法

1988 年 3 月 17 日——为海上安全公约和防止污染进行船舶管理

1989 年 3 月 17 日——国际海事组织的第一个三十年

1990 年 3 月 17 日——清洁的海洋:国际海事组织在 20 世纪 90 年代的作用

1991 年 3 月 17 日——船上旅客和船员的安全公约

1992 年 3 月 17 日——环境和发展:国际海事组织的作用

1993 年 3 月 17 日——履行国际海事组织的标准:成功的关键

1994 年 3 月 17 日——更好的标准、培训和发证:国际海事组织对人为失误的反映

1995 年 3 月 17 日——联合国成立五十周年:国际海事组织的成就与战略

1996 年 3 月 17 日——国际海事组织:通过合作寻求最佳业绩

1997 年 3 月 17 日——最佳的海上安全公约在人

1998 年 3 月 17 日——国际海事组织成立五十周年:航运与海洋

1999 年 3 月 17 日——国际海事组织与新千年

2000 年 3 月 17 日——国际海事组织:缔造海上伙伴关系

2001 年 3 月 17 日——国际海事组织:全球化和海员地位

2002 年 3 月 17 日——国际海事组织:更安全公约的航运需要安全公约文化

2003 年 3 月 17 日——国际海事组织:为海上安全公约和清洁尽职人员

2004 年 3 月 17 日——国际海事组织:聚焦海上安全公约

2005 年 3 月 17 日——国际航运:世界贸易承运人

2006 年 3 月 17 日——技术合作:国际海事组织对 2005 年世界峰会的反应

2007 年 3 月 17 日——技术合作:国际海事组织对目前环境挑战的反应

2008 年 3 月 17 日——国际海事组织六十年

2009 年 3 月 17 日——你的星球需要你,联合起来应对气候变化

2010 年 3 月 17 日——2010 年,世界海员年

2011 年 3 月 17 日——海盗:协调行动,共同应对

2012 年 3 月 17 日——国际海事组织:泰坦尼克号事件后一百年

2013 年 3 月 17 日——可持续发展:IMO 贡献跨越"里约 + 20"峰会

2014 年 3 月 17 日——有效施行 IMO 公约

2015 年 3 月 17 日——海事教育和培训

2016 年 3 月 17 日——航运业:世界之所依

2017 年 3 月 17 日——船·港·人——互联互通

2018 年 3 月 17 日——IMO 70 年:我们的遗产——航运更好未来更好

2019 年 3 月 17 日——赋予海事界女性权利

2020 年 3 月 17 日——推动可持续航运,塑造可持续地球

2021 年 3 月 17 日——海员:未来航运的核心

2. 中国航海日

（1）设立背景

2005年7月11日，是中国伟大航海家郑和下西洋六百周年纪念日。2005年4月25日，经国务院批准，将每年的7月11日确立为"中国航海日"，作为国家的重要节日固定下来，同时也作为"世界海事日"在中国的实施日期。

"航海日"是由政府主导、全民参加的全国性法定活动日，既是所有涉及航海、海洋、造船、渔业等有关行业及其从业人员和海军官兵的共同节日，也是宣传普及航海和海洋知识，弘扬和培育中华民族精神，促进社会和谐团结的全民族文化活动。2015年适逢郑和下西洋六百周年，7月11日是郑和下西洋首航的日期，选定郑和下西洋纪念日作为中国"航海日"，有着特殊的历史意义。中国是世界航海文明的发祥地之一，郑和下西洋，比哥伦布发现美洲新大陆早87年，比达·伽马绕过好望角早98年，比麦哲伦到达菲律宾早116年。郑和是世界航海先驱，郑和航海所蕴含的民族精神已超越国界，成为世界文化遗产。

我国设立"航海日"并确定"世界海事日"在我国的具体实施日期，有利于更好地履行国际海事组织成员国义务，充分体现了国家对航海事业的高度重视，有利于弘扬我国睦邻友好的悠久历史传统，树立和平外交的国际形象，有利于增强海内外华人的情感凝聚力。同时，能够激励我们为中国从海洋大国、航运大国转变为海洋强国、航运强国而努力奋斗。

（2）中国航海日的主题

2005年7月11日——热爱祖国、睦邻友好、科学航海

2006年7月11日——爱我蓝色国土，发展航海事业

2007年7月11日——落实科学发展观，构建海洋和谐

2008年7月11日——中国航海·改革开放30年暨国际海事组织·为海运服务60年

2009年7月11日——庆祝新中国60周年，迎接航海新挑战

2010年7月11日——海洋·海峡·海员

2011年7月11日——兴海护海，舟行天下

2012年7月11日——感知郑和，拥抱海洋

2013年7月11日——通江达海，兴海强国

2014年7月11日——二十一世纪海上丝绸之路与海员服务

2015年7月11日——再扬丝路风帆，共圆蓝色梦想

2016年7月11日——建安全高效绿色航运，助海上丝路创新发展

2017年7月11日——船·港·人：互联互通

2018年7月11日——航海新时代，丝路再出发

2019年7月11日——推动航运业高质量发展

2020年7月11日——携手同行，维护国际物流畅通

2021年7月11日——开启航海新征程，共创航运新未来

3.《中国海洋日大连宣言》

2009年7月11日，大连主办第五个中国航海日，发表了意义重大的《中国海洋日大连

宣言》以下简称《大连宣言》。

<h3 style="text-align:center">中国海洋日大连宣言</h3>

我们同处在一个海洋面积约占百分之七十一的蓝色星球。三亿年前,生命从大海的摇篮来到陆地,演绎了智慧进化的壮丽诗篇;2 000 年前,我们的祖先发明了指南仪,人类得以跨洋过海去探寻那亘古未见的彼岸;600 年前,庞大的郑和船队七下西洋,世界从此撑起了大航海的征帆!

今天,在庆祝第五个中国航海日之时,在喜迎新中国 60 华诞之际,我们郑重宣言:航海催生现代文明,人类亟须珍惜海洋。作为航海大国,中国十分关注地球环境和海洋生态。我们呼吁:开发海洋,适度有序;珍爱环境,义不容辞。让我们在享受航海的过程中,自觉维护大海母亲襟怀的纯洁,永续保持蓝色海洋生生不息的活力。

航海呼唤和谐世界,发展需要敦信修睦。郑和扬帆远航,让世界了解中国;哥伦布、麦哲伦远涉重洋,把欧洲带向世界;当今,又是航海促成经济全球化的快速发展。我们倡导:携起手来共创和谐世界、和谐海洋,让我们在国际大家庭内加强交流与合作,共同建设和平之海、友谊之洋。

航海引领时代发展,21 世纪是海洋的世纪。当大海继续为人类提供舟楫之利和丰富宝藏的同时,我们深知其承载能力绝非无限。我们主张:发展海洋文化,增强海洋意识;遵守海洋法规,维护海洋权益;发展科学航海,和平使用海洋,让海洋永远成为造福人类的蓝色家园!

历史曾给过我们辉煌与自豪,也给我们留下遗憾与创伤。让我们站在更高的起点,以更宽广的胸襟、更开放的姿态,去迎接共建和谐海洋的新时代。

2009 年 7 月 11 日

下面,是杨道立、陆儒德先生对《大连宣言》的解读。

(1)《大连宣言》——面对海洋的庄严承诺

大连主办 2009 年中国航海日,海洋文化异彩纷呈,蓝色浪潮冲击滨城,主题雕塑"鱼贯而入"的集装箱浪涛呈现了一个朝气蓬勃的港城;交响乐团奏响"海洋之歌"的蓝色主旋律回荡华夏、响彻海疆;主题演讲和专题片《航海兴邦》,诉说海洋的辉煌与创伤,激发人们建设海洋强国的热情;航海日"特种邮票纪念册"和《海洋与航海》主题版画散发着大连浓重、浪漫的海洋气息;海洋科普《大海告诉你》,启示人们去亲海、爱海;举办"我心中的海洋"征文大赛和"海洋知识百题竞赛",引领市民和青少年漫游知识海洋,增强海洋意识,更新海洋观念。

星海湾畔,船艇竞渡,乘风破浪,扬帆奋进。大连万人涌向星海湾,争睹海上盛典,彰显大连的开放、包容、豪迈和进取,让汇入"亲情之水""和平之水""圣洁之水"和"财富之水"的黄海更加和谐、分外湛蓝。

2009 年 7 月 11 日,在以"庆祝新中国 60 周年·迎接航海新挑战"为主题的庆祝第五个中国航海日大会上发表的《大连宣言》,集中了京、穗、沈、连十几位专家的智慧,呕心沥血,历经半年多时间反复修改而成,由中国著名播音员方明以流畅、庄重的语言,将《大连宣言》

播送全国,传遍海疆。表达了中国海洋、航海界对当前海洋问题的基本观点、态度和行动纲领,是面对海洋的庄严承诺,丰富了航海日活动的内涵,有文化色彩,有历史高度,有辐射影响。

宣言,一般指国家、政府、社团或其领导人阐述自己政治纲领、主张,或对重大问题表明基本立场、态度和承担义务而发表的文件,通常以政府和会议发表的形式居多。宣言具有严肃性、鲜明性和鼓动性等特性。《大连宣言》表达的蓝色心声告之于天下,充满着号召与呈请,将对社会产生持久效应。

至今,国际上发表的海洋宣言,主要有1996年"第24届世界海洋和平大会"发表的《北京海洋宣言》,2002年亚太经合组织第一届海洋部长会议发表的《汉城海洋宣言》,2009年"世界海洋大会"发表的《万鸦老海洋宣言》,这些宣言一致强调21世纪海洋发展的重要性,决心促进持续、平等的海洋发展目标,要求世界各国努力减少对海洋、海岸和陆地的污染,加强对气候变化与海洋相互影响的研究,采取有效措施提高海洋的管理水平。

在中国召开的各种海洋会议上,发表了不同主题的《海洋宣言》。如2005年出席"国际海洋城市论坛"的29个海洋城市发表了《厦门宣言》,号召齐心协力保护和改善海洋环境,实现海洋城市的可持续发展目标。2006年"中国海洋论坛",通过了有关海陆统筹与可持续发展的《象山宣言》。2008年,世界19所海洋高等学校签署了《舟山宣言》,宣示了"发展海洋教育、创新海洋科技"的行动方向。

《大连宣言》是又一个以非政府名义发表的大会宣言,尽管只有短短六百多字,却涵盖了世界海洋的主要问题,包括人类文明进化史、海洋与人类关系、当前海洋形势、呼吁共同爱护和管理海洋、规范人类海洋行为等。

海洋是"人类共同继承的财产",当大海继续为人类提供舟楫之利和丰富宝藏时,海洋的承载能力绝非无限。如果不去珍惜和善待,海洋也会给世界带来毁灭性的灾害,关注地球环境和海洋生态是当代人的神圣使命。《大连宣言》呼吁:开发海洋,适度有序;珍爱环境,义不容辞。自觉维护大海母亲襟怀的纯洁,永续保持蓝色海洋生生不息的活力。

为增强国人对海洋的认知和责任心,宣言号召人们站在更高的起点,以更宽广的胸襟、更开放的姿态,去迎接、共建和谐海洋的新时代。《大连宣言》主张从三个层面行动起来:首先,更新海洋观念,发展海洋文化、增强海洋意识;其次,用法制规范海洋行为,遵守海洋法规、维护国家权益;然后,创建"和谐海洋"达到和平使用海洋、各国共享海洋资源。

《大连宣言》全面论述了海洋问题,涉及面广、意义重大、影响深远,为我国全国性会议海洋宣言第一例,具有里程碑意义。《大连宣言》是当今重要的海洋文件,能够成为人们认知海洋和参与海洋行动的座右铭,将国人的海洋意识和海洋观念提升到一个新的高度。

21世纪是"海洋世纪",让我们共同谱写一个公正合理、自由有序、和平安宁、和谐共处、天人合一的友谊之海、和平之洋,让海洋永远成为造福人类的蓝色家园!

(2)航海演绎人类进化的壮丽诗篇

人类同处在一个海洋面积约占71%的蓝色星球上。30多亿前,海洋中诞生了原始生命,3.5亿年前,生命从大海的摇篮来到陆地,500万年前进化为古代人类,演绎了智慧进化的壮丽诗篇。

古人类并不认识自己脚踩的土地是何物,外面有多大。他们被大海限制在一定的区域内生存、繁衍,形成了一定的人种和相似的习性,他们随着海岸线的进退迁徙而居,分别形成了不同的土著民族。

古人观察水中的落叶和枯木受到启发，"见窾木浮而知为舟"，在七八千年前"刳木为舟，剡木为楫"，开始了原始舟楫航海时代。借用"舟楫之便"获取"鱼盐之利"，中国人发明的指南针用于导航，人类得以跨洋过海去探寻那亘古未见的彼岸。在公元前三千多年，一个埃及的陶器上画着一个挂着小方帆的船只，中国在公元前一千多年的商代，甲骨文就记载有"凡（帆）"字，标志人类开始开发自然风力作推进动力。木板船的出现，让人类摆脱了对原木整材的依赖，开始建造适航性更好的船。剖板造船和风帆推进是航海史上的两大飞跃，御风抗浪，因风及远，世界从此撑起了大航海的征帆！

历经好几个世纪的探索，人类的航海知识由量的积累到达了质变，世界大航海演绎了人类进化的壮丽诗篇。汉武帝、郑和代表的东方航海的"西进"，与哥伦布、达·伽马、麦哲伦的西方航海的"东来"，在非洲南部的大洋上交汇，实现海洋变通途，将世界连接为一个整体。梁启超给予高度评价："自是新旧两陆、东西两洋，交通大开，全球比邻，备哉灿烂。有史以来，最光焰之时代也。而我泰东大帝国，与彼并时而兴者，有一海上之巨人郑和在。"

衔接于舟楫航海时代与钢铁航海时代之间的帆船航海时代，经历了五六千年的风雨历程，惊心动魄地闯海冒险，扬帆远航地开拓新界，总能唤起我们的激情和浪漫，对那个御风而行的帆船时代无限神往。大航海的风帆，催生了人类的文明与进步，为世界的发展做出了卓越的贡献。

大航海实现了"地理大发现"，人类走向海洋，推动了"知识大扩展"，开拓了人类的全球视野和对地球环境的认识，对地球表面的认识，由原来的11%增至49%。其中对陆地的认识由原来的21%增至40%；对海洋的认识由7%增至52%，为人类真正认识地球奠定了基础。

大航海推动了"人类大迁徙"。航海引领一些沿海先民离开本土，泛舟荡水，漂洋过海，到达陌生的彼岸。为寻找新资源和开辟新的生活空间，先民进行了大规模的"人类大迁徙"。通过航海移民，开拓了新的荒地和岛屿，建立了一些沿海国家，奠定了全球性的人类分布与世界社会格局。

大航海推动了东西方"文化大交流"。通过东西方航海，沟通了世界海洋，开创了人类活动舞台向海洋的大转移，突破了文化、宗教的区域性，奠定了世界、地区文化的交融性、多元性格局，世界沿海城市均发展成为多元文化的国际化港口城市。

大航海推动了"经济大发展"。迅速发展的航海贸易，繁荣了市场经济，拉动了沿海各国经济高速发展，加快了资本原始积累，诞生了产业工人，催生了工业社会，带来经济跨越式发展，逐步发展成为工业化的现代文明社会。

历史说明了流通的海洋，决定了经济全球化的原始属性，而航海是人类在海洋上的先驱事业，是实现经济全球化的载体和基础。没有海洋，就没有生命和人类；没有航海，便没有现代的世界文明。

谁先认识到海洋的价值，积极发展航海事业，开始利用海洋和开发各地资源，他便首先致富，并带动了民主政治和社会文化的发展，成为经济繁荣的强国。而所有漠视海洋、航海衰落，实行闭关锁国的国家大多成了列强的殖民地。世界各国无不遵循"走向海洋而繁荣，依靠海权而强盛"的客观发展规律。

然而，由于各国对海洋的认识、利用的差异，航海事业在各国经济发展中所起到的地位不同,决定了世界发展的不平衡性,形成了贫富悬殊的国家和社会。

(3)中华民族扬帆海洋的辉煌与自豪

我们国家海陆兼备,黄土地和蓝海洋共同滋养了中华民族,从公元前3世纪(秦汉)至公元15世纪中叶(明朝),中国航海事业始终居世界前列,在海洋上创造了蓝色辉煌,并为世界航海做出了杰出贡献,这是中国人值得自傲的地方。

然而,由于无知与偏见,中国航海的历史地位在国际舆论中很不公正。如著名哲学家黑格尔说:"尽管中国靠海,并在古代可能有着发达的航海事业,但中国并没有分享海洋所赋予的文明。他们的航海,没有影响到他们的文化。"有的外国史学家也在说,"中国人向来不善于航海术""中国人在航行远海和大洋时,就要乘外国船"。

英国著名学者、《中国科学技术史》的作者李约瑟站出来打抱不平:"中国人一直被称为非航海民族,这真是太不公平了。"然而,深受大陆文化烙印影响的中国人,自己往往遗忘了我们祖先在海洋上的辉煌,走不出"望洋兴叹"的无奈。《大连宣言》要大家记住"历史曾给过我们辉煌与自豪",十分具有现实意义。

一个国家的文明发展进程与地理环境有着极大关系。中国有漫长的海岸线和众多的沿海居民,中华民族不但"靠海吃海",而且"习之于海",善于航海,原本是一个走向海洋、向外开放的民族,孕育了博大精深的海洋文化。中国走向世界由海洋起步,实为历史和环境使然。

在20世纪70年代,浙江省余姚的河姆渡出土了6支七千年前的木制船桨。中国古籍《易经》记载,黄帝"刳木为舟,剡木为楫,以济不通,致远以利天下"。中国东南沿海的百越人、龙山人早在五六千年之前便驾舟弄潮,随波逐流,逐岛飘航,把中华文化传播到太平洋东岸及诸岛。在菲律宾、夏威夷、库克群岛、复活节岛、新西兰和美洲的厄瓜多尔、秘鲁等地,均发现了众多产自中国新石器时代的有段石锛。以上古船实物、船载物品和文字记载三者互为印证,我们祖先具有很强的海洋意识和开拓精神,有着古老的航海传统,沿海居民追求开放、善于闯海。

公元前220年,秦始皇大力推进航海事业,四次巡海,贯通江、浙、鲁、冀、辽沿海南北大航线,以开拓商贾和巩固海疆安全,将中国航海推向发展期。中国船舶驶达阿拉伯海,进入了波斯湾、亚丁湾,连接欧亚的"海上丝绸之路",不仅促进了经济繁荣,而且改变着地缘经济和地缘政治。"海上丝绸之路"是世界经济的重要"驿站",发展地区经济的"胜利者",如今成为世界经济、石油的重要交通命脉,是世界金融资本的汇聚点,已经成为经济持续繁荣的新经济带,将对世界经济格局产生重大影响。

秦朝的徐福和唐代的鉴真和尚东渡日本,不仅是经济、文化交流,还是大规模的航海移民活动,也展示了中国的开放精神。传播中华文化,是促进日本弥生文化形成、发展的重要推动因素。正如《日中两千年》所载,在秦代"由于中国文化渡海传到日本,使列岛上的原始人结束了漂泊不定的渔猎生活,开始了农耕定居,促成日本农业社会的发展,形成了国家,走出了蒙昧时代,飞跃到文明社会阶段"。中日文化交流是航海文化交流的成功之举。

历史这样记载着:一千多年前美洲未开发,非洲很原始,欧洲十分落后,那时的夜晚,全世界城市一片漆黑,唯独中国城市灯火辉煌;全世界的城市一片安静,只有中国的城市欢歌笑语。一千多年前中国人最会做买卖,中国的工匠是世界各国急需的人才,是世界之宝。由于航海贸易的发达,一千年前的中国经济总量曾占当时世界经济总量的80%。在13世纪,国外最繁华的城市是巴格达,人口不足五十万。到 14 世纪,伦敦只有约四万人,巴黎约六万人,而当时中国的杭州、苏州、泉州都是人口超过百万的港口大城市。

一千年前,世界处在野蛮时期,中国文明一枝独秀。一千年后,中国处在世界文明时代,正在努力艰辛地赶超世界,立志再创一个海洋辉煌的新时代。

当今的中国人不知道自己祖先在海洋上的辉煌,怎能不感到汗颜!正确了解海洋文明发展史,知道中华民族的海洋辉煌,成为激励建设海洋强国的动力,这是《大连宣言》主张的要点之一。

(4)漠视海洋留下的历史遗憾与创伤

《大连宣言》指出:"历史曾给过我们辉煌与自豪,也给我们留下遗憾与创伤。"确实,中华民族最大的辉煌在海上,最深的创伤也在海上。明朝,中国航海提升到了顶峰,又重重地跌落至谷底,中国在海洋上起伏跌宕,一直沉沦了五百多年,这是中华民族最沉痛的历史教训。

中国是一个海陆兼备的大国,从经济总量看,中国经济位居世界第一的桂冠一直保持到 1890 年才被美国超越。中国的航海、造船、港口十分发达,在海洋上独领风骚了好几个世纪。中国完全有条件走向海洋,成为先进的海洋活动国家,为世界发展做出更大的贡献。然而,中国长期处于"陆主海从""重农抑商"的封建社会,自诩"天朝上国,富甲天下",囿于高度集权的王朝统治,自给自足的农业经济,根深蒂固的大陆文化体系,闭关锁国的对外政策,根本无意走向海洋,窒息了民族的海洋意识与开拓性,无法适应时代的发展。

15 世纪,正当世界大步向海洋开拓与发展资本主义的历史时期,中国却背道而驰,实行严格的"禁海"政策,停罢了航海事业,完全放弃了海洋,导致"郑和之后竟无第二个郑和",使中国失去了睁眼看世界、追逐世界潮流的机会,一个独立自主的封建帝国失去了昔日的光辉,最终滑落为一个任凭帝国主义宰割的半殖民地国家,造成"舰毁海防摧,国破山河碎"的历史悲剧和百年耻辱。

郑和航海是举全国之力,将中国的海洋事业推向巅峰,但它呈现皇帝意志,仅为实现炫耀皇威、耀兵异域的需要。离开了对海洋事业的追求和发展经济的杠杆,航海成了无本之木,皇帝一文"禁海令",彻底葬送了中国辉煌的航海事业。令人扼腕的是,中国从此再也没有大规模的航海行动,船员被解散,船厂被荒废,宝船在风化中腐烂,郑和航海图被烧毁。罢黜郑和航海是中国海洋史上的一道分水岭,中国的海洋活动沉沦至低谷。

清朝初期的 GDP 名义上保持在世界第一,但在封建制度束缚和帝国主义侵略的双重压迫下,中国海洋和江河的主权尽失,工业部门、交通运输完全被外国掌控,海洋事业失去了振兴的基础,海洋衰落和海防废弛的局面一直延续到 20 世纪,足见明朝停罢航海的政策对中国历史影响之深。此时正是西方的地理大发现和文艺复兴时期,中国同西方在海洋上开始分道扬镳,拉开了文明发展道路上中国与世界的差距。

梁启超在百年前写的《祖国大航海家郑和传》中,既肯定明成祖朱棣的雄才大略,思扬威德于海外,"郑和之业,其主动者,实绝世英主明成祖其人也"。但又指出:"我国之驰域外观者,其希望之性质安在,则雄主之野心,欲博怀柔远人。万国来同等虚誉,聊以自娱耳,故其所成就者,亦适应于此希望而止。"正是"重农抑商"的封建帝国,扼杀了中国古老的航海传统和自秦汉时代起创立的航海优势,使中国坐失了走向海洋、引领世界的良好契机,错过了可以称雄海洋的历史机遇。

海洋是一个连接世界的整体,任何沿海国家均以水为邻,遂水而达。航海具有开放性、经济性和军事性,既可和平交流,又能武力威胁。历史证明,世界各国无不遵循"走向海洋而繁荣,依靠海权而强盛"的发展规律。中国历史同样说明了"海洋兴,海权强,国家富;海洋衰,海权弱,国家贫"。几乎所有大国的历史,均兴盛于海洋,又衰败于海洋。

早在六百多年前,郑和曾向皇帝谏言:"欲国家富强,不可置海洋于不顾。财富取之海,危险亦来自海上……"1776 年,亚当斯在《富国论》中说过:"由于不重视海外贸易,中国的历史、文化停滞了,闭关必趋于自杀。"孙中山犀利地指出:"自世界大势变迁,国力之盛衰强弱,常在海而不在陆,其海上权力优胜者,其国力常占优胜。"

这些振聋发聩的警句告诉我们:面对海洋,我们过去失去的太多,今天面临的挑战太大,未来对海洋的依赖更大,中华民族再也不能漠视海洋!

（5）郑和航海——敦信修睦的光辉典范

人类在不断地探索、创新中前进,由当年的大航海运动发展到了今天的宇航时代,人类圆了登月梦,进而计划登陆火星,探索更遥远的星球,实现星际生活的科学幻想。其中一脉相承,支撑人类进步的精神动力便是不畏艰险、永远前进、不断创新的"航海精神",这是人性的特性,是社会不断前进的重要源泉之一。

郑和七下西洋,是中国航海的鼎盛时期,为世界大航海的先驱者,郑和是一位开创伟大时代的传奇英雄。郑和航海是中华民族的珍贵财富,它主要体现在:敢为天下先,开拓旷古未闻事业的创新精神;投身海洋,不畏艰险,甘为国家牺牲的奉献精神;科学探索,精益求精,应用先进技术的求实精神;精心组织、指挥世界最大舰队的大无畏精神。梁启超高度赞扬称,"运用如此庞硕之艨艟,凌越万里,叹我大国民之气魄,询非他族所能几也""及观郑君,则全世界历史上所号称航海伟人,能与并肩者,何其寡也""前有司马迁,后有郑和,皆国史之光也"! 郑和航海,创建了中华民族海洋上举世无双的辉煌,值得我们在建设海洋强国的历史使命中去继承和弘扬。

《大连宣言》指出:"航海呼唤和谐世界,发展需要敦信修睦。"当前,世界各国正在寻找处理国与国之间关系的方法,人们在谈论建立和平与发展的"地球村",在全球化的重要时期,我们重温郑和"航海先驱,和平使者"的航迹,探讨郑和七下西洋的和平航海,对共建世界"和谐海洋"的历史影响时,一度被忽视的郑和航海将再次成为一个光芒四射、普照人类的"灯塔"。

尽管郑和舰队强大得"所向无敌",具有"为所欲为"的实力,但正如国内外历史学家惊叹的,中国人要是沿着郑和的航迹,走西方国家扩大殖民地的方式去控制海洋,无人能够阻挡住中国人在海洋上的推进,世界格局将是另外的组合,世界历史将改写。

然而,中国是"礼仪之邦",奉行"以仁为本"的战争观,崇仰正义战争,贬黜非德之战。古老的中国军事伦理文化,一直传承几千年,涌动在中华民族的血脉中,成为一种民族意识和统治者奉行的军事路线,这决定了中国的和平外交国策,绝不会向外侵略与扩张。郑和出使西洋,忠诚地执行明朝"耀威异域示国家富强""内安华夏,外抚四夷,一视同仁,共享太平"的和平的外交政策。郑和远航没有侵略过一个国家,没有建立一块殖民地,没有为自己圈定一片海域或占据一座岛礁,甚至没有为自己在外国水域留下一个中国地名,没有使任何邻国感受威胁,是纯粹友好交流的"和平之旅"。

郑和在错综复杂的国际环境中,致力于建立友好睦邻关系,保障周边和平环境;发展对外贸易,繁荣亚非经济;开展文化交流,促进友好往来;实行扶正祛邪,平息匪患内乱,发展远洋航海,促进世界交流。郑和航海展示了中国"强不执弱、富不辱贫、讲信修睦、协和万邦"的和谐精神和中华传统军事文化,彰显人类的良知与理性的本能,挞伐血腥的掠夺、侵略和扩张,为世界和平发展指明了道路,是中华民族对世界做出的重要贡献。

今天,我们庆祝"航海日",发表《大连宣言》,就是要继承郑和的航海精神、航海传统,坚持中华民族一贯的和平外交路线,坚持"与邻为善,以邻为伴"和"睦邻、安邻、富邻"的务实外交政策,彰显中国政府"和平崛起"的国际战略。佐证中国历来就是一个爱好和平的国家,是维护世界和平的重要力量。中国走着和平崛起的道路,其精髓就是国际合作、和平发展,既通过争取和平的国际环境发展自己,又通过自己的发展促进世界和平,致力于维护国家海洋权益和"和平利用海洋"。

遵照《大连宣言》精神,让我们携起手来,协力排除阻力与困难,共同创建和平之海、友谊之洋。让战争远离海洋,人类共享海洋造就的文明成果,共享海洋带来的无穷资源,这是全人类的共同愿望,是海洋新价值观的集中体现,更是现代海洋观的最高境界。

(6)海洋——人类生存与发展的寄托

地球是人类已知的宇宙中唯一有生命存在的蓝色星球。人类一直在陆地上生存、繁衍、发展,在同大自然和人类本身的斗争中建国立业、创造世界。所以,形成了人类根深蒂固的大陆观念,把人类的起源和社会的进步统统记在陆地的功劳簿上。其实,海洋是地球的主体部分,如果没有海洋,陆地的生命运动就会停止,地球就会成为又一个"死亡之星"。

中华民族的祖先对生命与水有着精辟的看法,早在公元7世纪的《管子·水池》中便有记载:"水者何也?万物之本源也,诸生之宗室也。"即一切生命来源于水、依赖于水,中文的"海"字,清晰地表明"水是人类母亲"的亲密关系。人类永远需要海洋的抚育,只有大海才有资格称为"人类的母亲"。

人类进化、发展到今天均依赖于水,一切生命离不开海洋。占地球表面积71%的海洋,热容量最大,吸收巨量太阳能,充当着世界气候调节器,推动大气循环、调节全球气候。海洋是"风雨故乡",海面每年蒸发巨量海水,以降水形式洒落全球,这是海洋赐给大地的生命之水。海洋提供着大气中70%的氧气,吸收、储存大量二氧化碳,海洋中二氧化碳含量是大气中含量的60倍,是维系全球生命系统的基础。海洋有很强的净化能力,不断分解、消除大量来自陆地的有害、有毒物质,维持人类生存所需的纯净海洋。

人类不断地探索、开采资源,以满足人类的生存所需,用大量资源消耗来换取文明进步与现代社会生活。人类追求优越的物质条件和丰富的文化生活,大量涌向现代城市,这是社会发展的必然规律,势不可挡。19世纪初,世界上超过10万人的城市只有50座,20世纪中叶,超过10万人口的城市有1 000多座,预计21世纪,涌向城市的人数将继续暴涨,城市人口将很快猛增到世界人口总数的60%。世界上数百万、超千万人口的特大都市如雨后春笋般涌现,人类挥霍无度地消耗资源,地球已经无力承担人类发展的需求。

城市人口剧增,带来了空间狭小、交通拥挤、环境污染严重、社会矛盾复杂等许多社会问题。据"世界保护自然基金会"报告:由于人类对自然资源的利用已经超出其更新能力的20%,2030年后人类的整体生活质量将会下降;到2050年,人类所要消耗的资源将是地球生物潜力的1.8至2.2倍,需要"两个地球"才能满足人类对自然资源的需求。地球不断亮出"黄牌警告",令世界各国考虑人类的未来,如何保持人类的可持续发展?

自20世纪60年代起,随着新兴的海洋科学技术的重大突破,海洋高新技术广泛应用,新的海洋资源不断被发现,海洋资源开发前景十分广阔。人类对海洋的认识超越了海洋是"交通线"阶段,更加关注海洋资源的开发。海洋是人类在地球上最后的生存空间,是人类天然的归宿,人类必然走上"重返海洋"的第二次大迁徙,到海洋里去建设美好的家园。

海洋空间广袤无垠,依靠现代科技和雄厚的资金,人类完全有能力在大海中建设各种各样的"海上城市",把大海变成为人类最理想的美好家园。海洋广袤深邃,是世界上最大的生物资源库,大海是人类的"蓝色粮仓",只要科学合理开发海洋,大海就不会让人类挨饿。由于海洋的高压、低温和黑暗的特殊环境,海洋动植物具有各种抗毒和免疫效能,利用现代高科技,可以提炼和合成各种保健品和医疗药物,"向海洋要药",已经成为世界制药工业发展的新趋势。海洋集中着全球总水量的97%,海水淡化技术迅速发展、广泛应用,为全球提供淡水带来了希望。海洋里的波浪、潮汐、海流和温差自然聚集着世界上最大的能量场,是人类取之不尽、用之不竭的"绿色"动力资源。在大洋深海储藏着很多金属结核、富钴结壳、多金属软泥和"可燃冰"的巨大矿床,含有五十多种金属和非金属元素及多种稀有金属,足够人类使用千万年,是一种极有希望于21世纪中期投入商业开采的未来替代能源。

海洋是人类的寄托与希望。现代国家拥有海洋资源的丰富程度是一个国家综合国力的重要体现,而开发海洋资源的能力是海洋强国的主要标志,它们决定着一个国家综合国力和经济发展持续力的强弱。

中国在海洋世纪的海洋竞争中无权落后,我们应该更加亲海、知海、爱海。正如《大连宣言》要求我们:"在享受航海的过程中,自觉维护大海母亲襟怀的纯洁,永续保持蓝色海洋生生不息的活力。"

(7)开发海洋,适度有序

21世纪是海洋的世纪,是人类全面开发、管理海洋的新世纪,也是各国海洋竞争最为激烈、竞相争夺海洋优势的一个世纪。《大连宣言》呼吁:"开发海洋,适度有序。"在当代海洋开发中,及时提出以"适度"和"有序"来规范海洋开发行为,是一项战略性的号召。

纵观世界历史,一定程度上是人类认识、开发和利用海洋的历史,是海洋上激烈争夺和连绵战争的历史。海洋的核心问题是经济,早期发生的是商业战争,现在是现实和潜在的资源争夺,海洋资源成为各国激烈争夺的战略目标,是潜在的点燃海洋战争的"导火索"。

由于各国竞相开发海洋,无序地滥采海洋资源,还把人类的家园当作广纳废料的垃圾场。陆源污染、海洋倾废污染、石油污染、海洋工程污染、农药污染和大气污染随水的流动汇集海洋,导致海水不再清澈、海鸟不能飞翔、生命不再存在。"救救渤海"并非危言耸听!人们开始思索如何避免由于争夺海洋资源而带来的新一轮的世界性战争,如何共同保护海洋的健全和纯洁,保障人类的可持续发展。最现实、最有效的途径是建立世界性的法律新秩序,制定国际"游戏规则"来限定、规范人类的海洋行为。

1970年,联合国大会通过一项规范所有海洋问题的《公约》。两百多个国家、地区的代表和观察员,进行了十余年的讨论,在1982年第三次联合国海洋法会议上,通过了《联合国海洋法公约》(简称《公约》),确认"海洋问题都是彼此密切相关,有必要作为一个整体加以考虑""为海洋建立一种法律秩序,以便利国际交通和促进海洋的和平用途,海洋资源的公平而有效的利用,海洋生物资源的养护,研究、保护和保全海洋环境"。《公约》全面规范了人类的海洋活动,反映了当代海洋的新问题、新视点、新制度,标志海洋法制度的最新发展。

并且,《公约》第一次把"人类"作为法律的主体,保护和保全海洋成为全人类的共同法定责任,这是人类发展史上的重大进步。

《公约》杰出的贡献在于创造性地重新划定了世界海洋,建立了全新的海洋法律秩序。它把海洋划定为"国际管理海域"和沿海国的"国家管辖海域"两大部分,其中将公海的海底及其资源定义为"人类的共同继承财产",任何国家均不得对其任何部分行使主权和提出主权主张,只能由联合国的"国际海底管理局"代表全人类实施勘探、开发、管理和进行利益分配,各国只有相应合理的"所有权"。这就把占世界近2/3的海洋面积进行国际化管理,真正意义上实现了全球化,最大范围上避免了"由于无控制的自由和国家的竞争与占用,导致人类再次在海洋上面临血雨腥风的战争,解除了人类最大的忧虑与灾难"。

人类的希望在海洋,海洋承担着人类可持续发展的各种物质需要,但海洋的承载能力绝非无限,即使在"国家管辖海域",同样要依据全人类的利益和可持续发展的需要,以超越国家主权的法律规范,保证世界海洋产业适度、有序地进行。如:针对存在滥捕滥捞现象,沿海国须从区域、全球性的发展利益来"决定其专属经济区里生物资源的可捕量",使其生态、繁殖不会受到威胁;应当进行国际合作,确保对高洄游鱼种、溯河产卵种源的养护,不使其习性与生存环境受到影响;各国或联合地采取必要措施,防止、减少和控制任何来源的海洋环境污染,保持一个清洁的海洋。

《公约》要求各国从维护全人类的利益出发,在享有开发其管辖海域的自然资源的主权时,"有责任按照国际法履行保护和保全海洋环境的国际义务"。要求"以互相谅解和合作的精神解决与海洋有关的一切问题",既顾及国家主权,又考虑到全人类的利益,既为了目前的现实利益,也要顾及子孙后代的发展利益,还包括沿海国和内陆国的各种利益,这是以一种宏观、动态规范海洋行为的准则,《公约》建立的海洋法律新秩序,具有全球性的普遍意义,对维护世界和平、正义、进步和促进海洋事业的发展做出了重要贡献。

《公约》以全新的面目问世,其适用范围包括世界所有海洋问题,其深度涉及人类的可持续发展,制约着各国的海洋政策,规范了海洋活动依法有序地进行,反映着历史发展的潮流,开创了海洋新时代,勾画着世界海洋的未来。

(8)珍爱环境,义不容辞

我们生活在一个"水球"上,海洋养育了人类,提供了生存与发展的财富、资源,营造了舒适的现代化生活环境。人类社会的高速发展和繁荣的经济活动,既创造了先进、文明的现代社会,也给人类自身带来了严重的生存危机。由于人类对资源需求的激增,各国滥采资源,自然资源日趋枯竭。而人类为追求舒适的生活而肆意排放各种废物,所导致的海洋污染已使正常的生物链遭受破坏。虽然海洋广袤无垠,但承载能力绝非无限,如果人类不去珍惜和善待,一旦大气和海水间失去平衡,超越了正常承受范围,环境将发生异常或激烈变化,海洋也会给世界带来麻烦,台风、风暴潮、赤潮会造成毁灭性的灾害。中国是一个航海和海洋大国,十分关注地球环境和海洋生态,因此《大连宣言》呼吁"珍爱环境,义不容辞",这是当代人必须履行的神圣使命。

国际海事组织的一位官员讲了一段意义深远的话:"在第二次世界大战后,人类做了两件蠢事。第一件蠢事,主要由发展中国家负责,那就是毫无节制地生育,引起人口爆炸;第二件蠢事,主要由发达国家负责,那就是无约束地向海洋倾倒垃圾,引起海洋污染。"现在,海洋污染不仅严重,而且污染率逐年攀升。据国际组织统计:每年有1 000万吨石油通过各种途径排入海洋;大量汞、铅、铜、镉等重金属流入海洋,其中汞有1万吨左右,严重影响着人类的健康;全世界普遍使用着人工合成农药和各种化学肥料,海洋中存留着制造农药用的物质高达几百万千克,是重要的海洋污染源;随着核军备和核工业的发展,核试验的散落物、倾倒的核废料逐渐增多,长期释放着有毒有害物质,给人类带来潜在危害。而且,海洋污染最严重的地区集中在专属经济区和大陆架沿海海域,这些区域仅占10%的海洋面积,却承受着海洋中90%的污染物,威胁着人类和一切海洋生物的生存,海洋污染是投向海洋的"杀手"与"定时炸弹"。

由于海洋的特殊环境,海洋污染较陆上污染要严重得多,它有几个特点:污染源广,海洋是各种污染物最终汇集点,沿海城市邻近海域无一幸免;扩散范围大,污染物随着海流越境和跨洲传播,甚至殃及全球;持续时间长,污染物不能溶解、不易分解而沉积于海洋,如塑料垃圾可在大海里飘荡几十年甚至超过百年,对人类和海洋动物造成长期威胁;防治困难,海洋污染积累过程长,很长时间难以消除。

严重的海洋污染,导致近海水质恶化,鱼虾不再生存,珊瑚礁白化,红树林枯死,巨鲸和海豚疯狂冲滩,鹈鹕空巢和拒孵,海洋生态严重失衡。因此,我们虽不能因强调保护环境而放弃或阻碍开发海洋,但绝不能为了经济发展而肆意破坏海洋环境。那样,到头来必然会破坏经济发展的基础,落个"鸡飞蛋打"的境地。

造成全球气候变化的因素既有大自然自身的变化过程,也有社会发展导致的温室气体排放加剧和臭氧层遭到破坏的结果。新兴城市的崛起和扩大,让大片土地被水泥封堵,沿海湿地面积和地表植被大规模减少,这就伤害了地球的"肾"和"肺",威胁地球的健康。煤炭、燃油和其他燃料释放出的二氧化碳以及其他有害气体,长期笼罩着地球加剧了大气升温,加快了南极洲、北冰洋的冰层融化速度。美国国家冰雪数据中心的专家警告:在21世纪,随着天气变暖,海冰面积将持续减少,2050年之前,海面冰块会减少20%,到21世纪末,北极的冰块将消失殆尽。

两极地区的温度和气候变化,对全球大气循环的影响最严重、最深远。

"爱护海洋就是爱护人类自己;保护海洋就是保护人类未来",已经成为人类对海洋的共识。

在河北省山海关的老龙头有一座"澄海楼",当年乾隆皇帝在那里写了一副对联,"日曜月华从太始,天容海色本澄清",赞美了大海的清澈,感悟要爱护海洋。

中国面临大海,既享受到了海洋的恩惠,也尝到了海洋灾害的苦涩,深深懂得保护海洋的重要性、急迫性。为了人类的可持续发展,保证子孙后代的幸福生活,必须懂得"善待海洋、保护资源""珍爱环境,义不容辞"的深切内涵,必须立即行动,从现在做起、从自己做起,以防止、减少对海洋环境的污染,并开发新的清洁能源来遏制废气排放,全力维护大海母亲襟怀的纯洁,永续保持蓝色海洋生生不息的活力。

(9)发展海洋文化,增强海洋意识

当今世界,自然科学与社会科学相结合,文化与经济、政治相互交融,是世界发展的客观规律。文化在综合国力竞争中的地位和作用越来越突出,与经济、政治相对应的文化,通常是指精神、观念形态的文化。文化体现着人类智慧的结晶和社会的文明与进步,是人类与社会之间的纽带和表现。目前激烈的国际竞争,表现为经济、科技和国防实力的竞争,由于文化与经济、政治相互交融、相互影响、相互促进,制约着竞争的结果,所以国际竞争更是文化实力和民族精神的较量。国家的强盛,民族的振兴,人民的福祉,都离不开文化来支撑。《大连宣言》将文化建设列为海洋行为的首位,主张"发展海洋文化,增强海洋意识",这是当前提高民族素质和进行国情与爱国主义教育的重要内容,是具有战略眼光的号召。

中国是古航海国家之一,中华民族创造了古老的蓝色文明,中国航海史折射着中国发展的轨迹:"航海盛,国家强;航海衰,国家弱。"凡是盛世之年,航海都十分发达,国家与航海的发展有着相似的轨迹,体现航海在国家发展中的重要地位。航海文化构成了海洋文化的主流文化,海洋文化反映人们海洋活动中所信奉的理念、秉承的精神、肩负的使命、追求的目标和行为准则等方面。海洋文化既是一种物质和精神财富沉积的历史,又是对传统海洋文化的传承与发扬。

当前我国十分重视海洋文化的研究和建设,探讨海洋文化价值观及其作用,在国民中进行"爱航海,爱海洋,爱国家"的系统教育,强化人民的海洋意识,让海洋文化成为建设海洋强国的精神支柱,这对丰富中华文化意义深远、作用重大。

海洋意识是人类对海洋的自然规律、战略价值和作用的反映、感悟、认识,是海洋文化的灵魂,是一种国家战略意识。它随着历史变迁、社会进步、科技发展、法律制度、社会意识的演进而不断形成新的海洋观念,是影响制定国家海洋战略和实施海洋行为的思想基础。

我国是一个发展中的海洋大国,提高人民的海洋意识,以适应"海洋世纪"新形势,是走向海洋和建设海洋强国的思想基础,具有重大战略意义。2006年,胡锦涛在全国经济工作会议上强调:"在做好陆地规划的同时,要增强海洋意识,做好海洋规划。"李长春指出:"提高全民族的海洋意识,意义重大。可从加强研究和宣传两方面着手。"

2008年,经国务院批准的《国家海洋事业发展规划纲要》明确提出,要"增强全民海洋意识,大力弘扬海洋文化"。

当前,符合我国国情的和世界海洋形势的海洋意识,主要包括如下方面:海洋是一个整体,是人类生存和发展的基础;21世纪是海洋世纪,开发、保护和保全海洋是时代的潮流和人类的责任;沿海水域国土化是海洋事业发展的趋势,必须强化海洋国土意识和维护海洋国土的主权权利;海洋"公土"资源是"人类共同继承的财产",树立"全球海洋权益意识",维护国家在海洋公土上的合法权益;国家发展的未来寄托于海洋,建设海洋强国是实现中华民族复兴的必经之路;当今国际竞争和安全威胁主要来自海洋,要增强海洋安全意识,构建海洋安全环境;加强国际合作,构建"和谐海洋"是世界各国的共同责任等。

(10)遵守海洋法规,维护海洋权益

人类在发展中不断协调着人与自然的关系,在生产和社会活动中,都需要相应的法律政令去实施领导、组织协调,以创造最佳的社会效果。由于海洋的连通特性,衍生了开放性与国际性,海洋管理变得十分复杂。开发海洋给人类带来了文明与财富,而无序开发海洋也给人类造成损害和灾难。为了科学、和谐地开发海洋,必须对海洋实施依法管理,科学技术是开发海洋的必需条件,法制管理是开发海洋的必要保证。

《公约》是国际社会解决人类与海洋持久关系的海洋综合性大法典,关系着全人类的普遍利益,在国际上具有最权威的法律效力,是保障人类可持续发展的永久性法典,开创了世界海域由主权国家和国际组织共同进行法制管理的新时代。人类从单纯地利用海洋,一味向海洋索取财富,将转变为开发、利用海洋与保护、保全海洋并重,由无序地"公用"海洋,转变为各国"共管"海洋的新局面,标志海洋法制度的最新发展,反映人类精神文明新的制高点,对人类社会进步具有划时代的意义。

维护国家海洋权益,是国家在海洋上履行的战略使命。所谓海洋权益,指根据国际法、国际惯例、国内法和国家正当的权益主张、历史传统等因素所确立的国家在海洋上可以行使的主权和应该享受的利益的总称,它是一种动态的、可变的概念。当前,决定国家海洋权益的主要依据是《公约》和相关的国内海洋法律。

权益是国家权力与利益的统一体,而核心是利益。司马迁说过:"天下熙熙,皆为利来;天下攘攘,皆为利往。"为了维护海洋利益,国家必须在海洋上拥有权力,没有权力保障的利益只能是一种虚幻物,不是建立在利益之上的权力恰似"无根系的植物"终将枯萎。当今海洋已成为国际政治斗争的重要舞台和利益争夺的主要目标,维护海洋权益已经摆到了国家安全战略的重要地位。国家的海洋权益主要包括依照《公约》享有的"海洋国土"和公海、公土中的所有权益。海洋权益是国家主权、尊严和利益所在,关系到国家可持续发展和综合国力的提高。维护海洋权益,只有把国家主权牢牢捍卫住、海上利益实际拿到手方能体现,否则海洋权益只是一种象征物。

我国依照《公约》,制定了《中华人民共和国专属经济区和大陆架法》,确定了200海里专属经济区制度。从法律角度看,专属经济区不是领海,也非公海,是介于领海与公海之间的过渡海域。但《公约》十分肯定:

①该区域内所有资源属于我国;

②按照我国制定的《中华人民共和国专属经济区和大陆架法》,在区内行使排他性的管辖权;

③"专属经济区以外为公海",明确了国家海域与公海间的界线。

这些法律解决了资源属于谁、由谁来管、范围多大等国土的基本属性。所以,将专属经济区称为"海洋国土",是合理合法的科学结论,我国必须依法对其进行有效管辖。专属经济区是《公约》中的新制度,由于区域面积大,经济利益多,而法律制度欠具体,是海洋上最复杂、斗争最激烈的区域。我国"海洋国土"主权,经常受到外国侵犯和侵占,是海洋斗争最为复杂的海域。

《公约》规定:"公海对所有国家开放,所有国家均享有航行自由、飞越自由、捕鱼自由、科学研究自由、铺设海底电缆和管道的自由和建造人工岛屿的六大自由。"但并非各国可以肆无忌惮、为所欲为,《公约》都给这些"自由"一定的限制,如:遵守"海洋的和平使用";航行中遵守《国际海上避碰规则》;不污染海洋和不会干扰他国海洋活动;捕捞中有义务养护公海生物资源等。《公约》确定国际海底及其资源是"人类共同继承的财产",超越了传统的国家主权概念。随着中国海底勘探的深入发展,经联合国批准,中国在太平洋中部、夏威夷南部得到一块7.5万平方千米的"矿区",我国拥有排他性优先开发权,我们称之为"中国地"。所以,中国走进大洋、深海是时代使然,是国家利益向海洋延伸的必然结果。

"海洋世纪"是依法开发海洋的世纪,只有懂得《公约》及相关的海洋法律,才能适应激烈竞争的海洋形势,依法维护国家的海洋权益。

(11)发展科学航海,和平使用海洋

当前,人类面临的历史使命是和平与发展,建立可持续发展的"和谐世界"。国际社会正在海洋上从两方面着手:第一,创建和平力量,维护海洋和平;第二,开发海洋资源,实现可持续发展。

21 世纪是"海洋世纪",人类将推进海洋真正意义上的全球化,实现"人类共享资源,人人享有发展"的新世纪,作为人类海洋活动主要载体的航海,将在全球化进程中起着积极推进作用,以全新的面貌活跃在世界海洋上。

《公约》将海运、港口等跨国公司等非国家主体,作为国际社会的成员和国际法的主体与世界各国并肩出现,几乎享有同等的权益。这些国际关系的基本变化,使海洋产业从法律层次上实现全球化,它的革命的、创新的概念正影响着整个世界。

航海与其他产业不同,它是国际市场的产物,船舶远离祖国以世界港口为"家",为世界各国运送货物,远洋船员成为"世界公民",拿着"海员证"通行全世界,甚至船舶可以悬挂别国的国旗,方便航行在世界各个港口,具备全球化的属性。

通向世界的航海事业,是国家综合国力与对外开放的体现;船舶装备先进,是当代先进科技的集纳点;航海是物流的载体,是拉动沿海经济发展与繁荣的杠杆。

一切海洋活动均离不开航海,航海在国家和世界发展中体现着不可或缺的地位。船舶云集港口,带动了造船、建筑、机械、动力、电子等临港产业的发展,进而推动了物流、金融、服务等行业迅速发展,逐渐形成经济、金融、文化中心,产生了港口城市。所以,"以港兴市,港城共荣"的发展进程中,航海是推动港城发展的原动力。航海在征服海洋的拼搏中,始终担负着开拓者的角色。在沿海经济发展和港口城市繁荣中,航海发挥着巨大的推动作用。

随着世界经济高速发展,航海在发展中不断拓展和逐渐专业化。现代航海,已经不单纯是传统意义上的"运输",而是根据特定的使命可以分为运输航海、科学航海、军事航海、执法航海、渔业航海和休闲竞技航海等几大类型。其活动空间已不限于水面航行,而是从水面、水体到海底的整个海洋立体空间。21 世纪的航海,将在不同的领域各显神通,进入一个崭新的阶段。

"运输航海"主要指传统的交通航海活动,是世界物流的主要载体和交通"大动脉",在经济全球化过程中充当着"生命线",是世界经济发展不可或缺的重要载体。同时,它是国家海权的重要组成部分,担当着"第二海军"的重要使命。

"科学航海"是服务于海洋科学和海洋工程的专项航海活动,担当着航天、空中、水面、水下和海底的各种科学研究和作业保障,是海洋科学的重要组成部分,在人类征服海洋,全面开发、利用海洋资源的活动中起到基础和先锋作用。

"执法航海"是依照国际、国内海洋法律,代表国家行使海域管理、维护海洋秩序的专业执法航海。包括执法巡逻、登临检查、行使紧追权、逮捕违法船舶等。对污染海洋环境、破坏海洋资源、违规作业等行为进行查处,以维护海洋和平,保持良好的海洋秩序。

"渔业航海"指从事海洋渔业生产的专业船舶,它是开发海洋资源的重要经济力量。由于现代渔船吨位较大、装备先进、适航性强、航区广阔,实现了全球监控指挥、生产调度,也是国家海权的重要组成部分。

"军事航海"是指武装舰船奉行国家指令遂行战争与非战争军事行为的各种航海活动。在世界发展史上,军舰既是捍卫和平和保护航运的和平使者,又可充当侵略与征服别国的工具,具有和平与战争的"双刃剑"功能。

当今,海军舰队在海上大规模交战已成历史,军舰功能已经转变为"以海制陆"的武器发射平台。军舰从不同距离的阵位上发射导弹"先发制人",充当爆发战争的急先锋和主要杀手。由于现代军舰,特别是核航母和核潜艇,是威力强大的海上"武器库",携带着大规模杀伤性武器,各国大纵深陆域均可成为其攻击目标,一艘军舰的弹药足以毁灭一座城市。

为此,《公约》要求,各国承诺"和平使用海洋",让战争远离海洋,共同维护海洋和平,让人类共享海洋资源,让海洋造福于世界人民。

(12)敞开胸襟,创建"和谐海洋"

人类历史是和平和战争交相发展的历史,经历了千万次战争和两次世界大战,从奴隶战争、封建战争、殖民战争到现代战争,奠定了现在世界格局的"地球村"。但世界仍不安宁,依然争夺不息、战争不断,世界维持在高威慑下的核战争阴影下生存与发展。从战争本质上,经历了争夺交通线的商业战争和争夺海洋的资源战争,现在陆地战争将会相对减少,但海洋资源争夺将有可能成为血雨腥风的新战场。

20世纪《公约》生效,引发了新一轮的世界性海洋圈地运动,国际上产生了新的利益失衡,导致各国对海区、岛屿进行激烈争夺,世界上产生了四百七十多处边界争议,海洋成为国际争端的热点地区。

由于专属经济区生存着世界上90％的经济鱼类,储藏世界上87％的石油资源和总量10%以上的多金属结核,也是世界船舶通航密度最集中的海域,涉及国家国防和重大海洋权益。而且,该区的法律制度及海上防御部署尚不完善,成为海洋上争端最多、利益冲突最复杂的海域。

为应对海洋划界的权益冲突,不少国家派出军舰对峙,剑拔弩张,大有一触即发之势。海洋学家评述,目前海洋形势"总的说来,它使国家间的不平衡增加而不是减少了,对于已经具有较好天赋条件的富裕国家,给予得更多了,而对于内陆国家中最贫穷的国家却没有给予什么"。一定时期内,加大了海洋上的利益冲突。

《公约》明确提出:促进海洋的和平利用,各国承诺用和平方式解决争端的义务,不对任何国家的领土完整或政治独立进行任何武力威胁或使用武力,提倡促进为和平目的进行海洋科学研究的国际合作,并组成了国际海洋法法庭,制定了一整套强制执行的法律程序,对防止争端升级为战争,为维护世界的和平、正义和进步起到了积极作用。

各国政府和法学界进一步思考,认为当前划界争端尖锐难解,是海上战争的"导火索",也不是解决问题的最有效手段。海洋边界可能逐渐被更现代化的、动态的、现实的、面向管理的"共同开发区"或"联合管理区"等新概念所取代,海洋管理朝向多元的(国家、国际组织、跨国企业)、共同参与的、功能式的新概念演变。《公约》在超越主权的"人类共同继承的财产"新概念下,提供了最具建设性的解决办法,向海洋"全球化"迈出了重要一步。

中国提倡"搁置争议,共同开发"以及"睦邻、安邻、富邻"政策,是前瞻性的外交政策,为解决海洋争端提出了务实的解困途径。中、越两国签订了《中华人民共和国和越南社会主义共和国关于在北部湾领海、专属经济区和大陆架的划界协定》,开创了中越两国根据《公约》签署的海上第一条边界线,也是西太平洋产生的第一个国际海上边界条约,是当代一个具有典型性的海洋法律。

人类历史告诫人们,战争屠杀生灵,结怨历史仇恨,制造历史悲剧。只有回归理性,遵照国际公约,才能和平解决争端,达到共赢目的。人类共处一个地球,拥有一个海洋,海洋是人类可持续发展的基础和人类最后的美好家园。和平是人类追求的理想,和谐是和平的最高境界。让世界人民一起努力,共同来营造一个求同存异、博大开放、共存同进的"和谐海洋",为我们的子孙后代打造一个和平、安宁、繁荣、绿色、合作、共享的新时代。

（13）更加开放，实现人类共管海洋新世纪

《大连宣言》的最后一段，用"以更宽广的胸襟、更开放的姿态，去迎接共建和谐海洋的新时代"，这是《大连宣言》的最高音，反映了全人类的愿望与共同责任。

海洋是一个不可分割的整体，海洋资源是"人类共同继承的财产"，人类所有的海洋活动都是互相关联、互相依存，海洋是全球化的基础和首要领域，人类有责任共同管好海洋。海洋管理的深层含义是将海洋发展与海洋环境相结合，实现海洋的可持续发展，这是《公约》的重大的、基本的观念。

海洋涉及国家主权和资源利益，海洋划界新制度，引发了激烈的海洋主权争端。各国坚持"寸海必争"，很难达成海洋边界协议，在传统的、排他的主权"是我非你"的概念下，海洋争端长期僵持，谁也无法在争议海域实施正常的开发活动，甚至发生"擦枪走火"，海洋成为引发军事冲突的"导火索"。

海洋管理涉及国家社会许多领域，海洋上发生一个具体事件，如军舰飞机碰撞事件、攀登争议岛礁、渔业资源纠纷、争议海域资源勘探和专属经济区内海洋科学调查等，都有可能触动国家利益的中枢神经，有牵一发而动全身的敏感效应，往往需要国家最高层来决断，也有可能酿成国际事端，引发世界关注的事件。所以，必须用国际视野，动用有效力量来控制、处理海洋上发生的各类事件。

在全球化进程中，海洋国际化首当其冲。《公约》汇集人类智慧和良好愿望，适应着历史潮流，首次将"人类"列入国际法的法人地位，并将非国家行为者的非政府组织、区域组织、跨国企业也作为国际社会的成员和国际法的主体，与世界各国享有同样的国际地位。肩并肩地出现在世界舞台上。这种全球性的"国家/公众国际合作"新形式的框架，倡导合作原则，超越了国家主权。譬如：由联合国主导的"国际海底管理局"代表全人类对大洋深海资源进行开发管理和对国家实行分红及纳税。国家海洋主权逐渐被"主权权利"和"所有权"等名词所替代，"边界"这个传统的、固定的概念，有可能充实为更现代化、动态的、面向管理的"联合开发区""联合管理区"的新概念。国际社会法人由单一的国家向多元化法人演变，都反映了当今经济全球化的深刻变化，是一些革命的、创新的概念，海洋更加开放，领跑着当今的"全球化"进程。

目前，世界海域及其海洋活动由主权国家和国际组织共同实施法制管理，遵循"利益共享、和平目的、可持续发展"三个基本原则进行。其中：利益共享，包括财政、管理和技术的共享；用于和平目的，包含消除冲突的措施；可持续发展，要求保护环境，以满足全人类的利益和子孙后代的发展需要。上述原则为人类发展奠定了海洋"全面安全"的基础。

著名海洋学者伊丽莎白·曼·鲍基斯女士认为："目前海洋管理存在的问题是权力不集中，与海洋有关的问题多半属于15～25个部门，分散了政府责任且造成重复努力。由于海洋事务没有形成人们关注的中心问题，而是作为其他重点活动的辅助事务，海洋政治地位不高，只能在政府层次较低的活动中安排和运作，限制了海洋事业的发展。"为探讨21世纪海洋管理的有效模式，她提出了应组成由政府总理任主席的"海洋与海岸带管理委员会"，委员会成员包括外交部、交通部、渔业部、能源部、科技部、旅游与环境部、国防部和经济发展部的部长，并由科技部部长担任副主席，以突出科技在海洋事业中的突出地位。这种虚拟的海洋管理模式，具有前瞻性，符合世界潮流，对我们是有借鉴意义的。

"海洋世纪"的海洋管理占有极为重要的地位，既要各资源部门的行业管理，更要着眼

于民族利益和保证可持续发展的需要。西方国家把"科学、技术、管理"看作支撑现代社会的三大支柱。在北京召开的第 24 届世界海洋和平大会的主题就是"海洋管理与 21 世纪"。我们必须拥有更宽广的胸襟，以更自觉的开放姿态，投入世界海洋的开发与管理事业，从而繁荣国家海洋事业、创建人类共享海洋资源、共同管理海洋的"和谐海洋"新世纪。

专题4　勇敢进取的海员们

世界贸易 90% 的运输是通过海运进行的,全球 65 亿人的生活离不开上百万海员的辛勤工作,国际航运业的运作安全、保安、有效且环保,都离不开海员的服务与贡献。中国是一个海员大国,截至 2020 年年底,我国海船船员约 80 万人,他们承担着我国 93% 的外贸运输任务。

海员,是世界上最容易被忽视却最重要的职业,干着世界上最危险工作的海员之于这个世界和全人类,其重要性自不必言说。毫不夸张地说,如果没有海员,全球的贸易将会停滞不前,许许多多的人将得不到基本的生活用品,甚至难以生存下去,是海员改变了世界!

作为蓝色国土的耕耘者,海员为人类幸福和国家建设创造着不朽的功绩。在新的时期,海员们更是尽职尽责、精益求精,始终保持着百折不挠的进取勇气、爱岗敬业的职业操守、无私奉献的职业理念,在离家千里之外的"浮动国土"上,传承着大国航海工匠精神,在国家战略指引下,向着海洋强国的目标不懈奋斗。

1. 世界海员日

(1)设立背景

世界海员日是为纪念来自全世界各个国际航运贸易团体的海员,对世界经济和社会一体化所做出的贡献特地设立的年度纪念日。

2010 年 6 月 21 日至 25 日,国际海事组织在菲律宾马尼拉召开了缔约国外交大会。大会期间,包括中国在内的 41 个国家代表团,以及国际航运公会、国际航运联合会、国际联合船东协会和国际运输工人联合会等 4 个国际组织联合提出设立"海员日"的提议。最终大会通过并将每年的 6 月 25 日命名为"世界海员日"。

设立"世界海员日"是国际海事组织继开展"走向海洋"活动和将 2010 年作为"海员年"之后,又一次确立的与海员直接相关的重要决定,旨在使社会各界能够继续长期关注海员对国际海运贸易和经济发展的突出贡献,采取有效措施维护海员合法权益,吸收更多有志于航海事业的人。

(2)世界海员日主题

2011 年 6 月 25 日——谢谢你,海员!

2012 年 6 月 25 日——你与大海同来,感恩与你同在

2013 年 6 月 25 日——海上面孔

2014 年 6 月 25 日——海员给我带来了……

2015 年 6 月 25 日——海员的职业生涯

2016 年 6 月 25 日——远航,为了世界

2017 年 6 月 25 日——心系海员

2018 年 6 月 25 日——幸福海员
2019 年 6 月 25 日——船上工作性别平等
2020 年 6 月 25 日——海员是关键工人
2021 年 6 月 25 日——为海员创造公平的未来

2. 海员的未来

2021 年世界海员日的主题为"为海员创造公平的未来",同时,2021 年世界海事日的主题为"海员:未来航运的核心!"这两个主题都有个关键词:"海员"和"未来"。

2021 年世界海员日的主题强调海员"公平"的未来,作为海员,我们对这样的倡议还是感到欣慰的,最起码是在为我们海员的未来呼吁,并且这种呼吁也已经引起国际海事组织的高度重视。

其实不仅国际海事组织,还有如国际航运组织等都表现出对海员的关心。

我们中国海员的抗疫表现可圈可点。海员兄弟始终奋战在抗疫最前线,无论国外疫情如何肆虐,都没有吓倒我们中国海员。我们的抗疫故事可歌可泣,我们舍家弃子,为了国家,为了船舶正常运营,不惧风险,毅然坚守在船工作。

(1)海员的"未来"是否重要?

这些年,中国航海事业、航运事业的蓬勃发展,离不开海员的贡献。无论是超级邮轮,还是超大集装箱船舶;无论是豪华邮轮,还是超级特种船,中国海员都能驾驭娴熟、管理得当。

但在发展的同时,中国海员的发展也面临隐忧。这次新冠疫情暴发,把中国海员发展中的问题更加凸显出来,比如:海员队伍建设不足、行业吸引力下降、海员流失率高、海员招募困难等。

中国海员的未来是否重要? 这个问题无须辩驳。海员是中国航海文化中不可或缺的重要组成,同时也是航运事业发展的重要力量。航海强国、航运强国的国家发展战略,需要海员勤勤恳恳地付出和努力。

(2)海员的未来在哪里?

业内一直有一种声音:我们海员是弱势群体,我们海员没有未来。

其实,作为一名海员,我们应该感到自豪。当今世界贸易 90% 的食品、燃料、原材料和成品,都是通过海运方式运输的,几乎所有在世界各地销售的商品,都是通过船只运输。全球 65 亿人的生活离不开海员的贡献,海员应该为世界经济的发展做出的贡献感到骄傲。

庆祝"6.25 世界海员日",就是鼓励各国政府及航运组织向海员致敬,感谢海员对人类和世界的贡献。

2020 年世界海员日,已经高度肯定海员的"关键工作者"地位,2021 年再为海员呼吁"公平未来"——这足以看出世界海事组织对海员群体的重视。不仅是世界海事组织,而是几乎所有的其他航运组织都在关注海员群体,为海员发声。

在中国,海员更是面临着从未有过的重大发展机遇。在"一带一路"倡议下,航海业、航运业迎来新的发展机遇,中国海员成为践行国家"航海强国""航运强国"战略的排头兵。

近些年来,关于海员队伍建设,扶持海员职业发展的政策更是层出不穷。国家六部委联合发文《关于加强高素质船员队伍建设的指导意见》，新修订了《海上交通安全法》，这些密集发文，对推动中国高素质海员队伍建设、促进中国海员队伍健康发展、保障海员公平未来具有重要意义。

国际社会正在对海员投入越来越多的关心与关爱，中国海员的未来光明，前途远大！

（3）海员的未来该由谁来创造？

2021年的世界海员日主题呼吁"为海员创造公平的未来"，那么应该由谁来创造呢？这个问题值得思考。

海员的未来需要国家政策来引导，需要政府机构给予倾斜扶持，需要航运公司提高福利待遇——但海员的未来，最终还是掌握在海员自己手中。

中国海员业务能力强、敬业程度高、服从性好、责任意识强，这是优势，这也是国际劳务市场认可的——这样的认可度就是海员这些年自己创造的。目前由于海外疫情蔓延造成全球海员资源紧缺，使中国海员的优势更加凸显，接种过疫苗的中国海员更是成为国际海员市场的"香饽饽"。

但是"香"，不意味着可以不遵守公约法规和制度。因为这段时间存在个别海员自认为很"香"，自认为不可或缺，故意不遵守劳动安全纪律，故意不遵守防疫规定，故意不遵守劳动合同的现象；同时，由于疫情原因无法正常换班，也有个别海员无法克服困难，自暴自弃，离开了已经坚守多年的航海事业——这些都是大家非常不希望看到的，也是深感惋惜的。

对于此，海员兄弟需要冷静思考。疫情对于我们中国海员来说是个挑战，更是个机遇。我们应该抓住这个机会，昂首挺胸，奋发图强，以疫情防控的优势作为基础，埋头苦学业务技能，弥补自身业务洼地，争取实现"弯道超车"，这才是中国海员当下最需要做的。

一分耕耘一分收获，机遇永远垂青于有准备的人。历史只会眷顾坚定者、奋进者、搏击者，而不会等待犹豫者、懈怠者、畏难者。中国海员不应该消沉低迷，更不应该骄傲自大、盲目自信。

中国海员的未来，最终只能由海员自己来创造。

（4）海员怎么创造未来？

中国海员的未来，始终需要伟大的国家作为支撑。在这次疫情考验中，也正是由于得到国家政策的扶持，中国海员在疫苗接种和换班休假等方面的优势才得以体现。

无论是国家大发展背景，还是政府政策倾向，都毫无疑问会给中国海员的未来发展提供巨大机遇。中国海员需要开阔的视野，需要包容的胸襟，需要历史使命感。我们应该把责任扛在肩上，把困难踩在脚下，积极响应国家政策，为建设海洋强国、航运强国贡献自己的力量！

对待未来，中国海员需要保持冷静、保持微笑、保持自信；对待未来，中国海员更需要埋头学习、磨炼技术、体现能力、体现价值、体现担当。

中国海员兄弟们，加油！

最后，以一首《海员之歌》（电影《乘风破浪》主题曲）祝愿各位海员平安快乐。

海员之歌

海风卷起了白色的浪花
长江里闪耀着万道银光
我们驾驶着客轮和货艇
行进在祖国的江河海洋
啊……
看我们乘风破浪
把船舶安全地带到远方
我们来自祖国遥远的边地
江河海洋是我们的课堂
我们顽强地学习新的知识
我们在工作中锻炼成长
啊……
看我们乘风破浪
把船舶安全地带到远方
惊涛骇浪吓不倒我们
年轻的海员意志坚强
我们为祖国献出青春
欢乐的歌声到处飞扬
啊……
看我们乘风破浪
看我们乘风破浪
把船舶安全地带到远方

后 记

　　福建船政交通职业学院是经教育部批准成立的省属公办高等职业学院，其前身为创办于1866年的中国近代官办第一所高等实业学堂——福建船政学堂，是中国近代职业教育的发轫地，培养出了启蒙思想家严复、铁路之父詹天佑、民族英雄邓世昌等一大批具有爱国奉献、自强不息精神的英才，为中国交通运输事业发展和区域经济社会建设输送了数以十万计的技术人才。

　　21世纪是海洋的世纪，在经济全球化的时代背景下，"一带一路"必将带来对高素质、复合型涉海类专业人才的需求，涉海类专业人才培养的重要性立时凸显。与此同时，高校学生人文素质教育已引起教育界的广泛关注，具备人文素养及相应的人文精神是21世纪对人才的基本要求。在此背景下，涉海类专业高等职业教育已经进入了由竞争高度、竞争烈度、服务广度、服务深度共同构成的"四维空间"。因此，要培养出优秀的适应海洋经济发展和涉海企业需要的实用型、技能型的涉海类专业人才，就必须把提升学生职业竞争力作为出发点和落脚点，大力培养高素养、实用型、技能型涉海类专业人才，促进学生的全面发展，让学生具备良好的职业道德品质、较高的人文素养、娴熟的职业技能，实现人才培养的适用性与人文性的统一。

　　本书参考、借鉴了许多专家、学者，以及网络上的研究成果和资料，无法一一注明出处和作者，编者仅在此致以最崇高的敬意，感谢诸位老师的真知灼见为涉海类高职学生提供了精神上的饕餮盛宴！

　　本书的编写得到福州海事局郑俊义、张德伟和航海学院李翼院长的大力支持，还有许多同人和涉海类专业学生的鼓励和关心，在此深表谢意。期待《海洋人文素养》这本书能够助力涉海类高职学生的职业生涯和事业发展。

　　由于编者水平有限，书中肯定存在着许多不妥之处，恳请各位专家、学者宽容包涵。感谢大家！

编者

2021年12月8日

参 考 文 献

［1］石庆贺.航海人文素养［M］.大连:大连海事大学出版社,2013.

［2］肖伟光."我将无我,不负人民":共产党人最高人生境界［J］.理论导报,2019(5):32 – 34.

［3］《走向海洋》节目组.走向海洋［M］.北京:海洋出版社,2012.

［4］刘明金.浮天无涯风生水起:中国古代文学家笔下的海洋文化［J］.海洋开发与管理,2007(5):89 – 95.

［5］赵庆娟.原型批评:康拉德笔下"大海"的象征意义［J］.岱宗学刊:泰安教育学院学报,2005(2):15 – 17.

［6］杨光熙.论海洋对中国哲学的影响［J］.湖北社会科学,2009(12):98 – 100.

［7］杨道立,陆儒德.《中国航海日大连宣言》解读［M］.大连:大连出版社,2010.